Zamyat M. Klein

Kreative und lebendige Live-Online-Seminare

Teilnehmeraktivierende Methoden, Tipps und Inspirationen für Webinare

managerSeminare Verlags GmbH – Edition Training aktuell

Zamyat M. Klein
Kreative und lebendige Live-Online-Seminare
Teilnehmeraktivierende Methoden, Tipps und Inspirationen für Webinare

2. Aufl. 2025
Endenicher Str. 41, D-53115 Bonn
Tel.: 0228-977910
info@managerseminare.de
www.managerseminare.de/shop

Printed in Germany

ISBN: 978-3-949611-14-8

Herausgeber der Edition Training aktuell:
Ralf Muskatewitz, Jürgen Graf, Nicole Bußmann

Lektorat: Ralf Muskatewitz
Cover: Sonja Buske, Stefanie Diers
Druck: Beltz Grafische Betriebe, Bad Langensalza

Der Inhalt des Buchs wurde gedruckt auf Enviro Polar. Das Papier erfüllt die Auflagen der Umweltzeichen „Blauer Engel (RAL-UZ 72)“ und „EU-Umweltzeichen (ECO-Label)“. Die mit dem Druck verbundenen CO_2-Emissionen werden vom Verlag kompensiert und fließen in unterschiedliche Aufforstungsprojekte zum Klimaschutz. Nähere Informationen finden Sie unter: www.managerseminare.de/verlag/umwelt

Inhaltsverzeichnis

Kapitel 2: Methoden und Übungen nach Seminarphasen 89

Kapitel 3: Energizer 169

Übersicht Download-Ressourcen

In den Download-Ressourcen finden Sie eine **umfangreiche Link-Liste.** Diese enthält:

- noch einmal **alle Kurzlinks zu den Videos, die in diesem Buch genannt sind.** Über die Liste können Sie die Links direkt per Klick aktivieren und ersparen sich die Eingabe mit der Hand.

- zusätzliche **Links zu kleinen Technik-Videos**, die Kniffe und Besonderheiten erläutern, um die jeweilige Methode gut nutzen zu können.

Einstiegsmethoden

weitere Seminarmethoden

Kreativitätstechniken

- **Links zu drei Miro-Boards mit Vorlagen** und kurzen technischen Erläuterungen zu den Themenbereichen
  - Einstiegsmethoden
  - weitere Seminarmethoden und
  - Kreativitätstechniken

  Wichtiger Hinweis: Wenn Sie über den Link auf die Miro-Boards mit den Vorlagen zugreifen, so können Sie diese nicht unmittelbar bearbeiten (und damit auch nichts kaputtmachen). Duplizieren Sie das ganze Board auf Ihrem eigenen Miro-Board, damit Sie damit arbeiten und die Vorlagen verändern können.

In den Download-Ressourcen finden Sie außerdem:

- S. 229: Weitere Abbildungen und Beispiele zur Übung „Knallerlinge“
- S. 325: Eine Excel-Liste mit Begriffen zur Methode „Motivations-Sonne“

Den Link zu den Download-Ressourcen finden Sie in der hinteren Umschlagklappe.

Vorwort

Trainerinnen und Trainer lieben die Präsenzbegegnung. Nirgendwo anders kann man so intensiv mit einzelnen Anliegen arbeiten, gemeinsam Spaß in der Gruppe erfahren, können Aktivierungen so leicht stattfinden, alle Wahrnehmungskanäle genutzt werden, Körpersprache interpretiert und Lernergebnisse erzielt werden. Entsprechend gering auch die Zahl derer, die sich an Online-Trainings heranwagten. Virtuelle Formate galten für die meisten eher als exotische Experimente, denen man keine besondere Aufmerksamkeit schenken muss.

Und dann kam die Corona-Pandemie und mit ihr der Lockdown – und alles änderte sich! Plötzlich musste man sich mit virtuellen Formaten auseinandersetzen, schon um überhaupt arbeiten und Geld verdienen zu können.

In kurzer Zeit fand ein radikales Umdenken statt. Es wurde experimentiert, verworfen, Lernerfahrung gemacht. Und auch wenn der erste Run (Hype) auf Online-Seminare, wie zu Beginn der Corona-Zeit geschehen, wieder etwas abgeflaut ist und viele Trainerinnen und Trainer froh sind, wieder verstärkt Präsenzseminare geben zu können, so haben doch viele ebenso wie ihre Teilnehmenden und Auftraggeber erfahren, welche Vorteile Online-Seminare haben können. Vorausgesetzt, sie sind gut!

Denn mit Vorteilen meine ich nicht nur die Zeit- und Kostenersparnis, die sich ergibt, wenn sich alle die Anreise und Hotelkosten sparen. Das alleine dürfte schon für viele Unternehmen als Argument reichen, um zukünftig noch viel mehr Meetings online zu gestalten. Da ist es wirklich unnötig, dass die Teilnehmenden stundenlang durch die Gegend fahren oder gar fliegen, „nur" um sich persönlich zu begegnen.

Online-Seminare haben viele methodisch-didaktische Vorteile, sie sind kein schlechter Ersatz für Präsenzseminare, sondern ganz im Gegenteil: Sehr vieles können Sie online genauso gut machen wie in Präsenz, wenn Sie wissen, wie es geht. Dazu soll dieses Buch beitragen. Virtuelle Formate können sogar in manchen Punkten besser sein und mehr bewirken als

Präsenzseminare. Auch das wollen wir in diesem Buch gemeinsam herausfinden.

Der Schlüssel für gelungene virtuelle Formate ist, dass die Seminare gut sind. Dass alle am Ball bleiben, Abwechslung stattfindet, dass alle zum Mitgestalten aktiviert werden. Aus diesem Grund finden Sie hier nicht nur Methoden für Online- und Hybrid-Seminare, sondern Sie werden ein Gefühl bekommen für die Vorteile von Online-Seminaren und ihre Inszenierung. Sie erfahren, worauf es ankommt, wie Sie Gruppenarbeiten online gestalten und wie Sie Präsenzmethoden in Online-Seminare umwandeln können.

Das bedeutet, es gibt auch etwas „Theorie“. Wobei Theorie nicht ganz der richtige Begriff ist. Es sind eher Gedanken und Erläuterungen, die Ihnen helfen werden, Ihre Methoden optimal einzusetzen und zu nutzen. Dafür erhalten Sie wie gewohnt konkrete Methoden-Beispiele.

Doch schauen Sie selbst.

Sie können kunterbunt in dem Buch herumlesen, einzelne passende Methoden auswählen und sich zwischendurch mal ein Kapitel wie „Vorteile von Online-Seminaren“ anschauen. Denn da werden Sie vielleicht doch überrascht sein, auch wenn Sie nun schon eine Zeitlang eigene Online-Seminare veranstalten.

Viel Spaß dabei!
Ihre Zamyat M. Klein

Was Sie erwartet

Vor einigen Jahren schrieb ich das Buch „150 kreative Webinar-Methoden". Es verkaufte sich solide durchschnittlich, bis es in den Jahren des Lockdowns ab 2020 plötzlich zum Renner wurde, weil plötzlich die gesamte Trainerwelt wissen wollte, wie man Online-Seminare durchführt.

Methoden und Tipps für Breakout Rooms

Seit damals hat sich viel getan und ich habe viel Neues ausprobiert. Als ich das erste Buch schrieb, führte ich meine Webinare vor allem auf einer klassischen Webinar-Plattform durch, die noch keine Gruppenräume hatte, alle Methoden bezogen sich auf die Gesamtgruppe. Da ich selbst immer nur mit kleinen Gruppen gearbeitet hatte, stellte das kein Problem dar.

Dann waren plötzlich sehr komfortable Kollaborationstools verfügbar. Ich probierte immer häufiger andere Plattformen aus und schließlich führte ich vor allem Live-Online-Seminare bei Zoom durch, wo sich Gruppenräume einrichten lassen und es für die Trainingsdurchführung ganz spannende Möglichkeiten gibt.

Aus diesen Gründen enthält mein aktuelles Buch nun auch viele Methoden für die Anwendung in Gruppenräumen und ein eigenes Kapitel darüber, wie man Gruppenarbeiten gut vorbereitet, anleitet, durchführt und anschließend die Ergebnisse präsentiert. Denn die Teilnehmenden einfach nur in Gruppenräume schicken, damit sie sich dort „mal austauschen", reicht in der Regel nicht.

Neue Übungen und Energizer

Ebenfalls neu hinzugekommen sind viele Übungen und Energizer, die besonders gut dort funktionieren (teilweise auch nur dort), wo sich alle mit ihren Videos auf einer Seite sehen können – ebenfalls ein klassischer Standard auf Zoom, Teams oder anderen Plattformen, den es vorher nicht gab. Dazu habe ich teilweise Spiele aus uralten Seminarzeiten wieder ausgegraben, die nun auch online möglich sind.

Etwas ganz Besonderes sind hier Bewegungs-, Konzentrations- und Impro-Spiele. Zu diesem Thema habe ich mich eine Zeitlang regelmäßig mit der Kollegin Wiebke Wimmer live auf Facebook getroffen. Dort haben wir uns im Wechsel immer gegenseitig ein neues Spiel vorgestellt und ausprobiert, dabei gemeinsam Varianten entwickelt oder überlegt, wie man das Spiel mit einem Fachthema verknüpfen kann.

Diese Live-Videos habe ich später bei YouTube hochgeladen, Sie können sie sich dort anschauen. Hier im Buch beschreibe ich sie genau, auch mit weiteren Varianten, die ich dazu später noch entwickelt habe. Bei den Videos können Sie gleich mitmachen und lachen – und vielleicht verschiedene Methoden sofort in Ihr nächstes Webinar übernehmen.

Präsenzmethoden in Online-Methoden umwandeln

„Schick mir deine Lieblings-Präsenzmethode und ich wandele sie in eine Online-Methode um.“ – Diese Aufforderung schrieb ich in meinem Newsletter und bekam wochenlang entsprechende Angebote. Zum Teil richtig gemeine Übungen wie „Blind führen“ oder Teambildungs-Spiele, wo die Teilnehmenden in Präsenzseminaren gemeinsam etwas bauen. Eine Herausforderung, denn diese kann ich natürlich nicht eins zu eins online umsetzen.

Das Thema finde ich dennoch für alle trainierende Personen sehr wichtig und hilfreich, daher haben solche Übungen in diesem Buch auch ein eigenes Kapitel. Dort bringe ich Beispiele, wie ich Präsenzmethoden in Online-Methoden umwandele. Dabei geht es darum, wie man die Essenz der Methode, also das, was sie besonders macht, transportieren kann.

In einer Rezension wurde mir tatsächlich mal vorgeworfen, dass ich etliche Präsenzmethoden für die Online-Anwendung umgewandelt habe. Für mich hat das jedoch viele Vorteile und ich mache dies ja ganz bewusst:

- Ich will Ihnen damit zeigen, dass Sie als Trainierende bei Umwandlungen von Präsenz in online nicht bei null anfangen müssen, sondern dass Sie schon auf einen großen Methodenfundus zurückgreifen können, den Sie gut kennen. Ich zeige Ihnen den Weg auf, wie Ihnen ein Umnutzen Ihrer Tools gelingt.
- Wir haben wohl alle so unsere Lieblingsmethoden und freuen uns, wenn wir diese auch online einsetzen können. Warum sollten wir das nicht tun, wo es möglich ist?
- An meinen Beispielen will ich Ihnen demonstrieren, wie Sie selbstständig Ihre Präsenzmethoden nutzen und umwandeln können.

- Grundsätzlich finde ich Recyceln eine wunderbare Sache, warum nicht auch bei Methoden? Man sollte nichts in die Tonne werfen, was noch zu nutzen ist.

Varianten für Hybrid-Seminare

Nachdem ich an einem Trainer:innen-Hybrid-Tag mit Gert Schilling teilnahm, wurde mir klar, dass ich gerade in Hybrid-Seminaren alle Methoden einsetzen kann, die ich von Präsenz- in Online-Methoden umgewandelt habe. Da kann dann die Präsenzgruppe die Präsenzvariante der Methode durchführen und die Online-Teilnehmenden die Online-Methoden. Es gibt aber noch weitere Varianten. Daher finden Sie in vielen der Methoden-Beschreibungen entsprechende Ideen hierzu. Lassen Sie sich überraschen. Bei vielen Energizern ist es sogar so, dass alle Teilnehmenden die Spiele oder Bewegungen parallel zusammen durchführen können und es nur ein einziges Mal angeleitet werden muss: entweder durch die Online-Trainerin oder durch die Präsenztrainerin vor Ort. Das spart Zeit und Ressourcen. Einen etwas tieferen Einblick in das Thema Hybrid-Anwendung finden Sie ab Seite 16.

Viele neue Online-Seminarmethoden

Natürlich finden Sie auch in diesem Werk wieder viele Seminarmethoden, die einzelnen Seminarphasen zugeordnet sind, denn auch hier habe ich viel Neues entwickelt und hier auch Methoden von den Teilnehmenden meiner Online-Trainer-Ausbildung mit deren Erlaubnis aufgenommen. Denn durch meine Beispiele dazu angeregt zu werden, eigene Methoden zu entwickeln, das ist das Ziel meiner Ausbildungen, ebenso wie es in diesem Buch sein soll.

Auch Technik, Webinar-Plattformen und Online-Tools?

Es gibt unendlich viele Webinar-Plattformen und Tools und durch die aktuelle Entwicklung schießen ständig neue wie Pilze aus dem Boden. Ich habe nicht den Ehrgeiz, hier alles, was es Neues gibt, aufzulisten und zu erläutern. Diese Information wäre auch in kürzester Zeit wieder überholt. Für mich sind das lediglich Werkzeuge, die ich zu einem bestimmen Zweck nutzen will.

Ich suche Webinar-Plattformen nach zwei Kriterien aus:

- Haben sie für die Teilnehmenden einen leichten technischen Zugang?
- Und haben sie die nötigen Tools, die ich für interaktives und kreatives gemeinsames Arbeiten brauche?

In diesem Buch erwähne ich einige Tools, wenn ich sie für eine konkrete Methode brauche. So habe ich mich beispielsweise inzwischen gut in Miro eingearbeitet, weil ich eine meiner Lieblingsmethoden für Kreativitätstechniken dort am besten durchführen konnte. Inzwischen habe ich für Whiteboard-Lösungen mit dem Miro-Tool noch etliches mehr entwickelt und getestet – auch hierzu finden Sie in diesem Buch ein eigenes Kapitel.

Ich gehöre nicht zu den Trainerinnen, die meinen, ihren Teilnehmenden möglichst viele technische Tools zeigen zu müssen oder diese mit ihnen auszuprobieren. Mein Schwerpunkt liegt nach wie vor auf methodisch-didaktischen Überlegungen. Meiner Auffassung nach sind die Tools kein Selbstzweck, sondern lediglich passende Werkzeuge, mit denen ich meine Lernziele am besten erreichen kann.

Doch auch zu dieser Frage sind Menschen einfach sehr unterschiedlich. Ich kenne Kolleginnen und Kollegen, die gerne Neues ausprobieren und ständig eine Fülle von sehr unterschiedlichen Tools anbieten. Ich arbeite mich durchaus auch immer wieder in neue Tools ein und probiere sie aus, aber in meinen Seminaren lege ich den Schwerpunkt auf die Inhalte und die Methoden. Am liebsten sind mir Tools, die die Teilnehmenden möglichst einfach bedienen und nutzen können.

Dieses Buch ist also nicht einfach eine weitere Methoden-Sammlung, kein zweiter Band der „150 kreativen Webinar-Methoden", auch wenn ich leidenschaftlich immer wieder neue Methoden ausprobiere und diese einsetze. In dem aktuellen Buch geht es mir vor allem darum, deutlich zu machen, dass Online-Seminare eine eigene Dynamik und Wirkung haben, dass sie eine eigene Methodik und Didaktik brauchen und vor allem, dass sie eine ernst zu nehmende Alternative zu Präsenzseminaren sind. Teilweise bieten die Online-Varianten sogar noch bessere Möglichkeiten, Teilnehmende bei der Umsetzung von neu Erlerntem zu begleiten, als es bei Präsenzseminaren möglich ist.

Nicht nur beim Transfer bieten Online-Seminare eine wertvolle Ergänzung zu Präsenzseminaren. Auch innerhalb der Online-Seminare kann ich teilweise intensiver mit Teilnehmenden arbeiten oder sie können tiefergehende Erfahrungen und Übungen machen. Es geht hier jedoch nicht um besser oder schlechter. Beide Formate haben ihre Berechtigungen. Doch wenn Sie Online-Seminare durchführen (wollen), möchte ich Ihnen ein Bewusstsein dafür vermitteln, dass diese eben eine ganz eigene Qualität haben und Sie mit Ihren Teilnehmenden genauso intensiv arbeiten können wie bei Präsenzseminaren. Nur eben anders. Dazu sind dann unter anderem die Online-Methoden hilfreich, aber nicht nur.

Worauf es sonst noch ankommt, damit Online-Seminare interaktiv und lebendig und vor allem wirkungsvoll sind, zeige ich in den ersten Kapiteln.

Es gibt also ganz viel Neues zu entdecken, was Ihnen und Ihren Teilnehmenden noch mehr Lebendigkeit und Freude in Ihren Online-Seminaren beschert!

Gendergerechte Sprache

Die sprachliche Gleichbehandlung der Geschlechter ist mir wichtig.
Ihre Berücksichtigung stellt beim Verfassen eines Buchs immer wieder Herausforderungen für die Lesbarkeit dar. Ich habe mich daher dazu entschieden, möglichst von „der Trainerin" und „den Teilnehmenden" zu schreiben. Die „Trainerin" deswegen, weil ich als Frau meine Methoden beschreibe und mich beim Schreiben auch gedanklich in dieser Rolle befinde. Häufig spreche ich Sie als Trainerin oder Trainer aber auch direkt an. Darüber hinaus verwende ich möglichst geschlechterneutrale Begriffe. Dort, wo dies nicht möglich ist, findet die männliche Form ihren Platz.

Zusatz-Services

- **Download-Ressourcen:** Über die Buchinhalte hinaus stehen Ihnen zusätzliche Materialien als Download-Ressourcen zur Verfügung. Geben Sie zum Abrufen dieser Ressourcen den Link, der in der Umschlagklappe des Buchs steht, in Ihrem Browser ein. Alle dort abgelegten Dokumente sind im Buch mit dem nebenstehenden Symbol gekennzeichnet.
- **Erklärfilme:** Über die Online-Ressourcen zum Buch hinaus finden Sie zu sehr vielen der hier dargestellten Methoden zusätzlich einen Link zu einem Video. Dort können Sie entweder die beschriebenen Übungen in der Anwendung erleben oder Sie erfahren technische Dinge, wie Sie beispielsweise eine Methode auf dem Whiteboard Miro einrichten und durchführen können.

Exkurs zu Hybrid-Seminaren

Den Aspekt der hybriden Seminarformate habe ich erst sehr spät in das Buch aufgenommen. Durch die Teilnahme an einem Hybrid-Seminar für Trainer wurde mir jedoch bewusst, dass viele der hier im Buch dargestellten Ansätze und Methoden außerordentlich gut in hybriden Seminaren anwendbar sind. Daher habe ich das zumindest als kleine Ergänzung in die Methoden-Kapitel mit aufgenommen und zu jeder Methode eine Anmerkung geschrieben, ob und wie ein Einsatz in hybriden Seminaren möglich ist. Für das bessere Verständnis liefere ich Ihnen hier einige rudimentäre Erklärungen, was ich unter Hybrid-Seminaren verstehe, denn auch diese Begrifflichkeit wird recht unterschiedlich genutzt.

Zwei Seminargruppen

„Hybrid-Seminar" bedeutet, dass es zwei Seminargruppen gibt, die parallel am selben Seminar teilnehmen: Die eine Teilnehmergruppe trifft sich in persönlicher Begegnung zu einem Präsenzseminar oder Workshop in einem Seminarhotel, in einem Seminarraum. Die andere Gruppe ist online anwesend.

Zwei Trainerinnen

Optimal ist es sicher, wenn ein hybrides Seminar von zwei Trainerinnen durchgeführt wird. Eine Trainerin, die online zugeschaltet ist und dort agiert wie in einem normalen Live-Online-Seminar – und eine Trainerin im Präsenzraum.

Doch da gibt es in der Praxis sehr unterschiedliche Modelle. Beispielsweise kommt es vor, dass es nur eine virtuell anwesende Trainerin gibt, die auch die Präsenzteilnehmenden anleitet. Oder es gibt nur eine Seminarleitung im Präsenzraum, die die Online-Lernenden mit einbezieht. Diese zweite Variante ist kompliziert, wird aber wohl recht häufig praktiziert. Auf jeden Fall ist es sinnvoll, wenn noch zusätzlich ein Techniker im Präsenzraum dabei ist, der sowohl die Präsenztechnik im Blick hat als auch die im virtuellen Format.

Die Technik

Die Technik für ein Online-Seminar dürfte klar sein. Man benötigt einen PC oder Laptop (Tablet oder Handy reichen für interaktive Seminare nicht aus), eine Webcam und ggf. ein Mikrofon.

Im Präsenzraum braucht es:

- Einen großen Monitor, auf dem alle in Präsenz Anwesenden die Online-Teilnehmenden und den Online-Seminarraum gut sehen und auch hören können.
- Eine Kamera, die die trainierende Person im Präsenzraum, etwa am Flipchart, zeigt.
- Eine Kamera, die den Gesamtraum und die Gruppe zeigt. Beides ist für die Online-Teilnehmenden wichtig. Sie sehen die Präsenzsituation in einer der kleinen Video-Kacheln, können diese aber bei Bedarf groß stellen (Sprecher-Ansicht bzw. anpinnen).
- Zudem brauchen die Teilnehmenden der Präsenzveranstaltung Mikrofone oder im Raum müssen qualitätiv sehr gute Mikros aufgestellt sein, damit die Online-Teilnehmenden alles verstehen können, was in Präsenz behandelt wird.
- Und zu guter Letzt sollte es für die Präsenzseminarleitung noch einen weiteren kleinen Monitor oder Laptop geben, wo sie die Online-Gruppe sehen kann, ohne sich immer zum großen Monitor drehen zu müssen.

Technik-Betreuung

Für die Technik im Präsenzraum sollte nicht die Trainerin verantwortlich sein, sondern der Veranstalter. Denn die Anforderung an das Training von zwei so unterschiedlich verbundenen Gruppen ist wirklich ziemlich komplex. Um die Technik kann sich die Trainerin unmöglich auch noch kümmern und gleichzeitig zwei Gruppen betreuen.

Teilnehmende Gruppen und Durchführung der Methoden

Nun gibt es ganz unterschiedliche Formen, wie hybride Seminare methodisch durchgeführt werden können.

0. **Vorträge:** Bei Vorträgen ist es relativ einfach: Entweder hält die Präsenztrainerin einen Vortrag mit Flipchart oder PowerPoint und wird dann online übertragen – oder umgekehrt. Da ich selbst keine Vorträge halte und es in diesem Buch ja um aktivierende Methoden geht, werden wir das Thema nicht weiter vertiefen. Wenden wir uns den anderen Möglichkeiten zu ...
1. **Alle machen das Gleiche zusammen:** Es gibt Methoden, vor allem auch Energizer, die können einfach alle gleichzeitig zusammen durchfüh-

ren. Da ist es auch gleichgültig, ob die Präsenztrainerin die Anleitung gibt oder die Online-Trainerin. Alle stehen auf und machen eine Bewegungsübung, die die Trainerin anleitet. Sie führen ein Bewegungsspiel durch oder lauschen einem Centering.

2. **Jede Gruppe macht ihre Methoden auf Präsenz- und Online-Art:** Im Buch lernen Sie viele Methoden kennen, die ursprünglich Präsenzmethoden sind und in Online-Methoden umgewandelt wurden. Diese können Sie gerade für Hybrid-Seminare gut nutzen. Die Präsenzteilnehmenden machen eben die ursprüngliche Präsenzmethode, die Online-Teilnehmenden führen die Online-Methode durch. Bleibt nur die Frage, wie genau?

Parallel durchgeführt oder hintereinander oder im Wechsel?

Ich nehme mal ein Beispiel, um es zu veranschaulichen: die Methode **„Wort und Bild"**. Im Präsenzseminar brauche ich dafür einen Tisch und zwei Arten von Karten, die verdeckt auf dem Tisch liegen, im Online-Seminar habe ich dazu eine vorbereitet PowerPoint-Folie (oder ein Miro-Board) mit abgedeckten Karten. Auf der einen Seite liegt ein Stapel verdeckter Karten, auf denen ein Fachbegriff des Seminarthemas oder eine Frage steht, auf der anderen Seite Karten mit dem Namen des Teilnehmenden. Im Präsenzseminar beginnt ein Teilnehmender, indem er eine Karte mit einem Fachbegriff umdreht, danach eine Karte mit Namen des Teilnehmenden, der den Fachbegriff kommentieren oder die Frage beantworten soll.

Die Online-Variante können Sie auf Seite 355 nachlesen. In einem Hybrid-Seminar können Sie die Übung dagegen auf verschiedene Arten durchführen.

- **Immer im Wechsel:** Es beginnt beispielsweise eine Präsenzteilnehmerin und dreht eine Karte vom Tisch um, dann ein Online-Teilnehmer mit einer Karte von der Folie.
- **Parallel nebeneinander:** Sie hören sich interessehalber die Anleitung beider Varianten an, dann wird die Übertragung aus dem Online-Seminar im Präsenzraum stummgeschaltet. Die Präsenzgruppe macht ihre Variante am Tisch, die Online-Gruppe schaltet ihrerseits die Präsenzgruppe stumm und bearbeitet ihre Variante mit der PowerPoint-Folie. Beide Gruppen arbeiten parallel und unabhängig voneinander, ohne sich zu hören. Diese Variante ist natürlich zeitsparender.
- **Gemischte Kleingruppen aus Präsenz- und Online-Teilnehmenden:** Machbar ist auch eine dritte Variante, die allerdings komplex ist und die von der Trainerin einiges an Routine und sicherem Auftreten bei Problemen abverlangt. Hier bilden sich Paare aus Präsenz- und Online-

Teilnehmenden, die beispielsweise über ihr Smartphone miteinander kommunizieren.

Die besondere Herausforderung

Das Wichtigste und wohl auch Schwierigste an hybriden Seminaren ist, dass beide Gruppen wirklich zusammenkommen und ein gemeinsames Gruppengefühl entsteht. Normalerweise fühlen sich vor allem die virtuellen Teilnehmenden schnell abgehängt, vor allem, wenn es nur eine Präsenztrainerin gibt oder die Onliner nur untereinander in Gruppen arbeiten. Mir wurde häufiger berichtet, dass die Online-Gruppe oft stärker ignoriert wird und nicht regelmäßig und gleichberechtigt integriert werden kann – was sicher auch mit der technischen bzw. didaktischen Erfahrung der Seminarleitung zu tun hat.

Daher ist es wichtig, diese Zusammenarbeit und Verzahnung von Anfang an in die Planung einzubeziehen und der Online-Gruppe eine Online-Trainerin zur Seite zu stellen, die dafür sorgt, dass sie ebenso aktiv einbezogen werden wie die Präsenzteilnehmenden. Hierzu einige Überlegungen.

Zusammenarbeit als Gesamtgruppe im Plenum

Gerade zu Beginn würde ich gleich ein bis zwei Einstiegs- und Kennenlern-Runden einbauen, bei denen es tatsächlich dann im Wechsel läuft. Bei Übungen, wo wir gemeinsam eine Runde machen, spricht mal ein Präsenzmitglied, mal ein virtueller Teilnehmender. Hierfür sind Methoden geeignet, wie beispielsweise „Flohmarkt" (Klein, 2021): Statt der üblichen Vorstellungsrunden („Wie heißen Sie?", „Was machen Sie?", „Woher kommen Sie?") wird hier ein Gegenstand als Ausgangspunkt und Assoziationsauslöser genommen. Das macht es etwas lebendiger und erfordert auch schon gleich etwas Kreativität von den Teilnehmenden. Die Runde ist durch zwei, drei konkrete Fragen vorstrukturiert und dadurch zeitlich begrenzt.

Hier können die Präsenzteilnehmenden entweder ein Bildmotiv aus der Folie auswählen, die den virtuellen Teilnehmenden präsentiert wird oder im Präsenzraum werden zusätzlich Gegenstände auf den Boden gelegt. Je nach Kameraführung können dann die Onliner für ihre Vorstellung einen Gegenstand aus dem Präsenzraum wählen.

Paarübungen

Sehr gut ist es, wenn Paarübungen gemischt durchgeführt werden. Wenn also eine Präsenzteilnehmerin eine Übung mit einem Online-Teilnehmer macht, beispielsweise zum klassischen Partner-Interview oder einer anderen Methode. Das geht dann auch übers Smartphone.

Bei Methoden, bei denen alle etwas aufschreiben müssen, kann eine Person den Part übernehmen, am besten die Online-Teilnehmerin, die Überlegungen auf einem Whiteboard zu notieren und es anschließend allen präsentieren. Wenn auch die Präsenzteilnehmerin ein Laptop hat, können beide kurzfristig im Breakout Room zusammenarbeiten, mündlich und schriftlich, auf dem Whiteboard oder im Chat.

Kleingruppenarbeit

Damit wirklich ein gleichberechtigtes Miteinander stattfinden kann, ist es optimal, wenn auch alle Präsenzteilnehmenden ein Laptop dabeihaben und damit zumindest zeitweise ebenfalls im Online-Seminar eingeloggt sind. Dann können alle gemeinsam in Breakout Rooms arbeiten und miteinander kommunzieren. Das wäre eine Verzahnung auf allen Ebenen und trägt wesentlich zur Gruppenzusammenführung bei.

Herausforderungen an die Trainerin

Es erfordert also eine erhöhte Aufmerksamkeit und Sensibilität der Trainerin, alle Teilnehmenden gleichzeitig im Blick zu haben und mit einzubeziehen. Daher ist eben ein zusätzliches Laptop oder ein zweiter Monitor, wo sie die Online-Teilnehmenden sehen kann, sehr wichtig. Denn der große Monitor ist in der Regel hinter ihr platziert – und dann verliert sie die Online-Gruppe schnell aus dem Blick. Wenn sie sich dann parallel noch um die Technik kümmern soll, ist das eine schlichte Überforderung. Das muss ein technischer Begleiter managen, damit sich die Trainerin auf das Seminar fokussieren kann.

Die Planung

Die Verzahnung der beiden Gruppen muss explizit in die Planung mit einfließen. Wenn es eine Online- und eine Präsenztrainerin gibt, dann sollten beide das Konzept auch gemeinsam entwickeln und auf diesen Aspekt ganz besonders achten:

- Welche Methoden setzen wir ein?
- Wie können diese durchgeführt werden mit den Präsenzteilnehmenden und den Online-Teilnehmenden?
- Im Wechsel, gleichzeitig, hintereinander?
- Was brauchen wir dazu an Material im Präsenzraum und wie wird es online präsentiert (Beispiel: Gegenstände im Raum/Gegenstände auf Folie)?

Es sollten auch die Parts der beiden Trainerinnen geklärt werden. Zu Beginn meiner Trainer-Karriere habe ich immer Seminare im Tandem geleitet, da war es sehr hilfreich, genau zu klären und in der Planung aufzuschreiben, wer welchen Part übernimmt, welche Anleitung, welche Methode. Bei der hybriden Anwendung ist das noch wichtiger.

Dazu gehört auch zu schauen, wenn beispielsweise die beiden Gruppen die Methode jeweils auf ihre Präsenz- und Online-Art durchführen:

- Machen die Gruppen es hintereinander?
- Falls ja, welche Gruppe fängt sinnvollerweise an? Erst die Präsenzgruppe, dann die Online-Gruppe oder umgekehrt?

Dabei geht es nicht nur um Ausgewogenheit, dass es sich abwechselt, sondern je nach Methode und Ziel kann mal die eine Variante sinnvoller und zielführender sein und mal die andere.

All das sollten Sie vorher gründlich durchdenken und planen, damit es am Ende nicht für alle ein Gehuddel ist, mit dem niemand zufrieden ist und jeder weniger bekommt als sonst. Sondern im Gegenteil, es soll ein Gewinn für beide Gruppen sein, weil sie so noch zusätzliche Aspekte und Möglichkeiten kennenlernen und erleben.

Methoden-Beschreibungen

Um das Hybrid-Thema zu berücksichtigen, habe ich ab Kapitel 2 zu jeder Methode in der Kurzdarstellung zwei Ergänzungen verfasst. Die sieht dann so aus.

- Hybrid-Präsenz-Gruppe
- Verzahnung Online-Hybrid

In die erste Zeile, der „Hybrid-Präsenz-Gruppe", schreibe ich, wie die Präsenzgruppe bei Hybrid-Seminaren diese Methode durchführen kann, unabhängig von der Online-Gruppe. Beide Gruppen führen die Übung parallel mit ihren jeweiligen Trainerinnen aus und schalten dabei die Lautsprecher der anderen Gruppe aus, damit sie sich nicht gegenseitig stören.

In der zweiten Zeile, der „Verzahnung Online-Hybrid", sind Überlegungen notiert, wie Sie diese Methode so durchführen können, dass sich Präsenz- und Online-Teilnehmende wirklich mischen. Entweder bei Paar-Übungen eine Präsenz- und eine Online-Teilnehmerin. Oder bei Gruppen, wie sie es gemeinsam oder nacheinander durchführen können und beide Gruppen schließlich alles sehen und mitmachen können.

Kapitel 1

Ihr Kompetenz-Gerüst für wirksame Online-Seminare

Um Online-Seminare genauso lebendig und wirkungsvoll zu gestalten wie Präsenzseminare, sind nicht nur passende Methoden hilfreich, sondern auch ein Grundverständnis davon, was bei Online-Seminaren anders ist und besonders berücksichtigt werden sollte.

Da drängen sich bei den meisten Trainierenden erst mal die Schwierigkeiten auf, was vermeintlich alles virtuell nicht so gut möglich ist, wenn sie es mit ihren Präsenzseminaren vergleichen. Doch Online-Seminare können durchaus gleichwertig zu Präsenzseminaren sein, wenn sie entsprechend geplant und durchgeführt werden. Zudem haben sie tatsächlich auch eine Menge Vorteile, und nicht nur praktischer Art.

Gerade bei der Planung muss schon einiges anders gedacht und vorausgedacht werden. Daher gibt es hier zu Beginn einige grundlegende Impulse, die Ihr Verständnis für Online-Seminare erweitern und Ihr Herangehen vereinfachen können.

Die zahlreichen Vorteile von Online-Seminaren

Manche praktischen Vorteile von Live-Online-Trainings liegen auf der Hand, wie etwa Zeit-, Energie- und Kostenersparnis. Mir geht es in diesem Abschnitt aber darum, zu zeigen, dass Online-Seminare vor allem auch viele methodisch-didaktische Vorteile bieten, wenn Sie Ihre Online-Seminare entsprechend gestalten.

Die Darstellung ist daher vor allem für Trainerinnen und Trainer wichtig, die nur notgedrungen Online-Seminare durchführen, weil ihre Kunden oder Auftraggeber es so wünschen, selber aber die Haltung vertreten, dass Präsenzseminare grundsätzlich besser sind.

Man kann aus zwei Perspektiven auf das Thema schauen. Wenn Sie sich fragen *„Was macht mir als Trainerin mehr Spaß?"*, spricht sehr vieles für Präsenzseminare. Falls Sie sich aber fragen *„Was nützt meinen Teilnehmenden mehr, wie lernen sie am besten?"*, dann kann man schon behaupten, dass Ihre Teilnehmenden zumindest genauso gut in Online-Sessions lernen wie in Präsenzseminaren – nur eben etwas anders.

Daher werde ich jetzt eine ganze Reihe an Vorteilen aufzählen, die ich persönlich bei meinen Online-Seminaren erlebt habe. Zuerst die methodisch-didaktischen Aspekte, anschließend auch die vielen praktischen. Ich finde es selbst erstaunlich und erfreulich, wie viele gute Argumente dabei zusammenkommen. Und ich bin sicher, Ihnen fällt womöglich noch mehr ein, wenn Sie sich erst einmal auf diese Denkweise eingelassen haben.

Kurz noch vorab: Meine Online-Seminare beinhalten immer zwei Formattypen: Ich arbeite mit meinen Teilnehmenden zusätzlich zu den Live-Online-Seminaren immer auch auf einer Lernplattform oder einem Forum, wo wir einerseits schriftlich kommunzieren und die Teilnehmenden andererseits Dateien und Videos finden. Daher erfahren Sie hier die Vorteile aus beiden Format-Welten.

Methodisch-didaktische Vorteile

Vorteil: Intensiver mit jedem einzelnen Teilnehmenden arbeiten

In einem zweitägigen Präsenzseminar haben Sie nicht sehr viele Möglichkeiten, sich individuell mit der einzelnen Person zu beschäftigen. Da können Sie bei bestimmten Methoden ab und zu eine Runde machen, wo sich alle Teilnehmenden äußern können, ob und wie sie beispielsweise mit der Methode klargekommen sind oder ob es noch Fragen gibt. In Arbeitsphasen können Sie herumgehen und mit Einzelnen kurz sprechen.Doch Sie können nicht mit jedem Teilnehmenden intensiv an dem individuellen Thema der Person arbeiten. Egal, ob es dabei etwa um Kreativitätstechniken geht oder um die Entwicklung eines Seminarkonzepts in einem Train-the-Trainer-Seminar oder um andere Themenschwerpunkte.

Bei der Arbeit in einem Forum können Sie jeden Beitrag Ihrer Teilnehmenden lesen und ihn individuell beantworten. Sie können Antworten auf Fragen liefern, Kommentare schreiben oder selber mit Fragen nachhaken. So kann das in einem Thread mehrmals hin- und hergehen. In meinen Seminaren entwickeln wir häufig gemeinsam neue passende(re) Methoden für ein Thema oder die Zielgruppe des Teilnehmenden.

Bei Kreativitätstechniken beispielsweise bearbeitet jeder Teilnehmende sein individuelles Thema mit den vorgestellten Methoden. Da kann ich dann während der verschiedenen Phasen dazustoßen und helfen, mich am Brainstorming beteiligen, weitere Anregungen geben und bei der Bewertung und Auswahl der vielen Ideen Impulse geben.

Bei der Online-Trainer-Ausbildung entwickelt jeder Teilnehmende sein eigenes Online-Seminarkonzept. Da kann ich ebenfalls jeden bei der Entwicklung begleiten, schauen, welche Methoden wir für das konkrete Thema wie verändern müssen und welche Variante wir dazu entwickeln können. Aber auch bezogen auf das Gesamtkonzept kann ich konkrete Hilfen geben oder das Konzept nach und nach mitentwickeln.

Mit diesen beiden Beispielen wird es klar, wie viel intensiver Sie online mit den einzelnen Teilnehmenden arbeiten können. Es ist im Grunde ein 1:1-Coaching, das ergänzend zum regulären Seminar abläuft.

Vorteil: Gezielt auf individuelle Interessen und Probleme Einzelner eingehen

Die folgenden Ausführungen beziehen sich vor allem auf die Arbeit in einem Forum.

Sie können auf alle Ressourcen zurückgreifen

Wenn Sie etwas nicht auf Anhieb wissen, haben Sie jederzeit Gelegenheit, sich zu informieren. Ob in Büchern, individuellen Unterlagen oder im Netz. Sie können beispielsweise eine weitere passende Methode aus Ihren Unterlagen heraussuchen und einstellen, Fotos machen und es im Forum für die Teilnehmenden einstellen etc.

Sie sind dadurch wesentlich flexibler und können auf viel mehr Ressourcen zurückgreifen als in einem Präsenzseminar. Dort können Sie die gewünschten Unterlagen höchstens nachreichen.

Nicht jedes Thema ist für alle Teilnehmenden gleich interessant

Wenn Sie in einem Präsenzseminar auf eine individuelle Frage eingehen, würde das die Zeit aller Teilnehmenden in Anspruch nehmen. Doch nicht alle Themen sind für alle gleich interessant.

In einem Online-Seminar mit einem Lern-Management-System (Forum) schreiben Sie Ihre Fragen oder Kommentare in die Mappe des betreffenden Teilnehmenden, um ihn individuell zu begleiten. Die anderen lesen die Information nur dann, wenn sie das Thema auch interessiert. Sie sind nicht gezwungen, etwas zu konsumieren, das sie nicht brauchen. Sie können beispielsweise zusätzliche Live Calls zu bestimmten Fragestellungen einrichten. Daran nehmen dann nur die Personen teil, die das Thema auch interessiert. Nicht selten betrifft das technische Fragen.

Vorteil: Teilnehmende beim Transfer begleiten

In meinen früheren Präsenzseminaren habe ich zum Seminarende hin immer Übungen eingebaut, um die Teilnehmenden beim Transfer des Gelernten zu unterstützen. Wie beispielsweise die wunderbare Methode „Stolpersteine zu Steigbügeln umwandeln" (Klein, 2021). In dieser Methode bitten Sie Ihre Teilnehmenden, sich zu überlegen, was sie von dem Gelernten gerne umsetzen möchten und wo sie Hindernisse bei der Umsetzung befürchten. Diese Stolpersteine werden zunächst von jedem Einzelnen notiert, dann kurz in einer Runde vorgestellt und thematisch geclustert. Daraufhin werden per Brainstorming gemeinsam Lösungen generiert.

Ebenfalls geeignet: Die PEP-Pyramide (PEP steht für Persönlicher Entwicklungsplan). Sie zeichnen eine Pyramide, die übereinander in drei Felder aufgeteilt wird. In die Pyramidenstufen werden verschiedene Vorhaben geschrieben, von unten nach oben nach Schwierigkeitsgrad oder nach ihrer Reihenfolge geordnet. Es sollten kleine, möglichst konkrete Schritte und Vorhaben notiert werden. Links neben dem jeweiligen Feld notieren Sie, was Sie an möglichen Hindernissen oder Schwierigkeiten befürchten, die Sie an der Umsetzung hindern könnten. Rechts daneben schreiben Sie Lösungsmöglichkeiten, die diese Hindernisse im Vorfeld ausräumen. Die Pyramide begleitet Sie visuell bei der Umsetzung der Vorhaben. Mehr dazu: https://www.oaze-online-akademie.de/transfer-und-ziele-pyramide/2021/08/

In einem Online-Seminar habe ich da ganz andere Möglichkeiten:

Während des Online-Seminars

Auch online bereite ich den Transfer gegen Ende der Veranstaltung mit den gleichen oder ähnlichen Methoden vor. Im Webinar stelle ich beispielsweise die PEP-Methode vor und lasse die Teilnehmenden die Pyramide ausfüllen. Die Inhalte können dann anschließend im Forum noch ergänzt werden. Die Stolperstein-Methode wenden wir gemeinsam im Live-Online-Seminar oder später schriftlich im Forum an. Dies passiert, nachdem wir sie im Webinar mit einem Beispiel gemeinsam durchexerziert haben.

Mit dem Transfer können Sie aber auch schon viel früher anfangen. Nehmen wir an, Sie haben zwischen den einzelnen Modulen immer Pausen von 3-4 Wochen. Da können Sie die Teilnehmenden beauftragen, in dieser Zeit schon Dinge in ihrer realen Arbeitswelt umzusetzen und auszuprobieren. Über die Eindrücke oder Ergebnisse können die Teilnehmenden dann später im Forum oder Webinar berichten. Sie beschreiben, was funktioniert hat und was vielleicht nicht so gut lief, wo sie noch Unterstützung oder Abwandlungen brauchen.

Es ist natürlich Gold wert, wenn die Teilnehmenden neu erlernte Methoden gleich auf ihre Zielgruppe hin übertragen und entsprechend anpassen und in der Praxis ausprobieren können.

Falls Sie Trainer:innen fortbilden, die schon während einer Trainerausbildung selbst Online-Seminare geben oder einzelne Webinare halten, können sie auch dort direkt das Gelernte und Entwickelte ausprobieren. Diese Erfahrung habe ich auch in meiner Yogalehrer-Ausbildung vor vielen Jahren gemacht. Viele machten erst die Ausbildung und begannen dann mit eigenen Kursen. Ich gab selbst schon Yoga-Kurse und konnte so noch viel mehr von der Ausbildung profitieren. Denn ich konnte vieles gleich viel besser in seiner Bedeutung einordnen und vor allem gleich praktisch umsetzen.

Nach dem Online-Seminar

Es gibt sehr vielfältige Formen, wie Sie nach dem Ende eines Online-Seminars Ihre Teilnehmenden beim Transfer unterstützen können. Das muss natürlich vorher mit Ihren Auftraggebern abgestimmt und vertraglich vereinbart sein, wie und in welchem Umfang Sie hier aktiv werden können/sollen:

- **Konkrete Aufgaben und Termine**
Geben Sie Ihren Teilnehmenden ganz konkrete Aufgaben, die sie umsetzen sollen. Oder lassen Sie sie diese selbst entwickeln (beispielsweise mit der oben dargestellten PEP-Methode). Die Teilnehmenden halten dabei schriftlich fest, wann oder bis wann sie die Aufgaben umsetzen wollen. Im Anschluss vereinbaren Sie einen gemeinsamen Termin (ein Live-Online-Seminar oder Live Call) zum Austausch. Dort behandeln Sie Fragen wie: *„Habe ich meine Aufgaben gemacht? Wie ist es gelaufen? Was war gut? Wo will ich noch etwas verbessern? Was brauche ich dazu?"*

- **Forum bleibt noch länger offen**
Die Teilnehmenden können Dinge ausprobieren und später im Forum darüber berichten, was funktioniert hat, was nicht, wo sie noch weitere Anregungen oder Unterstützung brauchen. Sie können dort Fragen stellen, Korrekturen einholen, nachbessern. Das ist natürlich sehr wertvoll und der Erfolg ist dann auch sehr viel größer.

- **Hospitation**
Als Ausbilderin können Sie das erste eigene Webinar Ihres Teilnehmenden hospitieren und ihm anschließend Feedback geben.

- **Erfolgsteams**
In meiner eigenen Ausbildung rege ich gleich zu Beginn an, dass die Teilnehmenden miteinander Erfolgsteams bilden, die sich regelmäßig online treffen und sich dort mittels gegenseitigen Feedbacks bei der Umsetzung unterstützen.

Die grobe Struktur solcher Erfolgsteams sieht vor, dass jedes Teammitglied zu Beginn berichtet: *„Habe ich alles umgesetzt, was ich mir vorgenommen habe? Wenn nicht, woran lag es, was brauche ich dafür?"* Danach kommt der Hauptteil, wo jedes Mitglied ein Thema mitbringt, bei dem die anderen helfen können, beispielsweise mit einem Brainstorming. Am Ende teilt dann jedes Mitglied der Gruppe mit, was es sich bis zum nächsten Mal vornimmt.

Die Bildung und Durchführung regelmäßiger Erfolgsteams-Treffen sind im Zusammenhang mit einer konkreten Fortbildung ungeheuer anregend und helfen immer wieder, wirklich alle Lektionen gemeinsam mit allen Mitgliedern durchzugehen und durchzuarbeiten – und auch, von den anderen durch aktives Erleben zu lernen.

Vorteil: Mehr Zeit, an einem Thema zu arbeiten

Auch dieser Vorteil ist besonders dann wirkungsvoll, wenn die Veranstaltung neben Live-Online-Formaten auch die Arbeit in einem Forum beinhaltet. Doch auch wenn Sie eine Webinar-Reihe anbieten, können die Teilnehmenden zwischen zwei Webinar-Terminen weiter an ihren Themen arbeiten.

Im Forum stellen Sie beispielsweise Skripte mit den entsprechenden Themen ein, begleitende Texte zu dem, was im Live-Online-Seminar bearbeitet wurde, Aufgaben und Übungen, auch Theorie-Ergänzungen. Die Teilnehmenden sparen sich auf diese Weise einen langweiligen Vortrag im Webinar und können die Inhalte zu einem selbstbestimmten Zeitpunkt in Ruhe lesen und durcharbeiten. Dabei können sie sich auch intensiver mit ihren Aufgaben beschäftigen.

Das Format des Live-Online-Seminars nutzen Sie für erste Impulse oder Sie steigen gemeinsam in ein Thema ein. Das vertiefte weitere Bearbeiten findet dann im Forum statt.

Hier zwei Beispiele: In meiner Ausbildung lernen die angehenden Online-Trainer:innen neue Methoden für Webinare und für die Arbeit im Forum kennen. Sie führen diese im Webinar selbst durch, im Forum können sie dann die Übertragung auf ihr konkretes Thema vornehmen, ebenso wie die konkrete Ausarbeitung für ihr Thema und ihre Zielgruppe. Manche Methoden müssen verändert und angepasst werden, das überlegen wir dann gemeinsam und entwickeln neue Ideen und Methoden. Für die Übertragung der neu kennengelernten Methoden auf ihr eigenes Seminarkonzept erhalten die Teilnehmenden Zeit, nach den vorgestellten Beispielen an ihrem eigenen Entwurf zu arbeiten. Das geht nicht mal eben in 90 Minuten Webinar. Es braucht Zeit, sich zu entwickeln, es auszuarbeiten und auszuprobieren.

Im Forum zu Kreativitätstechniken können die Teilnehmenden, anders als im Präsenzseminar, jedes Thema mit der entsprechenden Methode bis zu Ende ausarbeiten, sodass sie anschließend sofort in die Umsetzung gehen können.

Zum Vergleich: In einem Präsenzseminar endet die Trainingseinheit meist bei Phase 4 (der Ideensammlung) und vielleicht ist noch Phase 5 (die Auswahl und Bewertung) möglich, aber die konkrete Planung für die Umsetzung und die tatsächliche Umsetzung führen die Teilnehmenden dann meist erst später und alleine durch. Im Online-Seminar (im Forum) kann jede Person ihr Thema bis zum Ende entwickeln und auf dem Weg dahin mit der Trainerin Rücksprache nehmen, wenn es irgendwo klemmt. Diese kann weitere Hilfen geben, neue Impulse und ergänzendes Material nachreichen.

Vorteil: Die Lektionen jederzeit unterbrechen können

Warum sollten Teilnehmende die Lektionen unterbrechen? Dafür gibt es eine Menge Gründe und Situationen:

1. Pausen sind normal

Ein ganz banaler Grund: Niemand arbeitet ununterbrochen an einem Online-Seminar. Alle haben auch noch andere Arbeiten zu erledigen. Und wenn es eben Lektionen in einem Forum sind, die man selbstständig und im eigenen Rhythmus bearbeitet, dann teilt man sich die Zeit so ein, wie es zum sonstigen Tagesablauf passt.

2. Zeit zum Nachdenken

Es gibt Themen, die tiefer gehen, die daher auch besser ergänzend in einem Forum bearbeitet werden als „nur" in einem Live-Online-Seminar. Hier brauchen die Teilnehmenden Zeit, den Input zu lesen, aber auch, um über die neuen Inhalte zu reflektieren, sich Notizen zu machen oder Fragen zu stellen.

3. Zeit für Umsetzung und Erprobung/Praxistest

Die Teilnehmenden sollten Gelegenheit haben, Dinge auszuprobieren, die sie gerade lernen. Zum Beispiel, neue Methoden in ihrem nächsten Seminar einzusetzen. Beim Thema Zeitmanagement ein konkretes Tool am Arbeitsplatz umzusetzen und die Ergebnisse dann mitzuteilen und evtl. nachzubessern.

4. Persönliche Entwicklung

Gerade auch bei Themen, die mit der persönlichen Entwicklung zu tun haben, ist in einem Online-Seminar mehr Raum, sich vertieft mit einem Thema auseinanderzusetzen und eigene Gedanken dazu in Ruhe aufzuschreiben. Das ist in einem Präsenzseminar kaum möglich.

5. Kleine (Lern-)Happen verdauen

Ich selbst habe beispielsweise einen Online-Kurs gebucht, bei dem es um Heilung ging. Nach einem schweren Unfall konnte ich immer nur eine bestimmte Menge an neuen Lerneinheiten verdauen. So ähnlich geht es vielen Menschen, auch ohne gesundheitliche Beeinträchtigung. Kleine Lerneinheiten bleiben besser im Gedächtnis haften.

6. Konkrete Anleitungen umsetzen

Gerade bei kreativen Themen und Übungen ist es entscheidend, ganz frei unterbrechen zu können, ein Bild, einen notierten Gedanken, eine Idee liegen zu lassen und später daran weiterzuarbeiten.

Diese genannten Punkte stellen für mich eindeutige Vorteile gegenüber Präsenzseminaren dar, die das alles nicht leisten können. Dort steht nur eine gemeinsame begrenzte Zeit zur Verfügung, in der alle Teilnehmenden das Gleiche in derselben Zeit erledigen müssen. Doch so kann Lernen nicht optimal funktionieren.

Vorteil: Dinge in der Praxis ausprobieren, nachbessern und Feedback geben

Mit Online-Seminaren haben Sie ganz andere Möglichkeiten, Ihre Teilnehmenden auch nach dem eigentlichen Seminar beim Transfer zu begleiten und zu unterstützen. Je nach Dauer und Aufteilung des Online-Seminars kann das auch schon während der Fortbildung stattfinden. Wenn Sie etwa drei Module à 5 Tagen konzeptionieren, können dazwischen beispielsweise jeweils 3-4 Wochen Zeit liegen. In dieser Zeit zwischen zwei Modulen können die Teilnehmenden die neuen Fertigkeiten ausprobieren, die sie gerade frisch erlernt haben.

Praxisbeispiel Online-Akademie: Neue Methoden ausprobieren und rückmelden

Zu Beginn meiner Online-Akademie habe ich Präsenztrainern kreative Seminarmethoden nähergebracht. Die Teilnehmenden, die parallel eigene Seminare anboten, konnten die frisch erworbenen Methoden direkt umsetzen und ausprobieren.

Anschließend konnten sie mir im Forum Rückmeldung geben, was bei ihnen gut funktioniert hat und was nicht, ich konnte bei Bedarf noch andere Methoden oder Ideen nachliefern.

Praxisbeispiel Zeitmanagement: Jeden Tag ein neues Tool testen

Beim Thema Zeitmanagement ist es besonders offensichtlich: Hier können Teilnehmende unmittelbar das neu gelernte Wissen umsetzen und ausprobieren. Angefangen von der Beobachtung und Kontrolle (Zeitprotokoll), was sie wann wie lange machen, bis hin zu all den konkreten Tools, die sie kennenlernen.

In den üblichen zweitägigen Präsenzseminaren bekommen die Teilnehmenden 10-20 Tools um die Ohren gehauen, die sie nur teilweise im Seminar ausprobieren können. Dann gehen sie nach Hause und setzen 2-3 Tools um, wenn überhaupt. Der Rest geht dann im Alltagsleben verloren. Im Online-Seminar bekommen die Teilnehmenden jeden Tag nur ein konkretes Tool. Beispielsweise für die Tagesplanung. Das probieren sie dann aus und erfahren, welches Tool für sie am besten funktioniert, beispielsweise ein Mind Map oder eine To-do-Liste oder die Arbeit mit Trello ....

An einem anderen Modul-Tag üben sie die Prioritätensetzung. An ihrer ganz konkreten Tagesplanung, nicht allgemein und theoretisch. So können sie häppchenweise das Gelernte ausprobieren, nachbessern und nachfragen.

Und sie erleben nicht nur direkt, wie es funktioniert, sondern integrieren damit gleichzeitig schon die Anwendung und den Transfer des Erlernten.

Praxisbeispiel Persönlichkeitsentwicklung: Themen im eigenen Tempo durchdringen

Bei Themen der Persönlichkeitsentwicklung, die über einen längeren Zeitraum stattfinden, bietet die Kombination von Live-Online-Seminaren und Forum noch mehr Möglichkeiten. Es braucht Zeit, die Themen zu durchdringen und an sich selbst zu arbeiten. Vielleicht Erkenntnisse und Erlebnisse aufzuschreiben, sich zu beobachten – und dann nach einer Woche darüber zu berichten und sich auszutauschen. Vielleicht auch ergänzende Texte dazu zu lesen. Als Seminarleitung können Sie hier also viel mehr in die Tiefe gehen, als das in einem zweitägigen Präsenzseminar möglich wäre.

Auch kann die Selbstmotivation gefördert werden. Verhalten lässt sich nicht an einem Tag ändern. In einem Präsenzseminar können Sie viele Tipps zur Eigenmotivation mitgeben und möglicherweise starten die Teilnehmenden schwungvoll zu Hause damit, aber dann ...

In einem gut geplanten Online-Seminar über längere Zeit können die Teilnehmenden schrittweise die Stadien ihrer Entwicklungen durchlaufen. Auch diese probieren sie in ihrem Alltag aus. Schaffen sie es endlich, jeden Tag am Morgen Yoga einzubauen? Wenn nicht, kann im Online-Seminar nachgeholfen werden. Untersucht werden, woran es liegt, was vielleicht besser funktioniert. Hier ist zusätzlich die Unterstützung durch die Gruppe oder durch einen Erfolgspartner hilfreich.

Praktische Vorteile

Online-Seminare bringen viele praktische Vorteile mit. Beginnen wir zunächst mit typischen Punkten, die inzwischen viele Unternehmen und auch Trainerinnen und Trainer durchaus an Online-Seminaren schätzen gelernt haben.

1. Sie sparen Zeit

Dieser Vorteil springt natürlich sofort ins Auge. Früher mussten wahrscheinlich auch Sie schon sonntagsmittags losfahren, wenn Sie montagsfrüh irgendwo in Deutschland mit einem Seminar starten wollten. Und es geht ja nicht nur um die Anreise. Sie mussten noch den Raum gestalten, zumindest Ihr Material verteilen, die Flipcharts und Poster aufhängen etc. Aber vor allem ging einfach sehr viel Fahrtzeit drauf, ganz gleich, ob Sie mit dem Auto oder dem Zug unterwegs waren. Möglicherweise verbrachten auch Sie nach dem ersten Seminartag die Abende dann auch im Hotel. All diese Zeiten rund um ein Seminar ersparen Sie sich bei Online-Seminaren komplett. Sie können gemütlich zu Hause frühstücken und dann nach nebenan ins Büro gehen und entspannt Ihr Seminar starten.

2. Sie sparen Anfahrts- und Hotelkosten

Auch das liegt auf der Hand und wird von Unternehmen sicher geschätzt. Es spart immense Kosten, wenn nicht die Fahrkosten für alle Mitarbeitenden gezahlt werden müssen, womöglich auch Flugkosten zu einem Meeting.

3. Schulungen über alle Grenzen hinweg

Viele Unternehmen haben unterschiedliche Standorte, teils auch in anderen Ländern. Online können alle gemeinsam trainiert und geschult werden, ganz gleich, wo die Mitarbeitenden arbeiten. Auch für uns Trainerinen und Trainer ist das von Vorteil. Auch wir können Teilnehmende aus aller Welt begleiten. Selbst wenn ich meine Seminare nur auf Deutsch abhalte, so habe ich doch auch Teilnehmende aus allen möglichen Ländern dabeigehabt: ob China, Vietnam, Spanien oder Portugal. Das finde ich einfach großartig.

4. Es ist ökologischer

Aus den drei genannten Punken wird deutlich: Damit schonen wir auch unsere Umwelt. Wir sparen eine Menge Energie, Kosten, Anstrengung. Energie auf allen Ebenen: in Sachen Umweltbelastung, persönliche Anstrengung und Gesundheit.

Meine persönliche Vorteils-Liste

Die folgende Liste ist eine individuelle Priorisierung. Sie können die Liste gerne für sich ergänzen, umsortieren oder das Passende auswählen.

1. Nicht mehr auf Bahnhöfen frieren

Dabei geht es nicht nur ums Frieren. Was habe ich schon Zeiten auf Bahnhöfen verbracht! Wie wir alle wissen, ist die DB nicht gerade durch Pünktlichkeit und Zuverlässigkeit bekannt. So oft habe ich Anschlüsse verpasst. Auf Bahnhöfen frierend auf den Zug zu warten, ist einfach kein Vergnügen!

2. Nicht mehr im Stau stehen müssen

Autofahren ist für mich persönlich keine angenehme Alternative. Seit einem Unfall fahre ich gar keine größeren Strecken mehr. Ich kenne Kolleg:innen, die jede Woche auf Achse sind und unzählige Stunden auf der Autobahn verbringen. Das ist mit Online-Seminaren alles nicht mehr nötig. Immer wenn ich beim Frühstück im Radio die Staumeldungen höre, freue ich mich darüber, dass ich das nicht erleben muss.

3. Ungehemmt Knoblauch essen, auch direkt vor dem Seminar

Ein netter Zusatzbonus, der mir auch erst nach einer Weile bewusst wurde.

4. Stets im eigenen Bett schlafen können

Ein großer Pluspunkt, auch wenn man keine Rückenprobleme hat, wie ich. Die Übernachtungen in Hotels machten mir schon lange keinen Spaß mehr, ich musste morgens immer überlegen: „Wo bin ich heute?“ Ich frühstücke auch lieber entspannt zu Hause als in einem Hotel. Das hat nach 40 Jahren Trainer-Dasein keinerlei Reiz mehr für mich.

5. Kein Gepäck transportieren und durch die Gegend schleppen

Als suggestopädische Trainerin hatte ich immer extrem viel Gepäck. Auch wenn ich es in den letzten Jahren meist vorausschickte, war das immer ein ziemlicher Aufwand.Dieser Teil des Jobs ist nicht so schön!

6. Kein Extra-Keller für Requisiten nötig

Bei Online-Seminaren reichen in der Regel die Fotos von Requisiten. Noch habe ich mich nicht von allen Requisiten getrennt. Einige halte ich live in die Webcam oder ziehe mir schon mal die Riesenohren über, wenn ich Lerntypen darstellen möchte. Doch es sind viel weniger als vorher.

7. Keine Ansteckungsgefahr durch kranke Teilnehmende

Das bekommt seit Covid noch mal eine neue Bedeutung. Doch auch die Arbeit mit ganz normalen Infektionen ist etwas weniger beschwerlich. Ich habe Webinare mit akuter Grippe gehalten. Es ist immerhin eher möglich, sich mal für 1-2 Stunden aus dem Bett zu quälen und an den PC zu wanken, als mit dem Auto oder Zug zu irgendeinem Seminar zu fahren. Das hätte ich auf jeden Fall absagen müssen. Und auch im Forum kann ich mal 15 Minuten am Tag vorbeischauen, ob ich etwas Wichtiges beantworten muss. Ansonsten wissen meine Teilnehmenden, dass ich das Versäumte nachhole, sowie es mir wieder bessergeht.

8. Keine Albträume vor einem bestehenden Umzug

Bei meinem letzten Umzug hatte ich eine Dachkammer mit einem großen Architektenschrank auszuräumen, wo ich Hunderte von Flipcharts gelagert hatte. Im Keller lagerten kistenweise Requisiten. Nun setze ich Fotos von meinen Flipcharts ein, die so ab und zu auf einer Folie oder in einem Skript von einem Online-Seminar landen.

9. Stets auf gesunden Stühlen sitzen und die Raumtemperatur selbst bestimmen

In Tagungshotels finden Sie ja sehr unterschiedliche Stühle. Wenn die Lehne leicht nach hinten geht, bekomme ich Rückenschmerzen. Ich muss ganz gerade sitzen. Für die Arbeit im Homeoffice kann ich mir natürlich die richtigen Stühle besorgen. In Tagungshotels sind die Räume außerdem oft mit Klimaanlage ausgestattet. Ich bekomme in dieser Umgebung sehr schnell Halsschmerzen, was für meine Stimme nicht gerade förderlich ist. Im Homeoffice kann ich mir die Umgebung so einrichten, wie es gut für mich ist. Fenster auf oder zu, Heizung hoch oder runter – und im Sommer auch ab und zu auf den Balkon. Das bekommt mir viel besser als die Seminarluft in Hotels und Tagungshäusern.

10. Auch mit körperlichen Einschränkungen Seminare geben

Nach meinem Unfall musste ich alle Präsenzseminare absagen, aber mit Online-Seminaren konnte ich sofort beginnen, nachdem ich aus dem Krankenhaus und Pflegeheim zurück war. Das war wirklich ein Segen für mich, denn als Freiberuflerin kann man nur schwer monatelang auf Einnahmen verzichten.

Umwandlung von Präsenz- in Online-Methoden

In einer Buch-Rezension wurde mir mal vorgeworfen, dass ich so viele Methoden aus Präsenzseminaren für Online-Formate umwandele und veröffentliche. Darüber war ich ziemlich verblüfft, denn genau darauf war ich ja stets stolz, dass mir auch zu beliebten Präsenzmethoden so interessante Online-Varianten einfielen.

Dabei ging und geht es mir auch darum, Trainerinnen und Trainern zu zeigen, dass sie nicht alles von der Pike auf neu entwickeln müssen, wenn sie nun auch Online-Seminare geben, sondern dass sie ja schon ganz viel Methodenfundus mitbringen. Die vertrauten Methoden müssen nur etwas umgewandelt und angepasst werden. Wie das geht, zeige ich mit meinen Beispielen und mache Ihnen also hoffentlich Mut, es auszuprobieren. Dabei gebe ich Ihnen Tipps, wie Sie Ihre eigenen Lieblingsmethoden aus Präsenzseminaren selbst für ihre Online-Seminare aufbereiten können.

Hybrid-Seminare

Was ganz besonders dafür spricht, sich die Varianten von Präsenzmethoden genauer anzuschauen, ist ihr Einsatz in Hybrid-Seminaren, in denen eine Gruppe live in Präsenz die selbe Methode durchführt wie die Gruppe, die parallel online teilnimmt. Die Präsenzgruppe kann die Methoden so einsetzen, wie sie eben auch bisher in Präsenzseminaren eingesetzt wurden und die Online-Teilnehmenden führen die Online-Variante durch.

Das funktioniert ebenso mit Gruppenarbeiten, wenn die entsprechenden Räumlichkeiten im Seminarhotel zur Verfügung stehen. Dabei ist es sicher von Vorteil, wenn das Seminar von einem Trainer-Team durchgeführt wird, wo eine Trainerin vor Ort ist und eine als Online-Trainerin dabei ist.

Bei Energizern ist es oft noch viel einfacher. Da reicht es, wenn die Trainerin die Anleitung gibt und alle können parallel online und in Präsenz mitmachen.

Wie Sie Methoden umwandeln

Wenn Sie Ihr bisheriges Präsenzseminar in ein Online-Seminar umwandeln, geht es dabei ja nicht nur um Methoden. Sie wollen bestimmte Inhalte vermitteln, Ihre Teilnehmenden sollen bestimmte Dinge lernen, Fähigkeiten erwerben und Erkenntnisse gewinnen.

Das heißt, der Ausgangspunkt sind die übergreifenden Lernziele. Danach wählen Sie Ihre Themen und dazu die passenden Methoden aus. Diese Sichtweise sollten Sie daher auch nicht aus den Augen verlieren, wenn Sie Präsenzmethoden für Online-Seminare nutzen wollen.

Fragen, die Sie sich vorher stellen sollten

- Welches Lernziel wollen Sie erreichen?
- Welche Zusatz-Ziele werden gleichzeitig damit angesprochen?
- Welche Wirkungen und Effekte soll die Methode hervorrufen?
- Was soll die Methode bei den Teilnehmenden bewirken? Was sollen sie dabei lernen oder tun?
- Was ist das Besondere an der Methode? Oder ihre Essenz? Was ist der spezielle Pfiff dabei?
- Wie können Sie zumindest diese Essenz oder diesen speziellen Effekt auch online transportieren?
- Vielleicht muss auch gar nichts verändert werden und Sie können die Methode eins zu eins auch online übernehmen?
- Was ist dann vielleicht trotzdem anders und zu beachten?

Worum genau geht es bei der Methode?

Wenn Sie in Ihren bisherigen Präsenzseminaren eine bestimmte Methode eingesetzt haben, dann haben Sie damit immer ein bestimmtes Ziel verfolgt. Entweder ging es darum, dass die Teilnehmenden etwas ausprobieren oder etwas Konkretes lernen, sich zu einem Thema austauschen oder etwas erarbeiten und entwickeln oder sie kreative Talente entdecken und ausleben.

Gleichzeitig gibt es da vielleicht noch andere Kriterien: Die Methode soll die Gruppe auflockern, es soll auch mal etwas für die Kinästheten mit Bewegung sein, die Methode enthält vielleicht ein Überraschungsmoment, sie soll einen spielerischen Charakter haben usw.

Oft denken wir wahrscheinlich gar nicht mehr so bewusst darüber nach, was eigentlich das Ziel einzelner Methoden war, weil sie uns so vertraut und gewohnt sind und wir so unser bewährtes Repertoire haben. Daher ist diese Gelegenheit jetzt vielleicht gar nicht so schlecht, um auch darüber noch einmal nachzudenken. Denn das hilft uns dabei, bisherige Präsenzmethoden wirkungsvoll und zielgerichtet in Online-Methoden umzuwandeln.

Eins zu eins übernehmen oder verändern?

Manche Methoden kann ich eins zu eins übernehmen, wie zum Beispiel eine Fantasiereise oder ein Centering. Ob ich diese im Präsenzseminar anleite und die Teilnehmenden dort mit geschlossenen Augen auf den Stühlen sitzen oder in einem Live-Online-Seminar auf ihrem Bürostuhl, das macht keinen großen Unterschied. Zumindest nicht, was den Einsatz der Methode betrifft. Sie tragen den Text der Fantasiereise wie im Präsenzseminar vor.

Für die Teilnehmenden ist die Situation ein wenig anders, aber gerade bei diesem Beispiel zeigt sich, dass die Online-Variante echte Vorteile haben kann. Bei Fantasiereisen, Entspannungsübungen oder auch Yoga-Übungen schlage ich den Teilnehmenden oft vor, dass sie dabei ihre Webcam ausschalten, wenn sie möchten, damit sie sich völlig ungestört auf die Übung einlassen können.

Ich habe schon häufig die Rückmeldung erhalten, dass sich Teilnehmende im Online-Seminar viel leichter auf eine Fantasiereise einlassen können als im Präsenzseminar, weil sie sich unbeobachtet fühlen und mit ausgeschalteter Webcam in vertrauter Umgebung zu Hause viel besser entspannen können als in der Präsenzsituation.

Vier Fragen für die Umwandlung von Präsenz- in Online-Methoden

Natürlich müssen viele der bekannten Methoden verändert werden, um sie online einsetzen zu können. Hierzu helfen die Antworten auf vier zentrale Fragen.

Frage 1: Welches Ziel verfolgen Sie mit der Methode?

Bevor Sie an die Umwandlung herangehen, sollten Sie sich fragen, welches Ziel Sie mit dieser Methode erreichen wollen. Hier gebe ich einige Beispiele für mögliche Ziele in Verbindung mit konkreten Methoden.

- Ein Ziel kann sein, Ihren Teilnehmenden einen Überblick zu verschaffen, beispielsweise mit einer **Lernlandschaft** (Seite 43).

- Oder das Ziel lautet, Interesse und Neugier für das Thema zu wecken, indem (beispielsweise auch bei „Lernlandschaft“) sehr erinnerungswürdige Gegenstände auf dem Boden liegen oder Sie einen Gegenstand in die Webcam halten, der die Teilnehmenden verblüfft oder die Frage auslöst: „Oh, worum geht es jetzt wohl?“
- Das Ziel kann aber auch sein, Ängste abzubauen und zu zeigen, dass auch ein trockenes Thema humorvoll behandelt werden kann. Dazu nehmen Sie eine auffällige **Requisite** oder führen vielleicht sogar einen **Sketch** auf (Seite 44). Oder Sie wollen damit demonstrieren, dass ein scheinbar schwieriges Thema gar nicht so schwierig ist und auch spielerisch bearbeitet werden kann.
- Ein weiteres mögliches Ziel ist, als Trainerin zu erfahren, was die Teilnehmenden schon zu einem Thema wissen, wie etwa mit **KaWa®** oder **Alphabet** (Seite 44) – oder auch, wie ihre Erfahrung, Einstellung und Haltung zu einem Thema ausfällt (eher negativ oder positiv).

Frage 2: Welchen Effekt soll die Methode noch haben?

Nachdem Sie das Lernziel bestimmt haben, können Sie sich fragen, welchen Effekt eine Methode sonst noch hat. Beim Beispiel „Lernlandschaft“ etwa geht es um Orientierung. Vor allem visuell orientierte Lerner wollen sehen, wohin es geht und warum sie etwas machen sollen. Kinästhetisch geprägte Menschen haben eher Spaß an konkreten, verrückten Gegenständen, die hier als Foto gezeigt werden können. Sie sind bei der Bildpräsentation also konzentrierter als bei einer Textfolie dabei. Bei der „Lernlandschaft“ helfen die gezeigten Gegenstände zudem, dass das Thema besser im Gedächtnis bleibt und die Konzentration der Teilnehmenden höher ist als bei einem reinen PowerPoint-Vortrag.

Beim Beispiel „Requisiten oder Sketch“ geht es darum, die Teilnehmenden emotional aufzuschließen und mögliche Lernblockaden zu umgehen.

Bei „KaWa“ & Co. können die Teilnehmenden frei assoziieren und auch ein wenig kreativ und spielerisch an ihr Thema herangehen. Dabei bekommt die Trainerin auch stets einen kleinen Einblick, wem so etwas liegt und wer daran Spaß hat.

Bei einer Übung wie **Wort und Bild** (Seite 355) geht es auch um den Überraschungseffekt: Weil die Teilnehmenden nach Zufallsprinzip drankommen, weiß vorher niemand, zu welchem Fachbegriff man etwas erläutern soll. Diesen Überraschungseffekt gibt es auch bei der Gruppenaufteilung zur **Kreativen Präsentation** (Seite 83).

Viele der Wiederholungsmethoden haben auch Wettspielcharakter, was manche Teilnehmende auch sehr befügelt.

Frage 3: Was sollen die Teilnehmenden dabei tun oder lernen?

Bei einigen Methoden sind die Teilnehmenden selbst nicht so aktiv tätig, wohl aber bei anderen, wie zum Beispiel bei der Methode **Karten stellen** (Seite 343), wo sie etwas wiederholen und in diesem Fall Arbeitsabläufe in die richtige Reihenfolge bringen sollen, indem sie sich selbst (bei Präsenzseminaren) in eine Reihe stellen.

Ganz anders der Bewegungsaufwand bei „Alphabet". Dort schreiben und zeichnen die Teilnehmenden. Bei „Wort und Bild" müssen sie spontan etwas zu einem Begriff erläutern. Das heißt, sie müssen sich an die Bedeutung der Stichworte erinnern und etwas wiederholen.

Frage 4: Wie lässt sich die Essenz der Übung ins Online-Setting hinüberretten?

Wenn die Essenz des Methodeneinsatzes klar ist, können Sie sehen, wie Sie ähnliche Effekte mit der Online-Variante einer Methode erzielen. Gleichzeitig berücksichtigen Sie, was das Besondere an der Methode ist. Ist es ein Überraschungseffekt, das Zufallsprinzip, ist es Bewegung oder der Wettspielcharakter?

Auf diese Aspekte gehe ich in den folgenden Beispielen nun genauer ein.

Beispiele erfolgreicher Umwandlungen

Zur Seminarphase „Einführung in ein Thema"

Beispiel Lernlandschaft

Die Lernlandschaft ist eine typisch suggestopädische Methode. Das Ziel ist, in ein Thema einzuführen und dafür bereits gute Gedächtnisanker anzubieten. Sie ist ein gutes Beispiel dafür, wie Sie Variationsoptionen entwickeln und nutzen können, wenn Sie eine Präsenzmethode in eine Online-Variante umwandeln. Ich persönlich finde das ganz prima, da es für Abwechslung sorgt, wenn ich die gleiche Methode öfter einsetzen will.

In Präsenzseminaren sind für die Lernlandschaft drei Schritte wesentlich:

- Auf einem Flipchart oder Lernposter ist das gesamte Thema in Stichworten dargestellt, sodass sich die Teilnehmenden während des Themenvortrags immer wieder orientieren können.
- Auf Moderationskarten haben Sie die Stichworte und Schwerpunkte des Vortrags notiert, die Sie nach und nach auf den Boden oder einen Tisch legen und erläutern.
- Zu jeder dieser Karten stellen oder legen Sie noch einen Gegenstand dazu (das ist das Besondere der Lernlandschaft). Dieser sollte möglichst auffällig, witzig oder verfremdend sein, damit er Aufmerksamkeit erregt und gut im Gedächtnis bleibt.

Abb. unten: Beispiel für eine Lernlandschaft

Für ein Online-Seminar können Sie Fotos von einer realen Lernlandschaft machen. Und zwar für jeden Abschnitt ein eigenes. Nach und nach zeigen Sie die Fotos der verschiedenen Etappen beispielsweise als PowerPoint-Präsentation und kommentieren diese, bis Sie am Ende das Gesamtbild der Lernlandschaft präsentieren können.

Abb. links: Die einzelnen Gegenstände der Lernlandschaft werden von der Trainerin erläutert.

Auf den Fotos sind jeweils ein Gegenstand und die dazugehörige Moderationskarte zu sehen. Sie erläutern als Trainerin parallel zum Bild alles, was Sie auch in Präsenzseminaren an dieser Stelle sagen würden. Sie können dafür entweder jedes einzelne Foto auf eine eigene Folienseite stellen oder alternativ die Folie erweitern, indem Sie über das Fotomotiv den dazugehörigen Begriff auf die Folie schreiben.

Die Wirkung eines Einführungsvortrags ist durch die Fotos der Gegenstände eine andere, als wenn Sie zur Unterstützung eine reine Textfolie mit Stichworten zeigen. Da Sie die Stichpunkte auf der Folie austauschen können, können Sie das Foto gegebenenfalls in einem anderen Zusammenhang mit einem anderen Stichpunkt versehen und erneut einsetzen.

Quelle/URL

- Zamyat M. Klein (2021): 150 kreative Webinar-Methoden. managerSeminare, 5. Aufl.
- Bei YouTube finden Sie hierzu einen Erklärfilm: https://youtu.be/9_xH8crpecM

Beispiel Requisiten oder Sketch

Requisiten oder sogar ein Sketch sorgen natürlich auch für viel mehr Anschaulichkeit, wenn es darum geht, Lerninhalte darzustellen. Das können Sie natürlich auch für Ihr Webinar nutzen.

Abb.: Rolle und Requisite – der Kinästhet

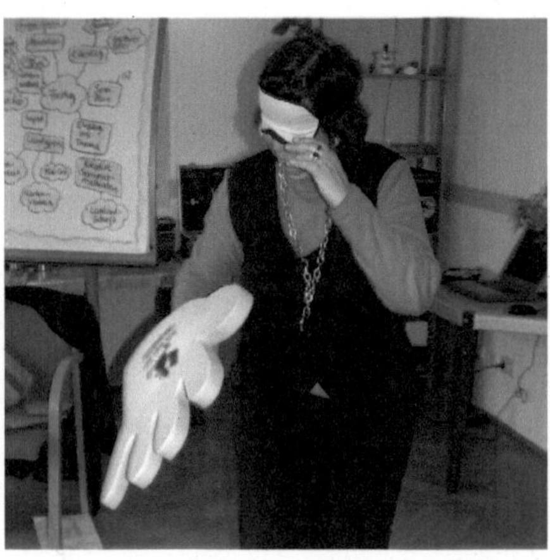

Dazu können Sie etwa ...

- ein Foto mit einem Gegenstand einstellen und die Teilnehmenden dazu assoziieren lassen.
- einen Gegenstand in die Kamera halten.
- sich einen Hut oder eine andere Requisite aufsetzen und etwas vorspielen. Auch wenn man nicht den ganzen Körper sehen kann, können Sie auf diese Weise etwas inszenieren.
- in verteilten Rollen mit verstellter Stimme sprechen.
- ein kurzes Video von einem „richtigen Sketch" einspielen, den Sie in einem vergangenen Präsenzseminar gefilmt haben.

Beispiele KaWa® oder Alphabet

Bei **KaWa®** (Abkürzung für „Kreative Analografie® Wort-Assoziationen" nach Vera F. Birkenbihl) geht es um ein kunterbuntes Assoziieren zu einem Begriff, der mit dem Thema der Schulung zu tun hat. Hierbei fördern der Einsatz von bunten Farben sowie Scribbeln und Zeichnen das kreative assoziative Denken.

Im Präsenzseminar stellen Sie auf einer Folie ein Beispiel-KaWa® vor und erläutern das Prinzip: Ein Schlüsselwort wird vorgegeben. In Einzelarbeit soll nun jeder Teilnehmende jeden Buchstaben des Wortes als Ausgangspunkt für eine eigene Wortassoziation heranziehen. Die Begriffe können beliebig an das Wort geschrieben und, wenn möglich, auch grafisch aufbereitet werden. Das alles entweder in einer festgelegten Zeit oder bis zu einem vereinbarten Termin.

Online entwickeln die Teilnehmenden ein eigenes KaWa® entweder auf einem Blatt Papier, das sie später mit dem Smartphone abfotografieren und hochladen, oder sie tragen es direkt in eine PowerPoint ein. Dazu müssen Sie als Trainerin natürlich für das Erstellen und Hochladen Zeit einräumen. Im Plenum werden später die einzelnen KaWas® vorgestellt.

Alphabet: Diese Übung funktioniert in Präsenz wie folgt: Zu einem konkreten Thema füllen die Teilnehmenden ein Arbeitsblatt aus. Dazu schreiben sie zu jedem Buchstaben des Alphabets Assoziationen, die sie mit dem Thema verbinden. Hier können Sie als Trainerin bereits Hinweise über den Wissensstand der Teilnehmenden gewinnen sowie über ihre Einstellungen und Gefühle zum Thema. Die ausgefüllten Listen können Ausgangspunkt sein für eine weitere Bearbeitung des Themas.

Sie geben ein Thema vor, z.B. das Seminarthema generell oder einen Themenausschnitt. Die Teilnehmenden schreiben zu jedem Buchstaben des Alphabets ihre Assoziationen zu diesem Thema.

Alphabet zum Thema Motivation:

- Abenteuer, Anstrengung, Anfang, Aktion, Anerkennung
- Begeisterung, Beginn, Beharrlichkeit
- Chaosbewältigung, Charisma
- Durchhaltevermögen, Disziplin, Dauer
- Energie, Erfolg, Erreichen, Empfehlung
- Furcht, Freude, Festhalten
- Gewohnheit
- Hindernisse, Heiterkeit
- Interesse, Impulse
- Jammern, Jagdfieber
- Kreativität, Kleine Schritte, Kunst
- Lust, Leidenschaft, Langeweile, Laune, Lob
- ...

Die Online-Varianten:

- Das Alphabet lasse ich im Webinar gemeinsam auf einer vorbereiteten Folie ausfüllen.
- Das KaWa® können die Teilnehmenden auch während eines Webinars auf Papier schreiben und malen und dann entweder hochladen, per Mail an die Trainerin schicken, in die Webcam halten oder im Forum hochladen. Hier ist der Unterschied zum Präsenzseminar nicht sehr groß. Ob die Stichpunkte auf ein Flipchart oder auf eine Folie notiert werden, macht dabei keinen großen Unterschied.

Quelle

- Zamyat M. Klein (2021): 150 kreative Webinar-Methoden. managerSeminare, 5. Aufl.

Beispiel Wort und Bild

Diese Methode wird auf Seite 355 genauer dargestellt. Sie ist ein schönes Beispiel dafür, wie Sie eine Methode einerseits ziemlich umwandeln müssen, um sie online zu nutzen, allerdings können Sie in diesem Fall den Überraschungseffekt ebenso wie die Erläuterung durch die Teilnehmemenden genau so online aufgreifen.

Inzwischen habe ich dazu auch mehrere Varianten entwickelt, die beiden letzten kommen der Ursprungsmethode noch näher. Die Beschreibung finden Sie weiter unten.

Zur Seminarphase „Wiederholung"

Wenn es nicht gerade um Sprachunterricht geht oder um Fachinhalte wie Medizin oder Jura, müssen Ihre Teilnehmenden wohl auch nichts auswendig lernen wie in der Schule. Doch auch bei anderen Themen, wie etwa bei meiner Online-Trainer-Ausbildung, können solche Wiederholungsmethoden und Spiele sinnvoll sein und ganz unterschiedliche Zwecke erfüllen:

- Es werden die Themen noch einmal wiederholt. In einer Trainer-Ausbildung können das beispielsweise Methoden sein, die wiederholt werden. Da es in einer Trainer-Ausbildung sehr viele Methoden sind, ist das durchaus ein anspruchsvoller Inhalt.
- Oft geht es auch um Zuordnungen oder darum, was man wie damit macht.
- Ein Ziel kann es sein, die richtigen Zusammenhänge herzustellen.
- Vielleicht können mit der Wiederholung bereits erste Transfer-Überlegungen angestellt werden: Wie können die Teilnehmenden die Methoden für ihre eigenen Themen einsetzen?

Wenn Wiederholungsspiele in der Gruppe stattfinden, ist das für die meisten entspannender, als wenn Einzelabfragen durchgeführt werden. Niemand blamiert sich oder zeigt, dass er etwas nicht behalten hat. Ohnehin sollten alle Übungen so konzipiert sein, dass nie jemand bloßgestellt wird. Es geht nicht um schulisches Abfragen, bewerten und benoten. Im Gegenteil: Wiederholungsübungen sind vor allem auch eine Rückmeldung für die Trainerin: Haben die Teilnehmenden alles verstanden und behalten? Kennen sie alle Methoden oder muss ich da noch mal etwas nachlegen?

Daher sind viele Wiederholungsübungen auch so dargestellt, dass im ersten Schritt die Teilnehmenden etwas erklären oder zuordnen oder ankreuzen. Wenn Sie als Trainerin dann erkennen, dass da viele falsche Antworten sind, dann erklären Sie das betreffende Thema noch einmal, ohne auf die einzelnen Teilnehmenden einzugehen.

Wiederholungsübungen als Energizer

Wenn es nicht um wirkliches Auswendiglernen geht, können Sie fachliche Wiederholungsübungen auch einfach als Energizer einsetzen, also als Spiel anbieten, das einen Bezug zum Seminarthema hat. Alle Quizzes, Ratespiele, Denksportaufgaben und Wettspiele gehören in diese Kategorie, die nach meiner Erfahrung auch erwachsenen Teilnehmenden einen Riesenspaß machen, Ehrgeiz wecken und damit wieder alle wach und konzentriert machen.

Wiederholungen zur eigenen Überprüfung/Reflexion

Es schadet auch nichts, wenn die Teilnehmenden selbst bei einer solchen Übung merken, „Uiii, ich weiß gar nicht mehr so richtig, was das war!". Bei solchen Wiederholungsspielen geht es nie darum, Einzelne abzufragen oder bloßzustellen, aber die Selbstwahrnehmung ist durchaus sinnvoll.

Gruppenarbeiten und Gruppendynamik bei Wiederholungsübungen

Einige Wiederholungsmethoden finden in der Gruppe statt, was immer eine gute methodische Abwechslung ist. Bei Wettspielen entsteht noch einmal eine ganz andere Dynamik. Bei kreativen Aufgaben erleben sich die Teilnehmenden untereinander noch einmal ganz anders, entdecken neue Talente, haben Spaß miteinander. Das fördert dann nebenbei noch eine positive Gruppendynamik.

Beispiel Wiederholungsübung Wort und Bild

Die Methode im Präsenzseminar: Auf einem Tisch liegen zwei Kartenstapel verteilt, mit der Schrift nach unten. Auf der Rückseite sind Fotos oder Bilder aufgeklebt. Die Motive der Fotos sollten aus zwei unterschiedlichen

Abb.: Die Wiederholungsübung im Präsenzseminar

Themenbereichen kommen. Beispielsweise links Naturfotos und rechts Bilder von Gemälden. Bei mir sind es links Fotos aus dem Bergischen Land und rechts Fotos aus der Sahara (beide Motivvarianten sind deutlich zu unterscheiden).

Auf der rechten Seite stehen Fachbegriffe oder ein Stichwort zu den Seminarinhalten, es kann auch eine Frage sein. Auf den Karten der linken Seite stehen die Namen der Teilnehmenden. Dazu lasse ich diese vorher ihre Namen auf ein Post-it schreiben, das ich schnell auf die Karten klebe, bevor ich sie umgekehrt auf den Tisch lege.

Ein Teilnehmender beginnt, hebt eine Karte von rechts auf, legt sie umgedreht auf den Tisch und liest den Fachbegriff vor. Dann dreht er eine linke Karte um und derjenige Teilnehmende, dessen Name dort steht, muss nun etwas zu diesem Fachbegriff sagen.

Dazu können Sie unterschiedliche Aufgabenstellungen geben. Entweder der antwortende Teilnehmende sagt einfach nur einen Satz dazu oder er soll den Begriff ausführlicher erläutern oder ein Beispiel bringen etc. Dann dreht dieser Teilnehmende die nächsten beiden Karten um (Fachbegriff und Teilnehmender), sodass nach und nach jeder mal einen Begriff erläutern muss.

Die Methode im Live-Online-Seminar: Hier haben Sie Optionen für verschiedene Varianten.

Abb.: Die Wiederholungsübung online – zufällige Zuordnung von Zahl und Begriff

1. Option: Die Zufallszuordnung

Diese Methode erfordert ein wenig Abwandlung gegenüber der Präsenzversion. Die Fachbegriffe, um die es geht, sind alle auf der Folie sichtbar. Was aber auch in der Online-Variante zufällig gestaltet werden kann, ist die Teilnehmerauswahl. Dazu sind auf der Folie neben den Fachbegriffen Zahlen verteilt. Ein Teilnehmender ordnet ganz willkürlich mit einer Linie jedem Fachbegriff eine Zahl zu (siehe Abb. links).

Virtueller Klassenraum
Teilnehmer-Aktivierung
Foliengestaltung
Kommunikationsregeln
1 2 3 4 5 6 7 8 9 10
Begriffe erklären

Danach wird die nächste Folie gezeigt, auf der neben jeder Zahl ein Name eines Teilnehmenden steht (siehe Abb. rechts).

Dieser muss nun etwas zu dem Fachbegriff sagen, der mit seiner Zahl verbunden wurde. Dazu muss sich jeder die eigene Zahl merken, bevor Sie zur vorigen Folie zurückgehen.

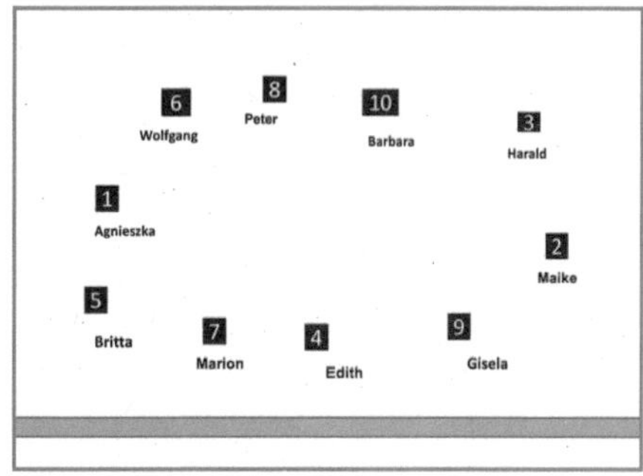

Abb.: Hinter den Zahlen verbergen sich die Teilnehmenden

Hilfreich ist es, wenn Sie als Trainerin die Namen und Zahlen auf einem zweiten Monitor haben, dann können Sie schneller sehen, wer zu welchem Begriff etwas sagen muss.

2. Option: Karten schieben in PowerPoint

Auf einer PowerPoint-Folie kann kann die Trainerin Karten zum Wegschieben vorbereiten. Die Abfolge erfolgt dann genauso wie im Präsenzseminar.

Ein Teilnehmender beginnt, nennt eine Zahl. Die Trainerin schiebt die entsprechende Karte zur Seite und darunter steht der Fachbegriff, z.B. „Tools im Webinarraum".

Danach nennt der Teilnehmende einen Buchstaben, darunter verbirgt sich dann der Name der Person, die zu dem Fachbegriff etwas sagen soll: „Gisela". Gisela erläutert nun, was ihr zu „Tools im Webinarraum" einfällt. Entweder nennt sie ein paar Tools oder nur eines und erläutert, was man damit machen kann. Anschließend nennt sie eine Zahl und einen Buchstaben und die nächste Person wird einer Frage zugeteilt.

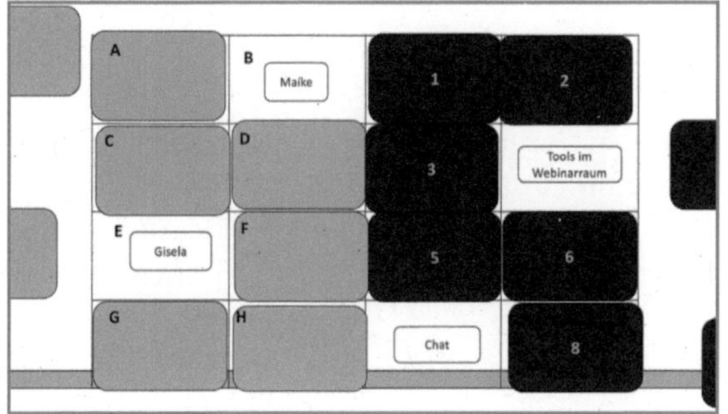

Abb.: Unter den Karten sind Fachbegriffe und TN-Namen verborgen

Trainer-Hinweis Es gibt noch elegantere Varianten, als die Kärtchen zur Seite zu schieben: Sie können auf jeder Karte eine Animation einrichten und z.B. die Karte hinausfliegen lassen, wenn Sie darauf klicken. Dazu müssen Sie die PowerPoint aber per Bildschirmpräsentation zeigen, was ich in der Regel nicht mache, damit ich als Trainerin die Vorschaufolien und meine Notizen noch im Blick habe.

Falls Ihnen nicht klar ist, wovon ich hier schreibe, können Sie sich die folgenden Videos anschauen. Da zeige ich die verschiedenen Versionen, wie Sie bei Zoom PowerPoints für die Teilnehmenden sichtbar machen können. Ich wähle in der Regel die mit dem „grünen Rahmen“.

1. Version: Eine Bildschirmpräsentation.
2. Version: Sie nutzen Teile des Bildschirms (grüner Rahmen).

URL ▶ https://youtu.be/Z8CYfegBwGY

3. Version: Sie sind mit Ihrer Webcam auch auf der Folie sichtbar und können sich in irgendeine Ecke schieben, gößer oder kleiner machen oder auch auf der Folie herumschweben.

URL ▶ https://youtu.be/EZrz0YXSzF0

▶ **3. Option: Im Live-Online-Seminar auf dem Miro-Whiteboard**
Wort und Bild lässt sich auch sehr schön auf Miro durchführen. Eine detailierte Beschreibung finden Sie in Kapitel 4 auf Seite 355.

Beispiel Bälle werfen

Dies ist eine der Methoden, bei der ich anfangs dachte, das kann man online überhaupt nicht abbilden. Aber siehe da, inzwischen habe ich zwei Varianten dazu.

Sie können die Methode ganz unterschiedlich einsetzen, hier in meinem Beispiel geht es ja um die Seminarphase „Wiederholung“. Sie können sie aber auch zur Einführung oder an anderer Stelle einsetzen. Dazu müssen Sie auch hier nur die Fragestellung verändern, der Ablauf bleibt identisch. Sie können damit auch eine Diskussion anregen, Meinungsaustausch zu einem strittigen Thema initiieren oder anderes.

Verlauf Je nach Webinar-Plattform, die Sie einsetzen, können die Teilnehmenden einen Laserpointer nutzen (wie etwa bei edudip next) oder, wie bei Zoom, einen Stempel, d.h., einen Stern oder ein Herz zu einem Namen setzen. Oder Sie verwenden den Namenspfeil, der dann wieder verschwindet, wenn die nächste Person dran ist und ihren „Ball“ wirft, sprich: ihren

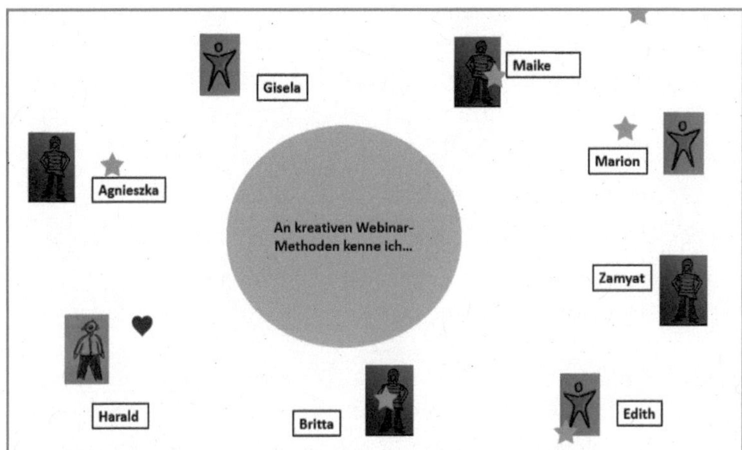

Abb.: Virtuelles Bällewerfen mit Stempel

Namenspfeil setzt. So muss man sich als zusätzliche Herausforderung merken, wer schon dran war und wer nicht.

Eine Teilnehmerin beginnt und wirft ihren „Ball" zu einer anderen Person, stempelt also neben der Person, der sie den Ball zuwirft. Diese liest nun den Satzanfang aus der Mitte laut vor und ergänzt ihn mit einer Webinar-Methode, die ihr aus dem bisherigen Seminarablauf einfällt. Sie muss nur den Namen sagen, mehr nicht. Und wirft dann denn Ball an den Nächsten.

Beispiel: Marion wirft zu Edith, diese sagt: „An kreativen Webinar-Methoden kenne ich … den Flohmarkt." Edith wirft dann weiter an Gisela, die dann erwähnt: „An kreativen Webinar-Methoden kenne ich … die Perlenkette." Usw.

Variante mit bekannten Gruppen

Wenn Sie über längere Zeit mit einer Gruppe arbeiten und in einem späteren Webinar diese Methode einsetzen, ist es natürlich noch hübscher, wenn Sie Fotos der Teilnehmenden einsetzen. Ansonsten können es auch eigene Zeichnungen sein oder auch nur Emojis oder andere Motive, aber die selbst gezeichnete Variante finde ich persönlich netter als Figuren aus dem Netz.

Variante mit Nachfragen

Wenn es um wirkliches Wiederholen geht, können Sie diese Übung natürlich auch erweitern und anregen, dass die Teilnehmenden nachfragen, wenn sie bei einer genannten Methode nicht mehr genau erinnern, was das eigentlich war.

Dann kann entweder die Teilnehmerin, die diese Methode genannt hat, diese erläutern. Oder, falls sie selbst auch nur noch den Namen behalten hat, können Sie als Trainerin die Methode noch einmal erklären. So wird wirklich noch einmal wiederholt, aber es geht natürlich die Dynamik des schnellen Ballwerfens verloren.

Variante für den Einstieg

Es bleibt bei der gleichen Fragestellung. Doch hier nennen die Teilnehmenden keine aktuell erlernte Methode, sondern nennen eine bisher bekannte Präsenzmethode oder auch eine Methode, die sie in den eigenen Online-Seminaren schon einsetzen. In diesem Fall ist es natürlich sinnvoll, sie über die bloße Benennung der Methode etwas genauer zu erläutern. Wenn dazu keine Zeit ist, können die Teilnehmenden ihre Beschreibung später im Forum der Gruppe einstellen, so entsteht eine schöne Sammlung weiterer Methoden.

Variante für den Transfer

Sie können die Methode am Ende eines Seminars einsetzen. In diesem Fall benennen die Teilnehmenden, welche Methode sie auf jeden Fall übernehmen und in ihren Seminaren einsetzen möchten. Oder bei einem anderen Thema nennen sie den ersten Schritt, den sie sich nach dem Seminar zur Umsetzung vornehmen wollen.

Variante unsichtbarer Ball

Beim unsichtbaren Ball sehen sich die Teilnehmenden auf den Video-Kacheln und werfen sich imaginäre Bälle zu. Dabei nennt die werfende Person den Namen einer anderen teilnehmenden Person und wirft ihr den unsichtbaren Ball zu. Die genannte Person fängt ihn dann auf. Das Ganze können alle im Stehen machen, so kommt gleich noch ein wenig Bewegung dazu.

Variante Hybrid-Seminar

Die Hybrid-Variante ist wirklich tollkühn, aber mit ein wenig spielerischem Ehrgeiz kann auch dies funktionieren: Im Online-Format tut ein Teilnehmender so, als würde er einer anderen Person einen Ball oder ein zusammengeknülltes Papier zuwerfen. Dazu wirft dieser den Ball Richtung Webcam und nennt einen Namen. Die genannte Person tut so, als ob sie den Ball auffängt (sie wirft sich selbst ein vorbereitetes zusammengeknülltes Papier zu).

Bei einem Hybrid-Seminar kann die Präsenztrainerin außerhalb der Kamera stehen, die Teilnehmenden sitzen im Stuhlkreis. Eine Online-Teilnehmerin ruft einen Präsenzteilnehmer auf und wirft ihren „Ball" in Richtung Webcam. Die Präsenztrainerin wirft aus ihrer Ecke heraus die

Papierkugel zum aufgerufenen Teilnehmer. Umgekehrt wirft ein Präsenzteilnehmer ein zusammengeknülltes Papier in Richtung Kamera und ruft dabei eine Online-Teilnehmerin auf, die dann wieder so tut, als ob sie den Ball auffängt.

Falls Sie sich nicht vorstellen können, wie das geht: Hier können Sie es sich anschauen, wie man sich online die Bälle zuwerfen kann.

- https://youtu.be/tzdLSvZ-ElM — *URL*

Min. 3:21 hier werden Papiere weitergegeben
Min. 3:40 hier wird eine Papierkugel geworfen

Mehr zu Hybrid-Seminaren auf Seite 16.

Zur Seminarphase „Einstieg"

Beispiel Flohmarkt

Die Übung „Flohmarkt" ist ein Beispiel aus dem Buch „150 kreative Webinar-Methoden". Sie funktioniert so: Statt der üblichen Vorstellungsrunden (*„Wie heißen Sie?", „Was machen Sie?", „Woher kommen Sie?"*) wird hier ein Gegenstand als Ausgangspunkt und Assoziationsauslöser genommen. Das macht es etwas lebendiger und erfordert auch schon gleich etwas Kreativität von den Teilnehmenden. Die Runde ist durch zwei, drei konkrete Fragen vorstrukturiert und dadurch auch zeitlich begrenzt.

Die Trainerin zeigt dafür eine PowerPoint mit dem Foto von mehreren Gegenständen, die sich in einem Büro/Haushalt so finden lassen: eine Muschel, ein Geldschein, eine Schatzkiste, eine kleine Dose, ein kleiner Kompass, eine Perlenkette, ein Spitzer, Spielfiguren, ein technischer Gegenstand etc. Die Teilnehmenden werden gebeten, sich einen Gegenstand auszuwählen. Den sollen sie aber noch nicht verraten, weder im Chat noch mündlich.

Anschließend sollen die Teilnehmenden nacheinander die folgenden Fragen mündlich beantworten:

- Warum habe ich diesen Gegenstand gewählt?
- Was hat dieser mit mir zu tun?
- Was hat er mit dem Webinar-Thema zu tun?

Ich mag diese Methode, weil Gegenstände und Bilder dabei helfen, nicht nur rational an ein Thema heranzugehen, sondern durch die Motivarbeit automatisch auch Assoziationen und Emotionen hinzukommen.

Als Methode mit Themenbezug

Diese Methode können Sie als Einstiegsmethode am Anfang eines Seminars einsetzen, damit sich alle etwas kennenlernen. Sie ist aber auch als Einstieg in ein Thema geeignet, wenn Sie die Fragestellung nur entsprechend verändern. Hierzu eine Variante:

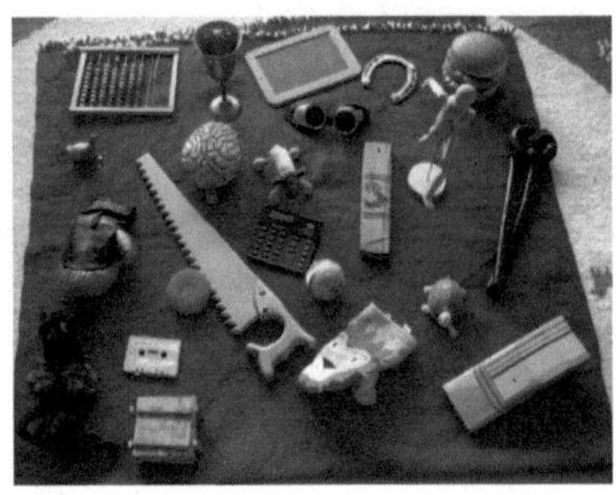

Abb.: Der Flohmarkt bietet Passendes und Kurioses.

Hier sind die Gegenstände auf dem Foto schon passend zum Thema ausgewählt. Beim Thema „Ernährungsberatung" können das etwa verschiedene Obst- und Gemüsesorten sein, es können verschiedene Sport- und Bewegungsarten abgebildet sein, verschiedene Emojis oder Icons.

Hier geht es um Zuordnung, nicht mehr darum, eine kreative Verbindung zum Seminarthema herzustellen. Das verändert also etwas den Charakter der Methode. Aber das ist völlig in Ordnung, denn es geht ja darum, sich anregen zu lassen und viele unterschiedliche Möglichkeiten zu entwickeln. Je nach Fragestellung können auch Fotos, die einen direkten Bezug herstellen, durchaus witzig oder herausfordernd sein.

Mögliche Fragen/Aufgaben könnten lauten (ich bleibe mal bei dem Motiv mit Gemüse und Obst):

- „Was magst du überhaupt nicht?"
- „Wähle drei Sorten aus." (Diese werden mit einem Stempel markiert oder in den Chat geschrieben.)
- Erst danach wird die weitere Aufgabe genannt: „Entwickele daraus ein Gericht, eine Speise." – Ha!

Die Teilnehmer-Aktivierung

Damit Online-Seminare eine Wirkung haben und die Teilnehmenden wirklich etwas lernen, ist eine durchgehende Teilnehmer-Aktivierung erforderlich. Aktivierung ist für mich der Oberbegriff, der über allem schwebt; das, worum es in jedem der Kapitel geht.

Online-Seminare oder Webinare sind leider oft immer noch reine Vorträge, mit und ohne Begleitung von PowerPoint-Folien. Da redet jemand eine Stunde lang und die Teilnehmenden dürfen allenfalls am Ende Fragen in den Chat schreiben.

Anfangs wird dann oft gesagt: „Schreib doch mal in den Chat, woher du kommst" und zwischendurch tauchen dann Fragen auf, wie: „Wenn du das auch meinst, schreib doch ein ‚Ja' in den Chat."

Da gruselt es mich.

Selbst bei einer reinen Informations- und Verkaufsveranstaltung ist mir das zu wenig, auch die könnte man durchaus lebendiger gestalten. Aber hier geht es ja um Seminare, Trainings und Schulungen, in denen wir Trainerinnen Inhalte vermitteln und die Teilnehmenden etwas lernen wollen. Das geht nicht ohne Teilnehmer-Aktivierung – und daher gibt es dazu ein eigenes Kapitel.

Was ist Teilnehmer-Aktivierung?

In meiner Online-Trainer-Ausbildung stelle ich in einem der Live-Online-Seminare genau diese Frage und lasse die Teilnehmenden in Arbeitsgruppen dazu eine Sammlung auf einem Whiteboard erstellen.

Oft kommt dann dabei heraus, dass ihnen die Bedeutung nicht so richtig bewusst ist. Manche meinen, dass damit nur Energizer und Spiele gemeint sind, doch diese stellen aus meiner Sicht nur einen Unter-Aspekt von Teilnehmer-Aktivierung dar.

Eine kurze Erläuterung: Mit Teilnehmer-Aktivierung sind alle Aktivitäten eines Seminars gemeint, wo Teilnehmende selbst aktiv werden und nicht nur passiv zuhören.

Nun ja, das klingt banal und logisch. Dennoch ist es vielen nicht wirklich klar, was dies denn nun genau bedeutet.

Der Aspekt der Teilnehmer-Aktivierung ist schon bei der Seminarplanung wichtig. Dass Sie als Trainerin eben sehr genau darauf achten, wie oft Sie aktivierende Elemente im Seminarverlauf einplanen. Und – das ist der nächste Punkt – ob diese auch abwechslungsreich variieren. Also mit verschiedenen Aktivitäten, Methoden, Medien und Tools belegt sind.

Denn eine solche Abwechslung bewirkt, dass die Teilnehmenden wach und konzentriert bleiben.

Das ist unter anderem auch eines der Ziele von Teilnehmer-Aktivierung: Wenn Teilnehmende nur zuhören, schwindet irgendwann die Konzentration. Wenn sie selbst immer wieder etwas machen müssen, bleiben sie wie selbstverständlich dabei und sind wach und konzentriert.

Ein zweiter Grund ist, dass die Teilnehmenden auf diese Weise viel besser lernen und Dinge besser behalten, als wenn sie nur zuhören. Auch das ist eigentlich eine uralte Binsenweisheit, nur wird sie offensichtlich von vielen schlagartig vergessen, sobald sie ein Online-Seminar abhalten. Der Nürnberger Trichter hat noch nie funktioniert, online schon gar nicht.

Was beinhaltet sie?

Nun mal ganz konkret, wenn auch nur stichwortartig. Im späteren Verlauf gebe ich dann die passenden Methoden-Beispiele.

Die Teilnehmenden sind aktiv, wenn sie ...

- Sprechen
- Schreiben
- Aktiv mitdenken
- Malen oder zeichnen
- Verfügbare Tools im Webinar-Raum nutzen
- Sich in Gruppen austauschen
- Energizer einsetzen

Das sieht jetzt auch noch nicht besonders spektakulär aus, deshalb wird es nun konkreter.

1. Sprechen

Es ist gut, gleich zu Beginn eines Live-Online-Seminars eine Methode zum Einstieg durchzuführen. Und dabei auch von jedem einmal die Stimme zu hören und als Trainerin einen Eindruck zu gewinnen, wie die Teilnehmenden gerade mental unterwegs sind.

Beim ersten Treffen im Online-Format geht es ums Kennenlernen, bei allen weiteren Folge-Webinaren darum, wieder als Gruppe zusammenzukommen und als Trainerin mitzubekommen, wie es den einzelnen Teilnehmenden geht und wo sie gerade stehen. Daher mache ich jedes Mal eine andere Einstiegsübung, bei der jeder einen kurzen Satz oder auch drei Sätze zu einer bestimmten Fragestellung ausspricht. Dazu gibt es beispielsweise eine Folie mit Bildern, jeder kreuzt an, was gerade seiner Stimmung entspricht und erläutert seine Entscheidung kurz.

Es gibt natürlich unendlich viele Möglichkeiten, wie Teilnehmende sprechend in ein Live-Online-Seminare miteingebunden werden können. Dazu stelle ich hier im Buch etliche Methoden vor.

Geben Sie konkrete Anweisungen

Wichtig ist, dass Sie genau ansagen, wozu jeder etwas sagen soll und wie lang („Jeder sagt einen Satz!"), damit kein endloses Gelaber entsteht. Hier ist Ihre Moderationsfähigkeit gefragt, wie Sie sanft, aber bestimmt die Viel- und Langredner stoppen können.

Es gibt viele Methoden, wo wir wie bei Präsenzseminaren im Stuhlkreis eine Runde machen, das kann online sehr ähnlich organisiert werden. Beispielsweise mit einem Mind Map mit den Namen der Teilnehmenden, einem Stuhlkreis mit Namensschildern auf einer Folie, mithilfe der durchnummerierten Video-Kacheln bei Zoom oder indem ich als Host alle Video-Kacheln in die gleiche Reihenfolge bringe etc. Dann geht es flotter, weil jeder weiß, wann er dran ist.

Es gibt aber auch Methoden und Spiele, da geht es um Geschwindigkeit. Da sollen die Teilnehmenden einfach reinrufen. Oder es gibt Zufallsketten, die die Teilnehmenden selbst bestimmen.

Kurz und gut, Sie können viele Varianten nutzen, um die Teilnehmenden sprechend mitarbeiten zu lassen. In Arbeitsgruppen sprechen sie dann sowieso miteinander.

2. Schreiben

Das Schreiben scheint nun auch sehr simpel zu sein, doch auch hierbei gibt es in der Tat ganz verschiedene methodische Herangehensweisen:

Im Chat

Sie können die Teilnehmenden in den Chat schreiben lassen. Was ja, wie schon erwähnt, die simpelste Fassung ist. Aber selbst den Chat können Sie sehr unterschiedlich nutzen. Dazu habe ich ein eigenes Unterapitel geschrieben (Seite 63).

Hier nur die Kurzfassung: Sie stellen Fragen, die Teilnehmenden antworten im Chat. Ich nutze aber auch schon mal Schreibspiele als Energizer. Bei „Wer wird Millionär?" zum Beispiel schreiben die Teilnehmenden nur den richtigen Buchstaben zum Quiz in den Chat. Inzwischen besteht bei Zoom auch die Möglichkeit, den Text im Chat mit Farben und Emojis zu formatieren. Das eröffnet Ihnen neue gestalterische Optionen, die Sie ins Spiel einbinden können.

Auf einem Whiteboard

Vor allem in Arbeitsgruppen können die Teilnehmenden die Ergebnisse eines gemeinsamen Brainstormings oder eine Sammlung von Fragen – oder was auch immer – auf ein Whiteboard schreiben. Das geht auch in der Gesamtgruppe, wenn es nicht mehr als zehn Teilnehmende sind.

Größere Gruppen lasse ich oft auf der alten Whiteboard-Funktion von Zoom beginnen. Dort kann man nämlich ein weiteres Whiteboard öffnen, auf das jeder sofort Zugang hat, und weiterschreiben, wenn das erste voll ist (hier ist kurz erläutert, wie dies geht: https://youtu.be/GR0zZ0fGr80). Alternativ können die Teilnehmenden auch im Chat weiterschreiben.

Auf einer vorbereiteten Folie

Meistens nutze ich kein blankes Whiteboard, sondern Folien, auf denen ich schon etwas vorbereitet habe. Vier Ecken, ein Mind Map mit Oberpunkten, die die Teilnehmenden ergänzen sollen, eine konkrete Aufgabenstellung oder Frage, eine Tabelle mit Spalten oder ein stimulierender Hintergrund.

Auf dieser Folie können die Teilnehmenden dann genauso schreiben oder markieren oder stempeln wie auf einem Whiteboard.

Auf einem Blatt Papier

Ja, und auch das kann man in Online-Seminaren machen: Die Teilnehmenden schreiben ihre Ideen auf ein Blatt Papier. Das mache ich zum Beispiel, wenn die Teilnehmenden mit verschiedenen Farben ein „KaWa®" erstellen sollen. Bei KaWa® handelt es sich um eine kreative Wort-Assoziationsmethode von Vera Birkenbihl. Hierbei wird jeder Buchstabe eines Schlüsselbegriffs als Ausgangspunkt für neue Wort-Assoziationen gewählt. Auch setze ich Papier teilweise in meinen Seminaren zu „Kreativitätstechniken" ein. Denn in unserem Gehirn werden andere Areale angesprochen, wenn ich mit der Hand auf Papier schreibe, als wenn ich auf einer Tastatur tippe. Da ist es für kreative Ideenfindung wie auch bei allen anderen Themen im Online-Seminar sehr förderlich, wenn ich mal ein analoges Medium wie Papier und Stift integriere. Die Ergebnisse können von den Teilnehmenden abfotografiert und geteilt werden.

3. Aktiv mitdenken

Auch bei einem längeren Vortrag können Sie die Teilnehmenden durch Zwischenfragen zu aktivem Mitdenken anregen. Lassen Sie dann aber auch eine kurze Pause, dass sie tatsächlich kurz darüber nachdenken können.

Sie können auch etwas sagen, was irritiert oder provokativ ist. Da werden die Teilnehmenden sich sicher ihren Teil dazu denken und sind spontan wachgerüttelt.

4. Malen oder zeichnen

Ich lasse meine Teilnehmenden auch in Online-Seminaren etwas zeichnen und malen. Dazu habe ich verschiedene Methoden im Einsatz, wo sie zum Beispiel ein Haus zeichnen, um darüber zu symbolisieren, wie weit sie mit ihrem Seminarkonzept/ihrem Gedankenprozess/ihren beabsichtigten Zielen sind. Oder ich lasse sie Blumen zeichnen, die wir uns zum Abschied gegenseitig schenken.

Auch wenn man mit der Maus keine Kunstwerke herstellen kann, kann man jedesmal merken, wie viel Spaß das den Teilnehmenden macht. Ich bin jedes Mal erneut darüber verblüfft, wie sie kaum zu bremsen sind und was für schöne, bunte Bilder am Ende dabei herauskommen.

5. Verfügbare Tools im Webinar-Raum nutzen

Je nach Plattform gibt es verschiedene Tools und Funktionalitäten, die den Teilnehmenden eine Aktivität ermöglichen. Bei Zoom gibt es beispielsweise Stempel, mit denen die Teilnehmenden auf eine Folie Sterne, Herzen oder Pfeile stempeln können. Gut als Abfrage zu nutzen oder auch für einen netten Energizer (siehe Kapitel 3, S. 169).

Ebenso können sich die Teilnehmenden mithilfe von Emojis, Handhebezeichen, Applaus, Fragezeichen etc. einbringen.

Umfragen gibt es wohl in jedem Webinar-Raum, bei denen die Teilnehmenden aktiv werden, indem sie die passenden Antworten anklicken. Das ist nicht so wahnsinnig kreativ und originell, aber hin und wieder können Sie auch solche Tools ruhig mal einsetzen. Man sieht dann schnell gemeinsam die Ergebnisse.

Und noch ein Tool: Bei Zoom gibt es einen unsichtbaren Stift, mit dem man online Nachlaufen spielen kann (https://youtu.be/OA9y_ukaASo).

6. Sich austauschen, in Gruppen miteinander arbeiten

Die aktivste Art der Teilnehmer-Aktivierung findet wohl oft in den Gruppenräumen bei Gruppenarbeiten statt. Hier werden oft verschiedene Aktivitäten gemischt: Es wird gesprochen, auf ein Whiteboard geschrieben und gemalt.

Auch dazu gibt es ein eigenes Kapitel, wie Sie Gruppenarbeiten planen und methodisch anleiten und durchführen können und wie Sie danach weiterarbeiten können (Seite 70).

Hier nur schon einmal die Kurzfassung: Alle Teilnehmenden sind beteiligt.Damit sich hier wirklich alle beteiligen, ist es hilfreich, wenn Sie die Aufgabenstellung auch so formulieren, dass wirklich jeder „gezwungen" ist, aktiv mitzumachen. Sonst könnten sich hier Einzelne noch viel unauffälliger im Hintergrund halten als im Plenum, weil die Trainerin ja nicht mit im Raum ist. Doch in der Regel sind die Teilnehmenden sehr froh, sich mal im kleineren Kreis austauschen zu können und sind meist sehr lebhaft dabei.

Wie können Sie sicherstellen, dass auch in der Gruppen-Session alle aktiv sind? Formulieren Sie eine ganz konkrete Aufgabenstellung, die beinhaltet, dass jeder Teilnehmende etwas sagen oder schreiben muss.

Beispiele in diesem Buch:
- 3#Hashtags
- Aspekte zuordnen
- Wissen und Vermutung
- Kreative Präsentation

Die erste Übung dient dem Kennenlernen. Die drei Letztgenannten sind schon etwas anspruchsvoller. Sie beinhalten eine Aufgabenstellung, bei der jeder Teilnehmende gezwungen ist, sich einzubringen. Wobei das in meinen Seminaren wohl niemand als „Zwang" erleben soll. Meistens sind die Teilnehmenden ganz glücklich, wenn sie in einer Gruppe arbeiten und sich austauschen können. In der Regel kommt nachher immer: „Das war zu kurz."

Doch wie wir schon vom Parkinson'schen Gesetz wissen: „Arbeit dehnt sich in genau dem Maß aus, wie Zeit für ihre Erledigung zur Verfügung steht." Sprich: Wenn ich für eine Aufgabe 15 Minuten Zeit gebe, schaffen die Teilnehmenden es in 15 Minuten. Gebe ich 30 Minuten vor, dann brauchen sie 30 Minuten. Und das Ergebnis ist in aller Regel fast dasselbe!

Wie solche konkreten Aufgabenstellungen aussehen können, beschreibe ich ausführlich im Abschnitt zu Gruppenarbeiten ab Seite 73, wie immer anhand von konkreten Beispielen.

7. Energizer einsetzen

Energizer, Spiele und Bewegung sind eine weitere Form der Teilnehmer-Aktivierung. Energizer werden oft eingebaut als Zäsur zwischen zwei Themenblöcken, als kleine Konzentrationsübungen, als Bewegungen nach langem Sitzen. Sie können eine Verbindung zu dem Seminarthema haben (das nenne ich „Brückenschlag") oder einfach nur lustig, aktivierend, konzentrationsfördernd sein.

Gerade Bewegungsübungen sind natürlich eine wunderbare Aktivierung bei Online-Seminaren, ich baue oft Yoga-Übungen ein. Doch es sind sogar Tänze und Spiele möglich, bei denen die Teilnehmenden aufstehen und sich bewegen.

Sehr aktivierend sind auch ganz alberne Spiele, bei denen die Teilnehmenden sich einerseits höllisch konzentrieren müssen und sich gleichzeitig scheckiglachen. Lachen macht wirklich wach, nach einem Suppenkoma-Tief sind danach alle wieder voll dabei. Beispiele hierfür sind die „Leipziger Messe", „Huhn und Ei" und viele der Impro-Übungen und Spiele, die ich mit Wiebke zusammen aufgenommen habe (siehe Kapitel 3, S. 169).

Energizer sind das Salz in der Suppe und online noch wichtiger als in Präsenzseminaren. Daher habe ich in diesem Buch noch mal eine Fülle von Online-Energizern aufgenommen und gewinne so langsam den Eindruck, dass es online noch viel mehr und ungewöhnlichere Spiele gibt als für Präsenzseminare. Was mich natürlich sehr freut.

Den Chat in Webinaren einsetzen

In vielen Webinaren erlebe ich, dass Trainerinnen und Trainer erst einmal einen langen Vortrag halten, teils mit Folien oder alternativ mit dem Webcam-Bild des Vortragenden. Und dazu folgt die Aufforderung, dass die Teilnehmenden ihre Fragen in den Chat schreiben sollen und der Trainer am Ende dann darauf eingeht. Daher gebe ich in diesem Abschnitt eine Übersicht, was man darüber hinaus mit dem Chat machen kann – und wie das geht.

In meinen Live-Online-Seminaren können meine Teilnehmenden immer auch sprechen und wir arbeiten gemeinsam am Whiteboard und auf Folien. Trotzdem setze ich natürlich auch den Chat ein – aber nicht als einzigen Kommunikationskanal für die Teilnehmenden, wie viele Webinar-Durchführende das machen.

Sollte man sich dennoch nur auf den Chat beschränken, ist es umso wichtiger, dort auf unterschiedliche Weise zu arbeiten. Daher stelle ich hier einige Möglichkeiten vor, wie man den Chat auf sehr unterschiedliche Art einsetzen kann.

Wie Sie den Chat für sich nutzen

Ich fange mit den ödesten und gruseligsten Varianten zu diesem Tool an und steigere mich dann zunehmend :-).

Die Seminarleitung hält einen Vortrag, der Chat ist abgestellt und wird ggf. punktuell freigeschaltet

Es ist gar nicht so selten, dass die Teilnehmenden nichts in den Chat schreiben können. Hier fehlt jedes interaktive Element, das Webinar ist eine Einbahnstraße. Manchmal wird der Chat nur bei konkreten Fragen seitens der Trainerin freigeschaltet, dann können die Teilnehmenden darauf antworten, je nach Aufgabe.

Diese Variante ist für Trainierende natürlich recht bequem, man kann sich ganz auf seinen Vortrag konzentrieren. Aber so bekommen Sie nicht mit, ob die Teilnehmenden Ihnen noch folgen (können), ob es Fragen oder womöglich sogar Probleme gibt. Ich persönlich finde das eher befremdlich.

Die Seminarleitung hält einen Vortrag, die Teilnehmenden sollen Fragen in den Chat schreiben

Der Option, Fragen in den Chat zu schreiben, schließt sich oft der Hinweis an, dass am Ende der Einheit auf die Fragen eingegangen wird. In der Praxis gehen dabei häufig etliche Fragen verloren, insbesondere, wenn es eine große Teilnehmerzahl ist, die sich womöglich zwischendurch im Chat auch noch kreuz und quer austauscht (was nicht verwunderlich ist, wenn die Seminarleitung nur einen Vortrag hält und die Teilnehmenden nicht mit einbezieht).

Die Seminarleitung fordert die Teilnehmenden auf, auf Fragen zu antworten

Ich habe einen Trainer erlebt, der gleich zu Beginn die Teilnehmenden bat, jegliche persönlichen Unterhaltungen im Chat zu unterlassen, da (ihn) das ablenkt und das Tool nur dann einzusetzen, wenn er dazu auffordert.

Dazu zwei Dinge:

- Es lag sicher an der etwas bevormundenden Art dieses Trainers, dass ich mir vorkam wie in der Schule und sofort in den Trotzmodus schaltete. Nach dem Motto „Jetzt erst recht" alberte ich mit einem Kollegen im Chat herum, den ich dort überraschend wiedertraf. Ich verstehe es sehr gut, dass der Chat eine Herausforderung darstellt, weil man nicht gleichzeitig vortragen und den Chat im Auge behalten kann. Sie können dann darauf hinweisen, dass Sie den Chat erst später anschauen und nicht zwischendurch immer wieder auf Fragen oder Kommentare eingehen. Das unterbricht nämlich nicht nur den Vortragsfluss, sondern ist meist auch für die Teilnehmenden verwirrend.

- Nebenher-Chatbeiträge der Teilnehmenden haben eine wichtige positive Funktion. Grundsätzlich rate ich davon ab, den Chat abzustellen. Wir haben es mit erwachsenen Menschen zu tun, die selbst entscheiden können, wann sie zuhören und ob sie gleichzeitig schreiben können. Oft werden dort Dinge nachgefragt, die wichtig sind, damit die Teilnehmenden dem Vortrag weiter folgen können und die vielleicht mehrere Personen interessiert. Und oft gibt es dann andere nette Teilnehmende, die die Frage beantworten und quasi als Co-Trainer weiterhelfen. Es wäre doch schade, dieses Engagement zu verhindern. Es bilden sich auch Kooperationen, es findet ein Austausch zwischen den Teilnehmenden statt – all das sehe ich als äußerst positiv an. Und wenn mein Vortrag spannend genug ist, werden sie mir auch weiterhin zuhören. Ansonsten sollte ich mir vielleicht Gedanken machen und vom Vortrag zu teilnehmeraktivierenden Methoden umsteigen :).

Hier nun einige Varianten und Beispiele, wie Sie auch bei einer großen Teilnehmerzahl alle mit gezielten Fragen und Chat-Antworten einbinden können.

Varianten von Chat-Kommunikation

Ja-Nein-Fragen

Diese sind auch bei einer großen Teilnehmerzahl möglich. Sie stellen eine Frage: *„Wer hat schon mal selbst Live-Online-Seminare gegeben?"* und bitten die Teilnehmenden, im Chat mit „Ja" oder „Nein" zu antworten. Das geht schnell und auch bei 50 Personen bekommen Sie einen flotten Überblick. Beispiel: *„Wer kennt die Mind-Map-Methode?"* Ja – Nein.

Zahlen

Sie haben drei Punkte auf Ihrer Folie stehen und fragen Ihre Teilnehmenden dazu. Sei es, dass sie damit auswählen können, welches Thema Sie im Live-Online-Seminar gemeinsam ausführlicher behandeln oder etwas völlig anderes. Sie können so auch Erfahrungen oder Meinungen abfragen. Die Teilnehmenden schreiben lediglich die Zahl in den Chat. Auf diese Weise behalten Sie die Übersicht auch bei einer großen Gruppe – und alle anderen bekommen ebenfalls mit, was Sache ist. Beispiel: Alle, die bei der MindMap®-Methode mit „Ja" geantwortet haben, sollen folgende Zahlen in den Chat schreiben:

1. Mal was darüber gelesen
2. Eine Fortbildung dazu gemacht
3. Ich wende sie schon an

Worte

Etwas weiter gehen Sie bereits, wenn Sie den Teilnehmenden die Möglichkeit bieten, ihre Antworten mit Worten auszudrücken: *„Welches Thema interessiert Sie besonders? Welches Seminarthema bieten Sie an? Welches Marketing-Tool ist für Sie das effektivste? …"* – Sie können dann nicht unbedingt alle 100 gesammelten Schlagworte vorlesen. Aber Sie können einige herauspicken und diese entsprechend erläutern. Das erfordert natürlich schnelles Erfassen und eine gute Moderationsfähigkeit: *„Ah ja, da sind viele Antworten, die zu dem Thema XY passen und auch einige zu XZ."*

Sätze

Wenn die Teilnehmenden ganze Sätze in den Chat schreiben dürfen, müssen Sie darauf achten, die Aufgabe ganz konkret zu formulieren: *„Jeder stellt seinen Slogan vor. Seinen Buchtitel. Einen Satz zu ..."* Auch hier gilt: Je nach Teilnehmerzahl können Sie nicht alle vorlesen, aber einige Beispiele herauspicken und auf diese eingehen. Kündigen Sie dafür vorher an: *„Ich kann jetzt leider nicht alle vorlesen und auf alle eingehen, ich picke mir nun willkürlich drei bis fünf heraus."* Dann sind alle voll bei der Sache und bleiben aufmerksam.

Weitergehende Beiträge im Chat

Wenn Sie mit einer kleineren Gruppe gemeinsam tiefer an einem Thema arbeiten wollen, dann müssen Sie den Teilnehmenden dort auch mehr Raum geben. Wenn Sie souverän und organisiert genug sind, geht das sogar bei großen Gruppen. Als Trainerin können Sie, zumindest im Live-Format, nur auf einzelne Punkte eingehen. Bei großen Veranstaltungen ist es natürlich sehr vorteilhaft, wenn Sie eine Co-Trainerin dabei haben, die im Hintergrund sortiert und clustert.

Interaktive, kreative Methoden im Chat

Verschiedene Chat-Einstellungen

Vorweg: Es gibt bei manchen Webinar-Plattformen die Möglichkeit, unterschiedliche Versionen des Chats einzustellen.

1. Die Teilnehmenden können öffentlich an alle schreiben (so, wie es normalerweise üblich ist).
2. Die Teilnehmenden können gezielt nur an die Trainerin schreiben (und sie kann auch individuell antworten), sodass die anderen es nicht lesen können.
3. Die Teilnehmenden können untereinander gezielt mit einzelnen anderen Teilnehmenden schreiben, ohne dass die anderen, inklusive Trainerin, das sehen.

Möglichkeit 2 können Sie bei allen Arten von Spielen nutzen, wo etwas abgefragt wird. Da können Sie den Chat so einstellen, dass nur Sie die Antworten lesen.

Das ist unter bestimmten Umständen sehr vorteilhaft:

- Sie wollen nicht, dass die Teilnehmenden voneinander abschauen und abschreiben :).
- Sie wollen den Teilnehmenden die Peinlichkeit ersparen, öffentlich falschen Antworten zu riskieren.
- Und Sie bekommen als Trainerin schnell einen Überblick, wie viele die richtige Antwort geben oder wo Sie möglicherweise noch einmal etwas wiederholen sollten, weil es die Hälfte offensichtlich nicht mehr richtig in Erinnerung hat. Dieser Aspekt dient also auch der Selbtreflexion.

Variante 3 finde ich genial für die Kleingruppenarbeit geeignet, z.B. für die Methode der **Murmelgruppen** (Seite 69).

Leider erlebte ich bei einer Akademie, für die ich gearbeitet hatte, dass sie ihren Trainer:innen verbot, diesen Privatchat zu ermöglichen. Sie befürchteten, dass die Teilnehmenden dann miteinander Unsinn treiben oder über die Trainerin herziehen. Hierbei kann man sich schon Gedanken machen, wie sinnvoll diese Art Schulungen sind. Die armen Trainer mussten dort teilweise mehrwöchige, ganztägige Schulungen mit dicken Handbüchern durchführen, die mit Prüfungen und Zertifikaten endeten. Sie mussten eine dermaßene Fülle an Stoff vermitteln, dass sie einfach vollgeballerte Textfolien vorlasen, weil sie „keine Zeit" für aktivierende und lebendige Übungen hatten. Ich hatte meine Arbeit dort schließlich beendet, weil es gar keine wirkliche Chance gab, etwas für Teilehmende und Trainer:innen zu verbessern.

Hier einige für die Arbeit mit dem Chat geeignete Methoden. Ich werde nicht alle hier ausführlich darstellen, aber einige seien als Beispiele erwähnt.

1. Sprachübungen

- **Sätze bilden:** Die Teilnehmenden schreiben nacheinander ein Wort und bilden nach und nach einen vollständigen Satz (aus: 150 kreative Webinar-Methoden).

- **Wortketten:** Die Teilnehmenden sollen Wortketten aus zusammengesetzten Worten bilden. Einer beginnt und schreibt beispielsweise in den Chat: Haus-Tür, der nächste Tür-Schloss, dann Schloss-Treppe usw.

- **Acht alberne Affen:** Wie bei Stadt-Land-Fluss wird ein Buchtabe des Alphabets ermittelt und die Aufgabe besteht darin, dass jeder einen Satz in den Chat schreibt, wo jedes Wort mit diesem Buchstaben beginnt. Der Satz muss grammatikalisch richtig sein, kann aber inhaltlich völliger Nonsens sein. Es ist damit auch eine wunderbare Übung, um Kreativität und hemmungsloses Drauflosschreiben zu üben (aus: 150 kreative Webinar-Methoden).

2. Umfragen

In den meisten Plattformen sind Umfrage-Tools integriert. Trotzdem können Sie zur Abwechslung auch mal eine Umfrage machen, die Sie im Chat durchführen. Beispiele:

- Welche Erfahrungen haben Sie mit ...?
- Was ist Ihre Meinung zu ...?
- Wer war schon mal in der Sahara?
- Wer mag ...?

Entsprechend der Fragestellung sind die Antworten unterschiedlich ausführlich.

3. Wiederholungsübungen

- **Perlenkette:** Eine meiner liebsten Wiederholungsübungen, auch in Präsenzseminaren (aus 150 kreative Webinar-Methoden). Reihum werden hier sehr kleinteilig Abläufe und Reihenfolgen von Prozessen oder Arbeitsschritten dargestellt. Beispiel: *„Welche Schritte müssen Sie in welcher Reihenfolge tun, wenn Sie ... (Spaghetti kochen, ein Word-Dokument abspeichern, einen Projektplan erstellen, eine Bestellung aufnehmen, ein Bewerbungsschreiben verfassen)?"*

  Die Reihenfolge der Teilnehmenden muss klar sein. Entweder nach Teilnehmerliste oder Sie bereiten ein Mind Map oder eine andere Visualisierung mit den Namen der Teilnehmenden vor. Der erste Teilnehmende schreibt den ersten Schritt („Ich hole den Topf aus dem Schrank"), der zweite Teilnehmenden den nächsten Schritt usw. Sie können verschiedene Regeln verabreden. Beispielsweise darf in der ersten Runde nicht eingegriffen werden (auch wenn etwas nicht ganz stimmt), sondern Sie lassen es einmal durchlaufen.

4. Abschluss

- **Wörter verschenken:** Eine etwas komplexere Abschlussmethode (aus: 150 kreative Webinar-Methoden), die sich sicher lohnt, wenn Sie ein längeres Seminar gemeinsam durchgeführt haben. Ich setze es oft am Ende meiner Online-Trainer-Ausbildung ein. Hierbei werden von einem

Teilnehmenden Worte von besonderer Bedeutung gesammelt, die dieser zunächst sich selbst und außerdem noch bis zu sechs anderen Teilnehmenden schenkt.

5. Transfer

Es hat ein anderes Gewicht, ob Teilnehmende nur mündlich etwas mitteilen oder es schriftlich und öffentlich verkündigen. Daher finde ich es am Ende eines Live-Online-Seminars oder einer längeren Schulung oft schön, eine Übung einzubauen, in der die Teilnehmenden im Chat mitteilen, was sie nun wie umsetzen. Sie können dazu eine konkrete Fragestellung geben, wie beispielsweise: *„Was ist dein erster Schritt nach dem Live-Online-Seminar, um … umzusetzen?"*

6. Murmelgruppen

Murmelgruppen im Plenum sind eben nur möglich, wenn es auch einen Privat-Chat gibt. Dabei stellen Sie eine Aufgabe oder eine konkrete Frage, über die sich jeweils zwei bis drei Teilnehmende im Privat-Chat austauschen sollen.

Nach einem Input oder beispielsweise einer Lernlandschaft stellen Sie den Teilnehmenden eine oder zwei konkrete Fragen. Darüber sollen sie sich dann drei Minuten in Murmelgruppen austauschen.

Fragen können beispielsweise lauten:
- Was war neu für mich?
- Welche ersten Ideen habe ich für die Umsetzung?
- Für welche Themen kann ich diese Methode einsetzen?

Noch netter ist es natürlich, wenn die Teilnehmenden dabei miteinander reden und sich dafür in Gruppenräumen treffen. Aber auch dort können sie den Chat nutzen und miteinander arbeiten.

Trainer-Hinweis

Das, was im Gruppenchat geschrieben wird, wird nicht mit dem Gesamt-Chat gespeichert und ist nachher nicht mehr zu sehen. Daher bitten Sie die Teilnehmenden, die Ergebnisse des Gruppen-Chats auch abzuspeichern, bevor sie in die Gesamtgruppe zurückkommen.

Sie sehen, es gibt sehr viele Möglichkeiten, wie Sie den Chat nutzen können.

Gruppenarbeiten in Online-Seminaren

Gerade in Online-Seminaren bieten Gruppenarbeiten sehr gute und wichtige Möglichkeiten für die Teilnehmenden, wirklich aktiv zu werden und vertieft etwas zu erarbeiten. Auch wenn ich selber in meinen Online-Seminaren kaum Vorträge halte, bieten viele Trainer längere Input-Einheiten, in denen sie einen Vortrag halten. Klassischerweise kommt dann anschließend die Erarbeitungsphase, oft in Gruppenarbeit.

Die Alternative ist: Sie können Ihre Teilnehmenden auch schon den Input selbst erarbeiten lassen. Dabei lernen sie deutlich intensiver, als wenn sie die Informationen durch einen Vortrag erhalten. Das erfordert natürlich für alle Beteiligten mehr Zeit, aber die Frage ist, was das Ziel der Einheit ist. Wenn es nur um einen kurzen Überblick geht, reicht wohl auch ein Vortrag. Wenn die Teilnehmenden aber ein Thema wirklich durchdringen sollen, dann lohnt sich oft eine aktive Erarbeitungsphase.

Damit Gruppenarbeiten wirklich effektiv ablaufen, reicht es nicht, die Teilnehmenden in Gruppenräume zu schicken und zu sagen: *„Tauscht euch mal über das Thema XY aus."* Stattdessen muss Gruppenarbeit sehr genau geplant werden. Dabei lautet die erste Frage, was das Ziel der Gruppenarbeit ist. Was sollen die Teilnehmenden dabei lernen, daraus mitnehmen, später umsetzen?

Dann geht es an die konkrete Planung:

1. Wie muss die Gruppenarbeit vorbereitet und angeleitet werden?
2. Wie ist ihr Verlauf? Mit welcher Methode wird das Ziel erreicht?
3. Was geschieht anschließend? Wie sieht eine mögliche Präsentation, ein Austausch oder eine Weiterarbeit aus?

Gruppenarbeit in Hybrid-Seminaren

In hybriden Formaten bekommt Gruppenarbeit noch einmal einen ganz eigenen Stellenwert, denn sie ist besonders gut dafür geeignet, dass die Präsenz- und Online-Gruppe wirklich zusammenwachsen und zusammenarbeiten kann (mehr dazu auf Seite 16).

Planung und Vorbereitung von Gruppenarbeiten

Wann sind Gruppenarbeiten sinnvoll?

Bei der Planung müssen Sie sich darüber klar werden, warum Sie eine Gruppenarbeit an welcher Stelle einsetzen wollen und was das Ziel der AG-Arbeit ist. Denn Sie setzen Gruppenarbeiten natürlich nicht nur zu Ihrer eigenen Erholung ein, damit Sie mal eine Pause machen können – obwohl das manchmal ein netter Nebeneffekt sein kann ;-). Stattdessen sollten Gruppenarbeiten einen inhaltlichen Bezug und ein klares Ziel haben.

Wann ist eine Gruppenarbeit sinnvoll oder sogar notwendig? Was ist das Ziel und was soll das Ergebnis sein? Das müssen Sie sich bei Ihrer Seminarplanung als Erstes klarmachen.

Schauen Sie sich Ihr Seminarkonzept oder Ihre konkrete Seminarplanung an und überlegen Sie, bei welchen Themen eine Gruppenarbeit sinnvoll und effektiv ist. Weil sie nämlich den Teilnehmenden einen Stoff sehr viel tiefer zugänglich macht als ein reiner Vortrag. Oder weil die Teilnehmenden zu dem Thema schon viel Vorwissen mitbringen oder eine Menge Fragen haben. Schauen Sie ganz konkret, wo es passt und hilfreich ist.

Falls Sie längere Vorträge halten (Sie wissen, ich bin kein Fan davon), können anschließende Gruppenarbeiten sinnvoll sein, in denen die Teilnehmenden für sich die Inhalte noch einmal sortieren oder vertiefen beziehungsweise Fragen klären oder auch schon erste Transfer-Schritte erarbeiten.

Ziele von Gruppenarbeiten

Wenn Sie Gruppenarbeiten für Ihr Online-Seminar planen, müssen Sie sich vorher darüber im Klaren sein, welches Ziel Sie damit erreichen wollen bzw. Ihre Teilnehmenden erreichen sollen. Welchem Zweck dient die Gruppenarbeit? Soll sie dem Kennenlernen oder dem Austausch über ein Thema dienen, einen Meinungsaustausch beinhalten, geht es um eine Wiederholung oder sollen konkrete Themen erarbeitet werden?

Hier zähle ich einige Ziele auf – und ich lade Sie gleich ein, diese Liste noch spontan zu ergänzen, denn es gibt sicher, je nach Seminarsituation, noch viele weitere mögliche Ziele:

- sich kennenlernen
- Gehörtes und Gelerntes vertiefen
- Austausch zu Gedanken und Meinungen zu einem Thema
- gemeinsames Brainstorming
- Erarbeitung eines Themas
- Fragen sammeln
- Transfer unterstützen

Wenn Sie das Ziel für eine konkrete Gruppenarbeit klar definiert haben, richtet sich danach die Auswahl der Methode.

- Geht es um Gedanken- oder Meinungsaustausch, ist es empfehlenswert, wenn sich die Teilnehmenden auch mündlich austauschen können. In dem Fall sollten die Gruppen nicht zu groß sein. Allerdings sollten die Aufgaben auch hier mit einer konkreten Frage- oder Aufgabenstellung verknüpft sein.
- Geht es um ein gemeinsames Brainstorming, kann eine schriftliche Sammlung auf einem Whiteboard sinnvoll sein.
- Soll ein Thema vertieft verarbeitet werden, gibt es ganz verschiedene Methoden, von denen Sie einige in Kapitel 2 (ab Seite 135) finden.

Aufgabenstellung und Gruppenaufteilung

Klare Aufgabenstellung formulieren

Bevor Sie die Teilnehmenden in die Gruppenräume schicken, müssen Sie ihnen sehr konkret vermitteln, was sie dort wie und wann machen sollen. Also ganz ganz konkret und auf jeden Fall auch schriftlich, auch mit der Aufforderung verbunden, sich die Aufgabe zu notieren oder ein Foto mit dem Handy zu machen. Denn sonst hat die Hälfte wieder vergessen, was sie genau machen soll und es vergeht unnötige Diskussionszeit in den Arbeitsgruppen, was denn noch mal die genaue Aufgabe ist. Das habe ich schon als Teilnehmerin oft genug erlebt, wenn die Aufgabenstellung nicht klar war und auch nicht schriftlich visualisiert wurde.

In der Aufgabenstellung steht, was die Teilnehmenden wie und in welchem Zeitraum machen sollen.

Das kann etwa so aussehen:
- Was sind die 3 wichtigsten Erkenntnisse für euch?
- Sammelt alle auf einem Whiteboard.
- Ihr habt dazu 5 Minuten Zeit.

Ein anderes Beispiel:
- Was war neu für dich? Was hat dich überrascht?
- Jeder schreibt 2 Minuten für sich die Antworten auf ein Papier.
- Anschließend tauscht ihr euch in der Gruppe aus. (5 Minuten)

Und noch ein drittes Beispiel:
- Jeder notiert 3 Punkte zu XY.
- Erläuterungen der Punkte – 2 Minuten.
- Lösungvorschläge dazu auf dem Whiteboard sammeln – 5 Minuten.

Hier ein Beispiel zu einem konkreten Thema (hier Zeitmanagement):
- Was sind eure größten Zeitfresser?
- Notiert untereinander auf dem Whiteboard eure größten/häufigsten Zeitfresser.
- Anschließend setzt jeder einen Punkt (Stern) neben die Zeitfresser, die auf ihn auch zutreffen.
- Wählt anschließend den Zeitfresser aus, der die meisten Punkte hat und kommt damit ins Plenum zurück.

Im letzten Beispiel wird schon bei der Aufgabenstellung klar, dass es anschließend noch weitergeht mit der Bearbeitung des Themas. Denn dann wird mit den ausgewählten Themen weitergearbeitet. Sei es, dass die Trainerin dazu dann passende Tipps und Hilfen anbietet oder die Teilnehmenden dazu in einer weiteren Arbeitsgruppe Lösungsstrategien entwickeln, zum Beispiel mithilfe einer Kreativitätstechnik, die die Trainerin ihnen vorher erläutert.

Vorher Jobs verteilen

Je nach Größe der Gruppe und Zeit der Gruppenarbeit kann es auch sinnvoll sein, vorher Jobs zu vergeben. Entweder noch im Plenum oder die Gruppen regeln das selbst sofort zu Beginn. Das können sein ...

- eine Zeitwächterin, die nach der jeweiligen Phase ansagt, dass nun mit Punkt 1 Schluss ist und die Gruppe zu Punkt 2 übergehen muss
- ein Moderator (der darauf achtet, dass sich alle beteiligen)
- eine Protokollantin (die aufs Whiteboard schreibt, was die anderen zurufen)
- ein „Reporter“ (der Screenshots von den Ergebnissen macht)

Witzige Job-Bezeichnungen können dazu beitragen, dass die Teilnehmenden solch eine Aufgabe gerne übernehmen.

Verschiedene Formen der Gruppenaufteilung

Nach welchen Kriterien werden Gruppen aufgeteilt? Die Gruppenaufteilung kann sehr unterschiedlich erfolgen. Es hängt auch von der Art der Themenstellung ab, ob die Trainerin die Gruppen zufällig zusammenwürfelt oder ob die Teilnehmenden sich selbst nach Interesse zuordnen.

Eigener Bezug

Falls Ihr Thema „Lerntypen“ lautet, könnten Sie die Gruppe so aufteilen, dass jeder Teilnehmende in die Gruppe mit dem Lerntyp geht, der ihm am vertrautesten ist. Oder bewusst das Gegenteil wählt: In diesem Fall geht jeder Teilnehmende in die Gruppe mit dem Lerntyp, der einen selbst am wenigsten betrifft. Beim Thema „Aspekte von Prüfungsangst“ wählt jeder das Thema, das ihn selbst am meisten betrifft.

Nach Themen-Interesse

Bei bestimmten Themen kann es sinnvoll sein, dass sich die Teilnehmenden nach Themen-Interesse zuordnen, wenn mehrere Themen zur Auswahl stehen.

Zufalls-Aufteilung

Oft werden die Teilnehmenden einfach per Zufall in die Gruppenräume geschickt. Das geht auch am schnellsten.

Aufteilung nach Präsentationsmethode (mit Überraschung)

Sie können auch eine themenunabhängige Gruppenaufteilung durchführen, die die Teilnehmenden erst mal aufs Glatteis führt, weil sie zunächst gar nichts mit dem Seminarthema zu tun hat.

Abb.: Kreative Gruppenaufteilung

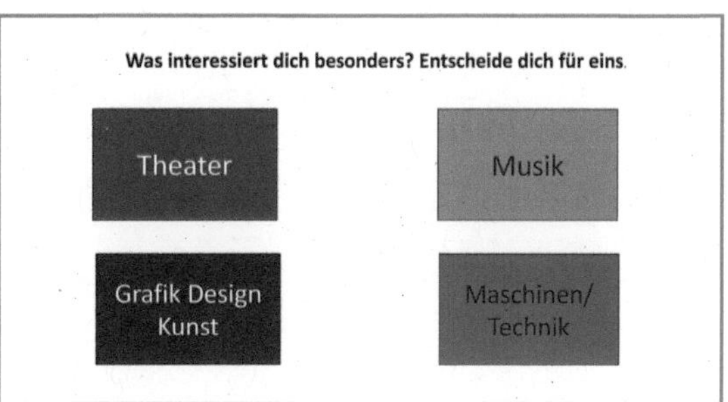

Ein Beispiel: Ich bitte die Teilnehmenden, sich mit ihrem Namen auf der nebenstehenden Folie zuzuordnen.

Damit wird schon vorweggenommen, in welcher Form die anschließende kreative Präsentation stattfinden soll, was an dieser Stelle aber noch nicht verraten wird … Diese Methode wird auf Seite 83 noch genauer dargestellt.

Die technische Umsetzung der Gruppenaufteilung

Am Beispiel von Zoom schauen wir uns an, wie Sie Gruppenräume einrichten können. Andere Plattformen funktionieren nach ähnlichen Kriterien. Bei Zoom gibt es für die Aufteilung mehrere Möglichkeiten. Ich habe dazu auch ein kleines Video erstellt: https://youtu.be/9QwDvaPfFSo

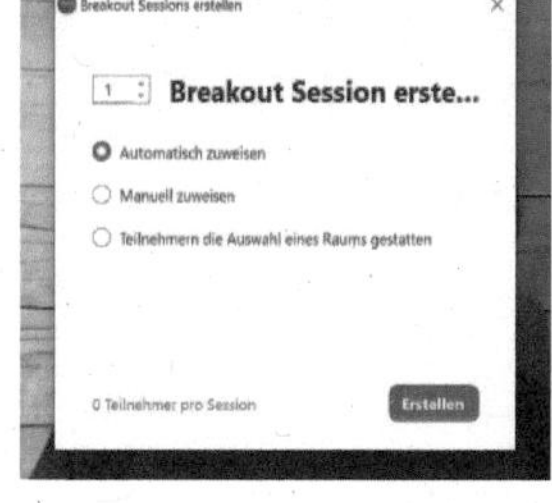

Abb.: Gruppenräume möglichst nach Themen benennen

Räume einrichten

Wenn Sie Gruppenräume einrichten (bei Zoom heißen sie aktuell „Breakout Session", das kann sich aber immer wieder mal ändern), haben Sie die Möglichkeit, die Räume nach Themen zu benennen. Das würde ich auf jeden Fall empfehlen, wenn die Gruppen unterschiedliche Themen erarbeiten sollen.

Automatisch zuweisen

Die automatische Zuweisung spart Zeit und ist oft auch sinnvoll. Vor allem bei Kennenlern-Methoden zu Beginn des Seminars, wenn sich die Teilnehmenden ohnehin noch nicht kennen. Aber auch bei anderen Übungen kann diese zufällige Anordnung sehr sinnvoll sein, wie Sie später noch bei einzelnen Methoden-Beschreibungen erfahren werden.

Manuell zuweisen

Wenn Sie die Teilnehmenden thematisch oder nach Interesse zuordnen wollen, dann wählen Sie die Option „Manuell zuweisen" und ordnen die Teilnehmenden dem Gruppenraum zu, der das entsprechende Thema bzw. den entsprechenden Namen hat.

Teilnehmenden die Auswahl eines Raums gestatten

Ich gebe zu, dass ich diese Funktion noch nie getestet habe. Ich denke mir, dass es bei größeren Veranstaltungen und Kongressen das Mittel der Wahl ist, damit die Teilnehmenden selbstständig die Räume wechseln können.

Abb.: Raumwahl – wie viel Freiheit haben die Teilnehmenden?

- [ ] Meetingteilnehmern die Auswahl eines Raums gestatten
- [x] Teilnehmern erlauben, jederzeit zu der Hauptsitzung zurückzukehren
- [ ] Alle zugewiesenen Teilnehmer automatisch in Breakout Sessions verschieben
- [x] Breakout Sessions automatisch schließen nach: 5 Minuten
  - [ ] Mich benachrichtigen, wenn Zeit abgelaufen ist
- [ ] Countdown nach dem Schließen der Breakout Session

  Countdown-Timer einstellen: 60 Sekunden

Darüber hinaus bietet Zoom weitere Optionen, die Sie bei der Gruppeneinteilung noch einrichten können (siehe Abb. links).

Zeit einstellen – Countdown

Den Countdown-Timer einzustellen, kann den Teilnehmenden und Ihnen helfen, die Zeit im Blick zu behalten. Es empfiehlt sich, die Teilnehmenden vorher darauf hinzuweisen, dass sie den Timer rechts oben sehen können und sie zu bitten, dass der beauftragte Zeitwächter dort in Abständen einen Blick darauf wirft.

Nachricht in die Räume schicken

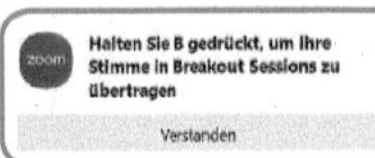

Sie können als Trainerin, die im Hauptraum verweilt, auch Nachrichten in die Gruppenräume schicken. So habe ich regelmäßig die Info geschickt: *„Noch 2 Minuten! Bitte Screenshot vom Whiteboard machen!"* Und später dann: *„Noch 1 Minute!"*

Der Punkt ist, dass auch das nur ziemlich klein und unauffällig rechts oben kurz aufploppt, sodass die Teilnehmenden diesen Hinweis häufig gar nicht mitbekommen. Daher ist eine aktuelle Funktion eine große Hilfe:

Mündliche Informationen in einen Raum übertragen

Sie können eine mündliche Mitteilung in die Gruppenräume schicken. Dazu drücken Sie nur die Taste B und halten Sie so lange gedrückt, wie Sie sprechen. Nur sollten Sie die Taste anschließend auch wieder loslassen.

Diese Nachricht hören aber zurzeit nur diejenigen, die auch das neueste Zoom-Update haben. Das gilt übrigens für alle Neuerungen und Funktionen: Fordern Sie die Teilnehmenden bei Ihrer Informationsmail, mit der Sie auch den Zugangslink schicken, immer auf, nach einem Zoom-Update zu schauen, damit alle mit der neuesten Version arbeiten und alle Funktionen nutzen können.

- Auch dazu habe ich ein kurzes Video erstellt: https://youtu.be/9QwDvaPfFSo *URL*

Der Verlauf von Gruppenarbeiten

Wie die konkrete Arbeit in der Gruppe aussieht und welche Methoden Sie dafür vorschlagen, hängt mit dem Ziel der Gruppenarbeit zusammen. Geht es um die Wiederholung eines Themas, um die Erarbeitung eines neuen Themas, um das Sammeln vorhanderer Ressourcen oder die Vertiefung eines gerade referierten Inhalts oder den Austausch von Meinungen oder Erfahrungen?

Methoden für die Gruppenarbeit

Es hilft nicht besonders weiter, hier ohne thematischen Bezug verschiedene Methoden aufzuzählen, die Sie in einer Gruppenarbeit nutzen können. Ich möchte Ihnen dennoch eine Mini-Übersicht geben. Weitere konkretere Beispiele finden Sie in Kapitel 2 (ab Seite 89).

Zuordnung

Sollen die Teilnehmenden beispielsweise wiederholen, welche Energizer sie bisher kennengelernt haben und diese nach Kategorien ordnen, oder sollen sie die verschiedenen Seminarmethoden den einzelnen Seminarphasen zuordnen, dann bietet sich ein Mind Map an, bei dem die Trainerin bereits Oberkategorien eingetragen hat. Dort können dann alle die konkreten Energizer zuordnen, die sie vorher gesammelt haben. Das Mind Map kann auf einer Folie vorbereitet sein oder auch auf dem Whiteboard von Miro oder auch auf dem neuen Zoom-Whiteboard, das man ebenfalls schon vorher beschriften kann.

Brainstorming

Wenn die Teilnehmenden ein gemeinsames Brainstorming zu einem Thema machen sollen, können sie die Punkte an einem Whiteoboard sammeln und anschließend nach verschiedenen Oberbegriffen clustern.

Beispiele:
- Was gehört zu den Aufgaben eines Online-Trainers?
- Wie können wir den Zeitfresser XY beseitigen?

Fragen zu einem Thema

Vor oder nach einem Vortrag können Teilnehmende Fragen sammeln, die sie zum Thema haben.

So eine Gruppenarbeit vor einem Vortrag einzurichten, ist eine kluge Sache, denn dann hören die Teilnehmenden dem Vortrag wesentlich fokussierter zu und suchen nach Antworten auf ihre Fragen. Aber auch nach einem Vortrag können Fragen gesammelt werden, die noch offen geblieben sind.

Die Fragen können auf einem Whiteboard, im Chat oder auch auf einem Blatt Papier gesammelt werden. Anschließend sollte es natürlich auch noch eine Phase der Weiterarbeit geben, in der die Teilnehmenden die Fragen in der Gesamtgruppe und an die Trainerin stellen können.

Austausch

Falls die Gruppenaufgabe lautet, dass die Teilnehmenden Erfahrungen oder Meinungen zu einem Thema austauschen oder in eine Diskussion gehen sollen, sollten Sie auch hier eine klare Zielsetzung vorgeben, vielleicht auch sogar eine konkrete Diskussionsmethode anregen, wie etwa „Fishbowl" oder eine Podiumsdiskussion mit Moderation.

Erst Einzelarbeit, dann Austausch

Eine Gruppenarbeit kann auch so aufgeteilt sein, dass zum Beispiel erst einmal alle in Einzelarbeit für sich alleine Notizen machen und sich danach erst darüber in der Gruppe austauschen.

Erarbeitung eines Themas

In dieser Variante erarbeiten die Teilnehmenden ein Thema ohne vorherigen Vortrag oder Input der Trainerin. Die fügt dann ggf. nachher Ergänzungen hinzu. Beispiel-Methoden sind hierfür: **Aspekte zuordnen** (Seite 113) und **Teilnehmer-Erarbeitung** (Seite 129).

Die Aufgabe kann auch lauten, dass die Teilnehmenden die Oberbegriffe zu einem Thema entwickeln und sie in ein Mind Map übertragen. Dazu sammeln sie zuerst einmal kunterbunt alle Aspekte, die ihnen zu einem Thema einfallen. Anschließend werden diese geclustert und gemeinsam Oberbegriffe dazu entwickelt. Diese bilden dann die Hauptäste des Mind Maps und die einzelnen Aspekte werden entsprechend zugeordnet.

Erarbeitung einer Präsentation

Wenn Teilnehmende eine Präsentation erarbeiten sollen, hat vorher schon die Themenerarbeitung stattgefunden. Hier geht es nun darum, wie die Ergebnisse anschließend in der Gesamtgruppe präsentiert werden sollen. In dem Abschnitt **Kreative Präsentation** (Seite 83) beschreibe ich diese Methode ausführlich. Weitere Methoden-Beispiele finden Sie auch bei **Erfolgserlebnisse aktivieren** und dem Online-Brettspiel **Spielend verändern** (Seiten 121 und 326).

Präsentation und Weiterarbeit

Bevor Sie verschiedene Varianten der Präsentation von Gruppenarbeiten erfahren, möchte ich Ihnen eine Frage vorweg stellen bzw. eine Anregung geben.

Ist eine Präsentation überhaupt nötig und sinnvoll?

Fragen Sie sich zunächst, ob nach einer konkreten Gruppenarbeit überhaupt ein Austausch der Ergebnisse sinnvoll und nötig ist. Mir kommt es nämlich oft so vor, als sei das ein Automatismus. Nach Arbeitsgruppen muss es eben einen Austausch geben! Fertig!

Das muss es aber gar nicht immer. Bei manchen Aufgabenstellungen geht es nur darum, dass die Gruppe für sich etwas erarbeitet. Oder sich austauscht oder über ein Thema diskutiert. Und niemand hat einen Gewinn davon, wenn sie die Ergebnisse anschließend noch einmal in der Gesamtgruppe wiederkäuen.

Diese Frage hängt also ganz konkret davon ab,

- was wie erarbeitet wurde,
- was das Ziel der Gruppenarbeit ist
- und ob die anderen mit den Ergebnissen wirklich etwas anfangen können (in dem Sinne, ob sie dann auch etwas davon umsetzen können, obwohl sie nur Stichworte oder eine Quintessenz erfahren). Nur die Neugier zu befriedigen, was die anderen denn getrieben haben, reicht nicht, um dafür Zeit zu investieren.

Wenn kein Austausch im Plenum vorgesehen ist, dann teilen Sie auch das vorher unbedingt mit. Denn auch Teilnehmende rechnen oft damit, die Ergebnisse zwingend im Plenum zu präsentieren oder fühlen ihre Arbeit womöglich nicht wertgeschätzt. Wenn Sie aber vorher schon deutlich machen, hier geht es nur darum, dass sich alle in kleinen Gruppen kurz austauschen oder kennenlernen – oder was auch immer –, dann ist das für alle klar.

Trotzdem sollten Sie dann anschließend nicht kommentarlos zum nächsten Punkt übergehen, sondern kurz eine Überleitung anschließen. Oder auch eine Frage zur Arbeit in der Gruppe stellen: *„Hat es Spaß gemacht?"* – Da reicht dann schon ein begeistertes Nicken und strahlende Gesichter wie beispielsweise nach den **3 #Hashtags** (Seite 92).

Oder Sie lassen die Teilnehmenden ein Häkchen oder Kreuz als Reaktion setzen auf die Fragen: *„Hat dir der Austausch geholfen?"; „Weißt du nun, welchen ersten Schritt du machst?"*

Ergebnisse vorstellen

Sammlungen auf einem Whiteboard

In der Regel zeigen die Arbeitsgruppen die Ergebnisse auf einer Folie oder einem Whiteboard und erläutern diese. Das kann todlangweilig sein, wenn dort lediglich Texte oder Stichworte auf einem Whiteboard zu sehen sind, die dann vorgelesen und womöglich noch langwierig erläutert und ergänzt werden. Denn für die Mitglieder der Kleingruppe sind die Ergebnisse nicht neu und für die anderen sind sie möglicherweise auch nicht besonders spannend. Insbesondere dann, wenn sie in der verdichteten Form der Darstellung nichts mit den Inhalten anfangen können.

Wie können Sie das etwas interessanter gestalten oder abkürzen?

Wenn die Gruppen zum Beispiel inhaltlich unterschiedliche Themen bearbeitet haben, die sich ergänzen, sind die anderen natürlich auch daran interessiert. Nehmen wir das Beispiel „Seminarmethoden": Gruppe A hat Methoden zum Einstieg gesammelt, Gruppe B Methoden zur Einführung in ein Thema usw.

Damit das langwierige Vorlesen vermieden wird, können die Gruppen ihre Ergebnisse im Chat hochladen oder der Trainerin zuschicken, die die Infos dann ins Handout einfügt, sodass alle Teilnehmenden später sämtliche Sammlungen haben. Oder sie laden ihre Ergebnisse im Forum hoch, in dem sie begleitend arbeiten. Dort kann es jeder lesen.

Auf diese Weise kann der Austausch im Plenum entweder komplett weggelassen werden und jede Gruppe antwortet nur in ein bis zwei Sätzen zu einer konkreten Frage, die die Trainerin jeder Gruppe stellt.

Falls Sie die Kleingruppenergebnisse dennoch im Webinar für alle hochladen und dort präsentieren, können Sie selber auf das Vorlesen der Gruppe verzichten. Lassen Sie die Teilnehmenden selbst lesen (das geht wesentlich schneller) und lassen Sie dann die Gruppe nur über die Punkte sprechen, zu denen Fragen auftauchen.

Mit allen konkret umsetzen

Etwas ganz anderes ist es, wenn die Ergebnisse der Kleingruppe mit allen praktisch umgesetzt werden. Wenn beispielsweise beim Thema „Seminarmethoden" jede Gruppe eine Methode auswählt, die sie dann ganz konkret anleitet und mit allen anderen Teilnehmenden durchführt. In diesem Fall haben alle einen wirklichen Gewinn, denn dann erleben alle die Methode im praktischen Einsatz und können sie später auch für die eigene Praxis nutzen.

Weiterarbeit

Es gibt Gruppenaufgaben, die nach der Erarbeitung noch nicht abgeschlossen sind. Beispielsweise erarbeiten Gruppen erste Schritte, dann kommen sie im Plenum zusammen, stellen ihre Ergebnisse oder die Erfüllung ihrer Aufgabe vor, diskutieren sie und gehen anschließend wieder in eine nächste Gruppenarbeit.

Ein Beispiel finden Sie in **Aspekte zuordnen** (Seite 113), wo die Kleingruppe im ersten Durchgang den häufigsten Zeitfresser identifiziert und ihn im Plenum vorstellt. Anschließend gibt es dann entweder entsprechende Tipps von der Trainerin oder es wird als Gesamtgruppe daran weitergearbeitet oder in einer weiteren Arbeitsgruppen-Sitzung. Auch hier sind wieder alle möglichen Formen und Kombinationen denkbar, je nach Thema.

Noch ein Beispiel: **Erfolgserlebnisse aktivieren** (Seite 121). Dort arbeiten die Teilnehmenden teils alleine, teils in Gruppen. Bevor sie mit ihrer Einzelarbeit beginnen, können sie sich zuerst in einer Gruppe treffen und einzelne Aspekte klären. Danach geht jeder für sich alleine die gewünschten Schritte durch und macht sich entsprechende Notizen. Und anschließend kommen alle noch einmal in der Gruppe zusammen und tauschen sich darüber aus.

Ein letztes Beispiel: das **Experten-Interview** (Seite 124). Auch hier wird zuerst in einer Gruppe das Interview vorbereitet und anschließend im Plenum durchgeführt.

Es gibt also viele Themen, wo eine Weiterarbeit im Plenum nach Gruppenarbeiten sinnvoll ist. Das wird bei Ihrer Seminarplanung schon deutlich und dann müssen Sie entsprechend die Zeit dafür einplanen. Im Gegenzug sparen Sie Zeit für einen Austausch nach Gruppenarbeiten, wo es nicht wirklich sinnvoll und nötig ist.

Gruppenarbeit: Kreative Präsentation

Methode

Dies ist eine wunderbare Variante zur Standardpräsentation von Ergebnissen aus den Arbeitsgruppen, die häufig ziemlich langweilig und auch unergiebig ausfallen. Allerdings hat sie nicht den Anspruch, dass die Gesamtgruppe akribisch sämtliche Inhalte, die die Kleingruppen erarbeitet haben, erfahren und lernen – was ja ohnehin nicht funktioniert. Die Methode hat vor allem den Vorteil, dass sie für alle Beteiligten kurzweilig ist. Sie ist lebendig und kreativ, es wird gelacht und ungeahnte Talente werden auch oft nebenbei entdeckt.

Die Gruppen beschäftigen sich bei der Erarbeitung der Präsentation durchaus auch mit dem Thema – und können zudem ihre kreative Seite ausleben. Die Methode ist, etwas anders dargestellt, auch im Buch „150 kreative Webinar-Methoden" beschrieben.

Verlauf

Heimliche Gruppenbildung

(Zuordnung nach Interessen: Musik, Theater, Grafik/Design/Kunst, Maschinen/Technik)

Führen Sie Ihre Teilnehmenden ein wenig aufs Glatteis, indem Sie die Gruppenaufteilung nicht ankündigen. Die Teilnehmenden finden sich nach Interessen zusammen. Sie fragen: „Wer interessiert sich für ..."

- Musik
- Theater
- Technik
- Grafik/Design?

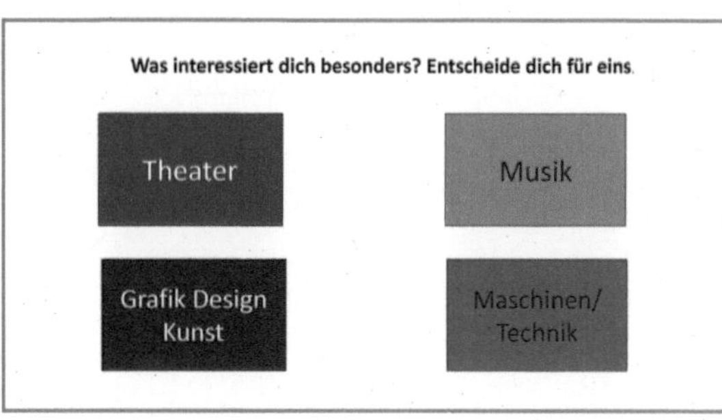

Abb.: Dahinter verbirgt sich die Gruppenaufteilung – was „geheim" bleiben darf ...

Dazu können Sie ein Whiteboard mit vier Ecken vorbereiten. Dort tragen die Teilnehmenden ihren Namen oder ein Namenskürzel ein. Da die Gruppen gleich groß sein sollten, müssen Sie evtl. etwas hin- und herschieben, bis sie gleichmäßig verteilt sind.

Mit der Zuordnung wird schon vorweggenommen, wie später die kreative Präsentation aussehen soll. Das wird an dieser Stelle aber noch nicht verraten, sondern das kommt erst nach dem ersten Teil der Gruppenarbeit als Überraschung. Denn die Gruppen gehen zwei Mal in Arbeitsgruppen:

Das erste Mal erhalten sie die konkreten Aufgaben, die sich auf das Thema beziehen. Beispielsweise sollen sie Stichpunkte sammeln zu: „Was ist Teilnehmer-Aktivierung und wie können wir sie erreichen? Mit welchen Methoden?" Oder sie bekommen eine Aufgabe zu den einzelnen Lerntypen.

Danach kommen sie ins Plenum zurück – und erst dann erfahren sie, wie sie ihre Breakout-Ergebnisse präsentieren sollen. Nämlich entsprechend ihrer Arbeitsgruppe, die sie mit der Zuordnung zu ihren Vorlieben vorgenommen haben.

- Die Musik-AG soll einen Rap zum Thema entwickeln und anschließend im Plenum vortragen.
- Die Theater-AG soll einen Sketch entwickeln. Das kann eine Art Dialog, Gespräch, Hörspiel oder was auch immer werden – Hauptsache, es hat mit dem Thema zu tun.
- Die Grafik/Design-AG soll eine kreative Folie oder Zeichnung zum Thema erstellen.
- Die Maschinen/Technik-AG ist in einem Webinar etwas schwieriger umzusetzen. Die Teilnehmenden zeichnen eine themenbezogene Maschine und entwickeln dazu Geräusche. Oder sie führen die Maschinenbewegungen vor der Kamera vor.

Die Gruppe trifft sich also zwei Mal in den Breakout Rooms:

- Erste Kleingruppenarbeit: Erarbeitung eines Themas
- Zweite Kleingruppenarbeit: Planung und Vorbereitung der kreativen Präsentation

Schließlich kommt es zu kreativen Präsentationen der Gruppenergebnisse.

Variation

Je nach Thema und Zeit durchlaufe ich nicht immer alle Varianten so wie oben beschrieben. So kann beispielsweise die Themen-Erarbeitung schon früher stattgefunden haben und ich greife die Ergebnisse später noch einmal für eine kreative Präsentation auf. Wie immer gilt: Sie können mit den Methoden ganz nach Ihren Bedürfnissen variieren und spielen, etwas weglassen oder etwas Neues hinzunehmen.

Trainer-Hinweise

- Die Teilnehmenden erfahren erst nach der Erarbeitung ihres Themas, wie sie die Ergebnisse präsentieren sollen. Das ergibt sich nämlich aus der vorher erfolgten Zuordnung zu ihren Vorlieben: Theater, Musik usw.

- Für die Präsentation empfiehlt es sich, die Kacheln der Teilnehmenden so anzuordnen, dass sie als Gruppe zusammen sind. Danach fragen Sie, welche Gruppe mit ihrer Präsentation beginnen will.
- Und anschließend gibt es natürlich großen Applaus!!

Kreative Präsentation am Beispiel „Seminarmethoden"

Erste Kleingruppenarbeit: Erarbeitung eines Themas

In der ersten Runde der Arbeitsgruppenarbeit gibt es eine inhaltliche Aufgabe: „Sammelt alle Methoden, die ihr zur Seminarphase ‚XYZ' kennengelernt habt. Notiert diese Sammlung auf einem Whiteboard." Jeder wählt sich eine Methode aus und überträgt sie ganz konkret auf das eigene Thema.

Hier geht es also um die eigentliche Arbeit: Es werden alle bisher kennengelernten Methoden gesammelt und es finden erste Übertragungen und konkrete Ausarbeitungen für das eigene Seminarkonzept statt.

Beispiele für konkrete Übertragung

- **AG Einstieg:** z.B. Vier Ecken – und dann überlegt jeder konkret, welche Fragen oder Stichworte er in die vier Ecken schreibt.
- **AG Hinführung:** KaWa oder Alphabet oder Gegenstände, Sketch-Dialog
- **AG Input – Lernlandschaft – konkret:** welches Thema, welche Stichworte und vielleicht auch schon einige Ideen für Gegenstände
- **AG Erarbeitung:** Bsp. Gruppen-Mind-Map oder Brainstorming – zu welchem Thema, Fragestellung etc.

Abb.: Gruppe erarbeitet kreative Seminarmethoden

Das ist das Hauptziel dieser Erarbeitungsphase. Die kreative Präsentation ist dann nur noch das Sahnehäubchen aus den aufgeführten Gründen, dass reines Vorlesen der Ergebnisse für alle Beteiligten langweilig ist.

Zweite Kleingruppenarbeit: Planung und Vorbereitung der kreativen Präsentation

Nach der Erarbeitungsphase kommen alle ins Plenum zurück und erfahren erst jetzt, wie sie die Ergebnisse ihrer Gruppe präsentieren sollen, nämlich auf kreative Art. Sie hatten sich vorher auf einer anderen Folie nach Interesse einem der Schwerpunkte zugeordnet. Daraus ergibt sich nun die Aufgabenstellung für die kreative Präsentation.

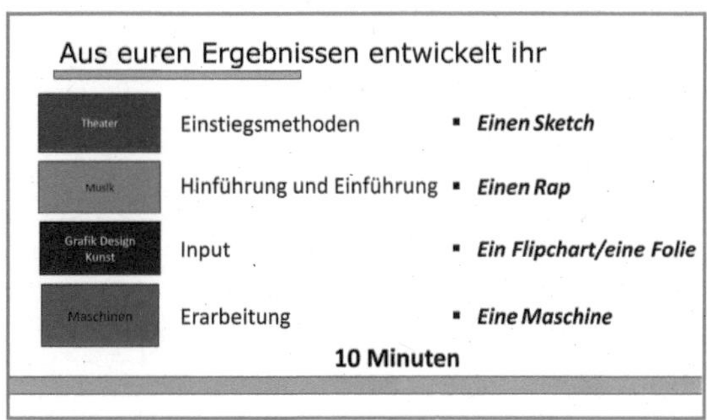

Abb.: Vorbereitung für kreative Präsentation

Die Gruppe Theater

Diese Gruppe hatte sich mit dem Thema „Einstiegsmethoden" beschäftigt. Die Ergebnisse sollen sie nun als Sketch präsentieren.

Die Gruppe Musik

Die Gruppe hatte Methoden zur Hinführung und Einführung in ein Thema gesammelt. Die Ergebnisse sollen sie nun in einem Rap oder Lied präsentieren.

Die Gruppe Grafik/Design

Diese Gruppe hatte Methoden für einen Input (Alternativen zu einem klassischen Vortrag) gesammelt. Sie sollen die Ergebnisse grafisch gestaltet auf einer Folie oder Flipchart oder Whiteboard gestalten. Also nicht einfach Begriffe aufschreiben, sondern etwas als Bild gestalten.

Die Gruppe Technik/Maschinen

Diese Gruppe hatte sich mit den Methoden zur Erarbeitung eines Themas befasst. Die Ergebnisse sollen sie als Maschine präsentieren. Das geht natürlich in Präsenzseminaren etwas einfacher, wo sie sich als Objekt zusammenstellen und Bewegungen und Geräusche machen, ab und zu eine Moderationskarte ausspucken oder was immer sie entwickelt haben. Aber auch online können köstliche Ergebnisse erlebt werden.

Die erste Reaktion der Teilnehmenden ist immer wieder schön, wenn sie erfahren, dass sie zu ihrem Thema einen Rap oder einen Sketch entwickeln sollen. Ich kündige daher schon immer vorher spaßhaft an: *„Jetzt werden gleich einige Gesichtszüge entgleiten, wenn ich sage, wie es weitergeht.“*

Für die Entwicklung der kreativen Präsentation sollten Sie ziemlich wenig Zeit geben, 5-10 Minuten höchstens. Denn die Teilnehmenden sollen keine Kunstwerke produzieren, sondern einfach auf ungewöhnliche Art etwas so präsentieren, dass es allen Beteiligten Spaß macht. Es ist gleichzeitig eine gute Übung für Kreativität und um die eigene Komfortzone zu verlassen. Oft entstehen in kürzester Zeit ganz großartige Dinge. Was den zusätzlichen Effekt hat, dass Teilnehmende hier manchmal Talente an sich entdecken, die ihnen selbst nicht bekannt waren.

Kreative Präsentation

Schließlich kommen alle ins Plenum zurück und Sie als Host verschieben am besten die Kacheln so, dass alle Gruppenmitglieder nebeneinander stehen.

Die erste Gruppe öffnet ihre Mikros, alle anderen werden stumm gestellt. Sie führt ihren Sketch oder Rap auf und anschließend animieren Sie sofort alle zu tosendem Beifall. Da alle Mikros der anderen Gruppen ausgestellt sind, können sie auch das „buddhistische Klatschen“ einführen,

Abb.: Gruppe bei der Präsentation

wo alle die Arme anheben und mit den Händen wedeln.

Auf jeden Fall sollte es Beifall geben – und in der Regel keine Diskussion oder Erläuterung, schon gar nicht Kritik aus der vortragenden Gruppe. Das macht alles wieder kaputt. Es geht nicht um eine perfekte Theater-Aufführung, sondern darum, sich auf kreative Art mit dem Thema auseinanderzusetzen und eine kurzweilige Präsentation aufzuführen. Sich mal etwas Ungewöhnliches und anderes zu trauen und dabei Spaß zu haben.

Kapitel 2

Methoden und Übungen nach Seminarphasen

In diesem Kapitel finden Sie verschiedene nach Seminarphasen geordnete Methoden. Da können Sie gezielt suchen und sich eine Methode herausgreifen, die Sie gerade brauchen.

Wenn Sie bei Ihrer Seminarplanung merken, dass Sie doch mal eine neue Methode zum Einstieg oder zur Themenerarbeitung ausprobieren möchten, können Sie sich an diesem Buffet bedienen. Und wie immer natürlich Ihre eigenen Lieblingsgewürze hinzufügen oder eine Zutat weglassen. Nehmen Sie die Beschreibungen als Vorschläge, die Sie ganz nach Ihrem eigenen Thema und Ihrer Zielgruppe verändern können.

Methoden zum Einstieg

Ja, ich weiß, alle hassen Kennenlern-Spielchen! – Oder doch nicht? Im Begriff „Spielchen“ steckt schon eine heftige Abwertung: „Das ist Kinderkram und stiehlt unnötig Zeit.“

Das ist zu kurz gedacht! Die Zeit, die ich hier investiere, gewinne ich locker, wenn dadurch die anschließende Zusammenarbeit intensiver, offener und ergiebiger wird.

Gerade bei Online-Seminaren ist es meines Erachtens noch wichtiger, dass die Gruppe zusammenkommt, die Teilnehmenden sich etwas kennenlernen, auch ich als Trainerin einen Eindruck von ihnen bekomme. Und die Methoden, wo die Teilnehmenden gleich in kleine Gruppen gehen, wie etwa bei „3 #Hashtags“, haben eine sehr belebende und auflockernde Wirkung, weil jeder stressfrei mal etwas sagen kann.

Einstiegsmethoden setze ich nicht nur im ersten Live-Online-Seminar zum Kennenlernen ein, sondern auch bei allen folgenden Terminen, wenn wir uns über einen längeren Zeitraum regelmäßig treffen. Dann dienen die Übungen dem vertiefenden Kennenlernen oder sie knüpfen an Vorheriges an. Vor allem aber dienen sie dazu, die Gruppe erst einmal wieder als Gruppe zusammenfinden zu lassen.

3 #Hashtags

Ziel/Seminarphase	Kennenlernen
Medien	Breakout Rooms
TN-Aktivität	In den Gruppen-Chat schreiben, sprechen
Sozialform	Dreiergruppen
Zeit	6 Minuten
Hybrid-Präsenz-Gruppe	Jeweils 3 TN drehen ihre Stühle zueinander
Verzahnung Online-Hybrid	Präsenz- und Online-Gruppen finden parallel statt

Methode Zu Beginn eines Webinars oder einer längeren Online-Fortbildung gibt es oft erst einmal jede Menge Infos und einige Kennenlern-Methoden. Ich starte gerne mit ein oder zwei Kennenlern-Methoden in der ganzen Gruppe, doch dann schicke ich sie mit den „3 #Hashtags" in Gruppenräume. Und jedes Mal bin ich verblüfft, wie anders die Teilnehmenden zurückkommen. Viel aufgeschlossener, lockerer, mit einem Lächeln im Gesicht. Das zeigt einfach, dass es sehr gut ist, die Teilnehmenden auch gleich zu Beginn einmal in kleinen Gruppen miteinander sprechen zu lassen, ganz ohne Trainer-Beisein.

Verlauf Auf einer Folie steht die Anleitung, was die Teilnehmenden anschließend in den Gruppenräumen machen sollen. Die Aufgaben erläutere ich zusätzlich mündlich und die Teilnehmenden können nachfragen.

- Jeder notiert 3 #Hashtags zu seiner Person in den Chat.
- Beispiel: Zamyat: #Online-Trainer-Ausbildung #Sahara #Junk-Journal.
- Danach darf jeder zu einem #Hashtag nachfragen und diejenige Person erläutert die Frage mit 1-2 Sätzen.
- Ihr habt insgesamt 6 Minuten Zeit.

Die Dreiergruppen werden per Zufallsprinzip gebildet und verschwinden dann in den Gruppenräumen. Jeder schreibt zuerst drei Hashtags in den Gruppen-Chat, anschließend wird geraten und erläutert.

Dabei sollte ein Hashtag etwas über den Beruf oder das Thema der Person sagen, die beiden anderen Hashtags sollen etwas sehr Ungewöhnliches oder Besonderes von der Person verraten. Das, was nur wenige wissen oder wo man erst mal nicht draufkommt.

Jeder fragt jeden zu einem Hashtag: Beispielsweise könnte man mich fragen, was ich denn mit der Sahara am Hut habe. Die andere Person fragt, was denn ein Junk-Journal ist.

Ich erzähle dann, dass ich zehnmal in der Sahara war und Kamele liebe und verrate etwas über mein neuestes Hobby, das Junk-Journal.

Variation

Jeder schreibt seine 3 Hashtags in den Chat und die anderen fragen nicht nach, sondern raten erst einmal, was es bedeutet und erfinden lebhafte und anschauliche Geschichten. Anschließend kommt natürlich die Aufklärung und die betreffende Person erläutert, was die Hashtags wirklich bedeuten. Das kostet dann insgesamt etwas mehr Zeit, kann aber sehr lustig und erhellend sein.

Trainer-Hinweise

- Es lohnt sich auf jeden Fall, die Zeit für diese Übung einzuplanen, vor allem, wenn es eine große Gruppe ist, wo üblicherweise anfangs noch keine große Beteiligung oder Aktivität der Teilnehmenden erfolgt, weil sie vielleicht auch noch etwas gehemmt oder abwartend sind. Die Übung ist ein wunderbarer Eisbrecher, danach sind alle deutlich lebhafter und beteiligter.
- Es ist sinnvoll, den Teilnehmenden vorher zu erklären, dass alles, was sie im Gruppen-Chat schreiben, nachher im Chat der Gesamtgruppe nicht mehr zu sehen ist. Das bedeutet, dass sie es sich ggf. abspeichern sollten, damit es nicht verloren geht.
- Dieser Hinweis ist auch deshalb sinnvoll, weil sie in der Kleingruppe erst noch die letzten Einträge vom gemeinsamen Gesamt-Chat sehen können. Daher kann der Eindruck entstehen, dass sie weiterhin den Gesamt-Chat sehen. So ist es aber nicht: Ab dem Moment, wo die Teilnehmenden im Gruppenraum sind, ist es nur noch der Gruppen-Chat. Dessen Ergebnisse werden nicht automatisch bei der Trainerin gespeichert, wie das mit dem Gesamt-Chat passiert.

Bazar der Freundlichkeiten

Ziel/Seminarphase	Kennenlernen; Kreativität anregen
Medien	Gegenstände
TN-Aktivität	Sprechen
Sozialform	Gesamtgruppe
Zeit	10 Minuten
Hybrid-Präsenz-Gruppe	Genauso
Verzahnung Online-Hybrid	Es kann kreuz und quer gehen oder es wird von vornherein festgelegt: Eine Präsenz-TN beschenkt einen Online-TN, dieser wiederum beschenkt eine andere Präsenz-TN, die wieder einen Online-TN usw.

Methode

Auch das ist eine wunderbare Methode, um gleichzeitig beim Kennenlernen noch eine Grundlage für Kreativität zu üben. Nämlich eine Verbindung herzustellen, die es eigentlich gar nicht gibt.

Verlauf

Sie bitten die Teilnehmenden, sich einen Gegenstand zu holen, vielleicht nicht einfach nur den Kuli oder das Smartphone vom Schreibtisch, sondern ein bisschen ungewöhnlicher.

Erst wenn alle einen Gegenstand neben sich liegen haben, erklären Sie, wie es weitergeht: Jeder „verschenkt" nacheinander seinen Gegenstand an eine andere Person.

Und jetzt kommt der Kern der Übung: Die schenkende Person muss nun ihr Geschenk in völlig übertriebener und abstruser Weise anpreisen und begründen, warum sie genau diesen Gegenstand diesem Menschen schenken will. Was dieser alles Tolles und Geniales damit machen kann. Ermutigen Sie die Teilnehmenden, da wirklich keine Hemmungen zu haben. Je verrückter, desto besser! Vielleicht machen Sie ein schräges Beispiel vor.

Schenk-Partner finden: Es sollte so aufgehen, dass jeder ein Geschenk bekommt, also nicht eine Person vier Geschenke erhält und eine andere gar nichts. Auch wenn sie diese gar nicht real bekommen, löst es sonst sicher merkwürdige Gefühle aus. Um den jeweiligen Schenk-Partner zu finden, können Sie zwischen verschiedene Varianten wählen.

- **Ohne vorherige Festlegung**

Ein Teilnehmender beginnt mit seinem Geschenk und wählt jemanden aus, dem er sein Geschenk anpreisen will. Diese Person wählt dann den nächsten Teilnehmenden aus, den sie beschenkt.

- **Teilnehmer-Liste auf Folie**

Sie haben eine Folie vorbereitet, auf der die Namen aller Teilnehmenden auf der linken Seite stehen. Auf der rechten Seite trägt sich jeweils eine andere Person ein, die der nebenstehenden Person dann ihr Geschenk überlässt. Wenn sich jeder nur einmal einträgt, geht es auf.

- **Namen in Kreisform oder als Mind Map auf Folie**

Sie haben eine Folie vorbereitet, wo die Namen der Teilnehmenden im Kreis angeordnet sind (wie in einem Stuhlkreis). Jeder nimmt eine Linie (Pfeil) in grüner Farbe und verbindet den eigenen Namen mit dem Namen der Person, der er sein Geschenk überreichen will.

Dies wird fortgesetzt, bis jeder zwei Linien hat. Eine Linie, die von einem wegführt (dieser Person schenke ich ...) und eine Linie, die zu einem hinführt (von dieser Person bekomme ich ein Geschenk). Klingt vielleicht ein wenig umständlich, aber wenn Sie sich auf eine Methode beschränken und diese sogar anhand einer Folie vorher erklären, ist es einfach.

Variationen

Sie können die Spielregel auch umkehren: Jeder sucht sich jemanden aus, von dem er das Geschenk erhalten möchte. Hier gibt es wiederum zwei Varianten:

- Einfach auf gut Glück.
- Die Gegenstände wurden vorher gezeigt und danach werden die Wünsche geäußert.

Trainer-Hinweis

Auch die Variationen lassen viel Raum für Kreativität.

Drei Gemeinsamkeiten und ein Unterschied

Ziel/Seminarphase	Kennenlernen
Medien	Breakout Rooms
TN-Aktivität	In den Gruppen-Chat schreiben, sprechen
Sozialform	Dreiergruppen
Zeit	6 Minuten
Hybrid-Präsenz-Gruppe	Jeweils 3 TN drehen ihre Stühle zueinander und notieren es auf ein Papier oder Flipchart.
Verzahnung Online-Hybrid	Hier finden die Präsenz- und Online-Gruppen parallel statt. Die Chat-Notizen können auch die Präsenz-TN lesen, für die Online-TN sollten die Ergebnisse auf das Flipchart notiert werden. Es ist aber nicht unbedingt notwendig, dass alle alles lesen können.

Methode Ein kurzer Austausch in einer Kleingruppe, bei der sie sich schon einiges voneinander erzählen müssen, um die Aufgabe erfüllen zu können.

Verlauf Es werden Dreiergruppen gebildet, die in Gruppenräume gehen. Dort haben sie fünf Minuten Zeit, drei Gemeinsamkeiten zu finden, die sie notieren. Danach sucht jeder noch eine Besonderheit, die die anderen nicht teilen. Diese wird ebenfalls notiert.

Anleitung

- Findet drei Gemeinsamkeiten und schreibt sie auf.
- Jeder notiert zusätzlich eine Sache, die er mit niemandem aus der Gruppe gemeinsam hat.
- Ihr habt insgesamt 5 Minuten Zeit.
- Wählt einen Protokollanten aus, der das später in den Chat der Gesamtgruppe schreibt.

Wenn alle in der Gesamtgruppe wieder zusammengekommen sind, schreibt eine Person aus jeder Gruppe die Gemeinsamkeiten in den Chat:

Gruppe 1:
1. Gemeinsamkeit (wir geben alle Online-Seminare)
2. Gemeinsamkeit (wir sind alles Frauen)
3. Gemeinsamkeit (wir lesen alle gerne)

Darunter schreibt dann jeder seine Besonderheit:

Gruppe 1: „Ich war zehnmal in der Sahara“ oder „Ich habe rote Haare“.

Danach ist die Gruppe 2 an der Reihe ...

Glaskugel

Ziel/Seminarphase	Kennenlernen
Medien	Chat oder Mikrofon
TN-Aktivität	In den Gruppen-Chat schreiben, sprechen
Sozialform	Gesamtgruppe
Zeit	Je nach Gruppengröße
Hybrid-Präsenz-Gruppe	1. Mündlich: Abwechselnd ein Präsenz- und Online-TN 2. Präsenz mündlich, online im Chat
Verzahnung Online-Hybrid	Beide Gruppen müssen sich gut sehen können. Das geht gut, solange die Präsenz-TN einen Laptop haben.

Methode

Diese Methode dient ursprünglich dazu, ein neues Mitglied in eine Gruppe zu integrieren. Man kann sie aber auch als Einstiegsmethode für die ganze Gruppe nehmen. Damit kann schon mal Fantasie und fröhliches Herumspinnen geübt werden, wie ich es für meine Seminare zum Thema „Kreativitätstechniken" gut brauchen kann.

Verlauf

Eine Person meldet sich als Freiwillige, die anfängt. Zu ihr äußern nun alle anderen eine Vermutung, wie sie lebt, wer sie ist, was sie macht – völlig gleich. Diejenige hört sich das mit Pokergesicht an und sagt erst einmal nichts dazu. Erst wenn alle fertig sind, kommentiert und korrigiert sie.

Beispiel: *„Ich glaube, Anita wandert gerne und macht am liebsten in der Schweiz Urlaub." – „Ich glaube, dass Anita fünf Sprachen spricht und total gerne in Konzerte geht." – „Ich glaube, dass sie zwei Kinder hat und mit Mann und Kindern in einem Haus mit Garten lebt."*

Variationen

Mündliche Variante

Sie können die Methode mündlich durchführen lassen, sodass reihum jeder Teilnehmende ein bis zwei Sätze sagt. Dann ist es sinnvoll, wenn sich die betreffende Person dazu Notizen macht oder Sie als Trainerin alle Stichworte notieren.

Schriftliche Variante

Die Teilnehmenden schreiben ihre Vermutungen in den Chat. Das hat zwei Vorteile:

- Es geht schneller, da alle gleichzeitig ihren Output geben.
- Es wird gespeichert und jeder kann sich die Vermutungen anschließend noch einmal schmunzelnd durchlesen und rätseln, warum die Personen auf solche Gedanken gekommen sind.

Anschließend kann die Person, um die es geht, dann mündlich erläutern, was zutrifft und was nicht.

Quelle

- Diese Methode habe ich erzählt bekommen von Brigitte Schwitalla, die sie wiederum von Brigtte Callenge hat – und von mir stammen die Varianten.

Hochhaus

Ziel/Seminarphase	Kennenlernen
Medien	Mikrofon an
TN-Aktivität	Schreiben, sprechen, Symbol auswählen
Sozialform	Gesamtgruppe
Zeit	Je nach Gruppengröße
Hybrid-Präsenz-Gruppe	Mündlich, jeder TN zeichnet ein Symbol auf eine Karte und hält es vor sich.
Verzahnung Online-Hybrid	Sie können die Gruppen parallel arbeiten lassen oder beide zusammenführen. Da es ja ums Kennenlernen geht, ist Letzteres sicher sinnvoller. 1. Variante: im Wechsel immer ein Präsenz- und ein Online-TN 2. Variante (ist technisch leichter zu managen): erst die Online-Gruppe, dann die Präsenzgruppe

Methode Mit dieser Methode können sich die Teilnehmenden kennenlernen und gleichzeitig ein wenig Kreativität entwickeln.

Verlauf Wir haben alle im gleichen Hochhaus eine Etage für unser Geschäft oder Unternehmen gemietet und stellen uns nacheinander vor. Dazu sagen wir unseren Namen, nennen unsere Etage und beschreiben die Art des Unternehmens oder Geschäfts.

Die kreative Aufgabe besteht darin, dass das Geschäft mit dem gleichen Anfangsbuchstaben beginnt wie der eigene Name. Es ist somit auch eine Gedächtnishilfe. Das Geschäft muss nichts mit dem zu tun haben, was wir wirklich machen, sondern darf ruhig fantasievoll und verrückt sein.

Die Erste in der Gruppe beginnt: *„Ich bin Zamyat, ich habe im Erdgeschoss eine Zauberwerkstatt – oder eine Zuckerfabrik oder eine Zebra-Zucht."*

Je abstruser, desto besser wird es behalten.

Der nächste Teilnehmende wiederholt dann erst einmal die vorherige Aussage und fährt dann fort: *„Ich bin Peter und ich verkaufe in der ersten Etage PCs (oder Patchwork-Decken oder betreibe eine Pizzeria).“*

Und so weiter: *„Ich bin Beate und ich habe in der zweiten Etage ein Geschäft für Brautmoden (oder biete Booster-Impfungen an ...).“*

Trainer-Hinweise

- Es hängt auch von der Zeit ab, ob sich jeder einfach nur einmal auf diese Art vorstellt oder ob jeder versucht, alle vorherigen Aussagen zu wiederholen. Das ist dann sinnvoll, wenn es wirklich darum geht, die Namen auswendig zu lernen oder man das Thema Gedächtnistraining anbietet. Ansonsten reicht es, wenn jeder nur die Aussage der letzten Person wiederholt.
- Bei Online-Seminaren kann jeder zumeist auch die Namen der Teilnehmenden sehen, auf den Video-Kacheln bzw. in der Teilnehmer-Liste.
- Für diese Methode könnten Sie z.B. bei Zoom die Teilnehmenden in die entsprechende Reihenfolge schieben.

Quelle

- Nach einer Idee von Andrea Friese.

Klebezettel

Ziel/Seminarphase	Kennenlernen
Medien	Post-it
TN-Aktivität	Post-it vor die Webcam kleben und abnehmen; evtl. erläutern; selbst Fragen stellen
Sozialform	Gesamtgruppe, beliebig groß
Zeit	3-4 Minuten
Hybrid-Präsenz-Gruppe	Wie „Landschaften stellen" (Seite 288), TN stehen auf und ordnen sich den Stichworten zu
Verzahnung Online-Hybrid	Das ist ein bisschen schwierig, da bietet sich nur an, die beiden Gruppen nacheinander agieren zu lassen und die andere Gruppe schaut zu und bekommt dabei auch die entsprechenden Infos mit.

Methode

Diese Methode ist eine wunderbare Online-Variante meiner Methode „Landschaften stellen", wo ich als Trainerin beim Einstieg schnell einige Informationen von den Teilnehmenden bekomme.

Vor allem aber ist sie für die Teilnehmenden noch völlig stressfrei – zumindest in ihrer Ursprungsvariante. In der Zwischenzeit habe ich hier noch weitere Varianten entwickelt. Und auch wenn einem diese Methode inzwischen häufiger begegnet, mag ich sie sehr, weil sie schnell, einfach und informativ ist.

Verlauf

Die Vorbereitung: Schreiben Sie schon in der Einladung zum Seminar, dass die Teilnehmenden bitte ein Post-it mitbringen sollen. Falls nicht, müssen sich alle schnell noch mal bewegen, um das Material zu besorgen, das ist ja auch schon eine Aktivierung. Schön ist es, wenn die Teilnehmenden unterschiedlich farbige Post-its haben, aber das ergibt sich meist von selbst.

Sie bitten alle Teilnehmenden, ein Post-it vor ihre Webcam zu kleben. Dann stellen Sie eine Frage und alle, die diese Frage mit „Ja" beantworten können, nehmen kurz ihr Post-it weg.

Im Anschluss kleben alle ihre Webcam wieder zu und es kommt die nächste Frage. Bei meiner Online-Trainer-Ausbildung waren das zu Beginn oft solche Fragen:

- Wer kennt sich schon mit Zoom aus?
- Wer gibt schon Online-Seminare?

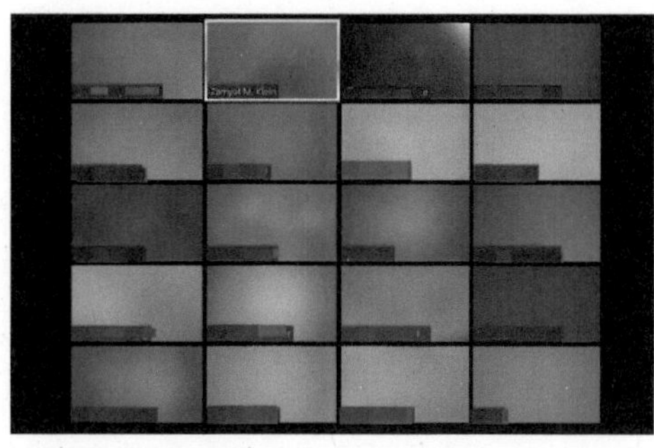

Variationen

Die Teilnehmenden erläutern ihre Antwort

An diesem Beispiel wird schon deutlich, dass sich diese Methode auch erweitern lässt, nämlich dass die Teilnehmenden kurz etwas auf die Fragen antworten und nicht nur Post-its abnehmen und aufkleben.

Die Frage, „Wer kennt sich schon mit Zoom aus?“, ist natürlich sehr vage. Hier kommt es drauf an, ob schon alle die für Trainer relevanten Funktionen kennen oder ob sie bisher „nur“ als Teilnehmende an einem Zoom-Meeting teilgenommen haben. Wurde beispielsweise schon die Kommentierfunktion genutzt – oder nicht? Entsprechend der Antworten wissen Sie, wie ausführlich Sie auch die technische Bedienung für die einzelnen Methoden erklären müssen oder ob alle schon fit sind.

Die Teilnehmenden stellen selbst Fragen

Die Teilnehmenden können auch selbst noch weitere Fragen an die Gruppe stellen. Entweder im Zusammenhang mit dem Seminarthema oder auch ganz andere Fragen, die sie interessieren.

Fragen-Ende

Bei Gert Schilling habe ich noch eine Variante erlebt, bei der die Teilnehmenden nach und nach alle die Klebezettel abnahmen, sodass am Ende alle wieder sichtbar waren. Das ist natürlich schon ein Übergang zur nächsten Phase oder Methode. Gert hatte die Länder und Bundesländer abgefragt, wo wir Teilnehmenden uns gerade aufhalten oder wohnen. Ich hatte abgefragt, wie lange sie schon als Online-Trainer arbeiten: Mehr als 10 Jahre, 9, 8, ...

Trainer-Hinweis

Die Methode ist kurz und knackig, es sollte daher nicht länger als 5 Minuten dauern, wenn man die erste Variante wählt. Bei einem mündlichen Austausch kann es natürlich etwas länger dauern.

Quelle

- Diese Methode habe ich auf dem Online-Trainer-Kongress von Gert Schilling kennengelernt.

Namenskette

Ziel/Seminarphase	Kennenlernen; Energizer
Medien	Bei schriftlicher Variante: Whiteboard oder Chat
TN-Aktivität	Sprechen, bewegen
Sozialform	Gesamtgruppe
Zeit	5 Minuten
Hybrid-Präsenz-Gruppe	Hier geht die Namensvorstellung und Bewegung einfach im Kreis herum
Verzahnung Online-Hybrid	Beide TN-Gruppen müssen sich gut sehen können, dann kann es auch hin und her gespielt werden. Ein Online-TN ruft eine Präsenz-TN auf usw.

Methode

Jahrelang habe ich diese Methode in meinen Präsenzseminaren zum Einstieg gewählt, irgendwann dann aus den Augen verloren und online hatte ich sie gar nicht auf dem Schirm. Bis ich ihr dann auch online wiederbegegnete – in verschiedenen Varianten.

Ursprünglich hatte ich sie eingesetzt, um alle Namen der Seminarteilnehmenden kennenzulernen. Durch die Varianten kann ich sie aber auch anders einsetzen und auch einfach als Energizer nutzen.

Verlauf

Jeder Teilnehmende wählt je nach Thema in Gedanken einen Gegenstand oder etwas anderes, das mit dem gleichen Anfangsbuchstaben beginnt wie der eigene Name. Das soll als Eselsbrücke dienen. Je ungewöhnlicher der Gegenstand ist und je ausdrucksstärker die Bewegung, desto besser bleibt es im Gedächtnis.

Die Teilnehmenden präsentieren sich mit einer großen Geste. Die Bewegung muss nicht einfach pantomimisch den Begriff darstellen, es kann auch etwas anderes Schräges sein, zumal online ja nur die obere Körperhälfte sichtbar ist. Wichtig ist, dass die Bewegungen wirklich sehr unterschiedlich ausfallen und nicht der eine mal mit der linken Hand winkt und die andere mit der rechten Hand. Das wird nicht als Unterschied gespeichert.

Variante Namen

Variationen

Ich beginne als Trainerin und sage: „Ich bin Zamyat mit dem Zauberstab" – dabei schwenke ich dazu heftig einen imaginären Stab. Alle Teilnehmenden wiederholen laut und mit Bewegung: „Du bist Zamyat mit dem Zauberstab."

Ich wische dann mit der rechten flachen Hand über meine linke flache Hand in die Richtung zu der Person, die ich als Nächstes mit Namen aufrufe: „Beate."

Nun ist Beate an der Reihe: „Ich bin Beate mit der Brille", sagt sie und hält sich mit beiden Händen eine überdimensionale Brille vor die Augen. Anschließend wischt sie zu Peter: „Ich bin Peter mit dem Propeller" – Peter breitet beide Arme aus, dreht sich um sich selbst und macht Propellergeräusche ...

Variante Lieblingsessen

Die Aufgabenstellung kann auch lauten: „Ich bin Zamyat und esse gerne Zwetschgenkuchen."

Variante Urlaubsort oder anderes

Sie können auch einen Urlaubsort wählen oder ein Hobby. Die Aussagen müssen auch nicht der Wahrheit entsprechen, es soll nur der Anfangsbuchstabe zum eigenen Vornamen passen.

Rate-Variante

Gesucht werden neben dem eigenen Rufnamen weitere Vornamen. Entweder die eigenen oder erfundene (maximal drei). Die Aufgabe lautet dann: Jeder denkt sich zu jedem seiner weiteren Vornamen einen Gegenstand (oder Essen oder Hobby, je nach Aufgabenstellung) aus und nennt ihn oder schreibt ihn auf eine Folie oder in den Chat. Die anderen müssen nun raten, welcher Name sich dahinter verbirgt. Wer als Erste richtig rät, bekommt einen Punkt.

Bei mir könnte der Themenbereich „Hobby“ so aussehen:
- Malen (Margit)
- Kreativität (Katharine)
- Essen (Elisabeth)

Trainer-Hinweis Schwieriger wird es, wenn die beiden ersten Buchstaben des Themas/Gegenstands den beiden ersten Buchstaben des Namens entsprechen sollen:

Beispiel Urlaub:
- Marokko (Margit)
- Kanaren (Katharine)
- Elba (Elisabeth)

Quelle
- In seiner ursprünglichen Präsenzform veröffentlicht in: Zamyat M. Klein (2015): Kreative Geister wecken. managerSeminare, 4. Aufl.

Persönlichkeitskreis

Ziel/Seminarphase	Kennenlernen
Medien	Breakout Rooms; evtl. Whiteoboard oder PowerPoint oder Papier und Stifte
TN-Aktivität	Zeichnen, raten, sich austauschen
Sozialform	– Einzelarbeit – Gruppenarbeit 3-4 TN
Zeit	15-20 Minuten
Hybrid-Präsenz-Gruppe	TN können sich in kleinen Gruppen zusammensetzen oder in Gruppenräume gehen. Da sich ohnehin immer nur 3-4 austauschen, können hier die Online- und Präsenz-Gruppe parallel arbeiten.
Verzahnung Online-Hybrid	Wenn sich die AGs aus Online- und Präsenz-TN mischen, ist es sinnvoll, dass die Präsenz-TN ein Laptop haben und ebenfalls auf dem Whiteboard zeichnen können oder auf Papier – und das dann in die Webcam halten.

Methode

Eine etwas intensivere Methode zum Einstieg und Kennenlernen, daher eher etwas für Webinar-Reihen und Online-Seminare, bei denen Gruppen längere Zeit zusammenarbeiten.

Verlauf

Sie zeigen zum Start ein Beispiel auf einer Folie: einen Kreis mit sechs Feldern, in jedem Feld steht ein Stichwort. Stichworte können sein: Familie / Hobby / Was ich mag / Was ich nicht mag / Urlaub / Wunsch / Buchempfehlung / wichtiges Ereignis ...

Die Stichworte können Sie auch in Verbindung mit dem Seminarthema wählen oder bewusst nur aus dem persönlichen Bereich oder beide Bereiche mischen. Das hängt von Ihrem Seminarthema und Ziel ab.

Einzelarbeit

Nach Ihrer Einführung soll jeder Teilnehmende anschließend einen Kreis mit sechs Feldern zeichnen. Und in jedes Feld zu dem entsprechenden

Stichwort ein Bild zeichnen oder malen. Das wird vielleicht Protest geben („Ich kann nicht malen"), aber es geht nicht um Kunstwerke, sondern einfach um kreatives spielerisches Kennenlernen. Fünf Minuten müssen für diese Phase reichen.

Austausch in der Kleingruppe

Nach einer vereinbarten Zeit tauschen sich die Teilnehmenden in Kleingruppen von 3-4 Personen aus. Eine Person beginnt, zeigt ihr Bild – die anderen sollen nun erst einmal Vermutungen äußern, was die Zeichnungen aussagen sollen. Die Betreffende kann es dann anschließend erläutern.

Die Übung hat einerseits dadurch einen spielerischen Charakter (Rätsel raten) und gleichzeitig erfährt man viel von einander. Für diese Phase reichen 10-15 Minuten.

Variationen

Mit Papier

Die Teilnehmenden können ihre Kreise und illustrierten Stichworte auf Papier zeichnen und dann in der Gruppe einfach ein Feld nach dem anderen vor die Webcam halten. Das funktioniert, habe ich schon erlebt. Wenn jemand eine Dokumentenkamera hat, kann man das eigene Ergebnis natürlich noch deutlicher zeigen.

Online

Die Teilnehmenden können aber auch auf einer PowerPoint-Folie zeichnen, auf ein Whiteboard bei Zoom oder bei Miro – oder was auch immer sie kennen und nutzen. Es sollte nur nicht zu kompliziert ausfallen, damit dafür keine zusätzliche Zeit verloren geht. Außerdem ist es schwieriger, mit der Maus zu zeichnen.

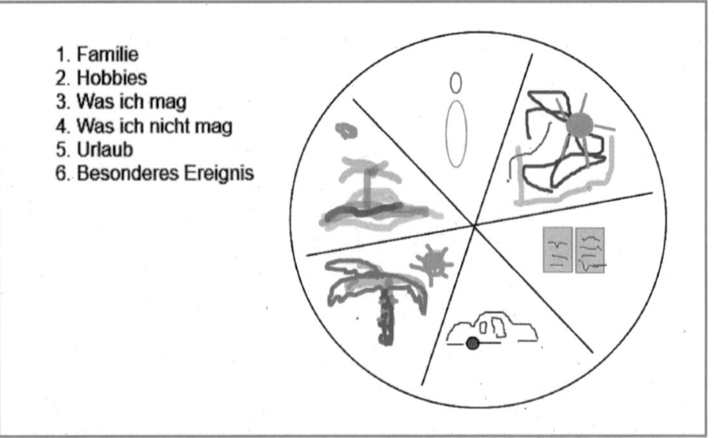

Abb.: Informationen zur eigenen Person – gezeichnet in sechs Feldern

Trainer-Hinweis

Die oben genannte Online-Variante würde ich nur vorschlagen, wenn Sie online-gewohnte Teilnehmende haben. Es ist ohnehin gut, ab und zu die digitale Welt kurz zu verlassen und noch einmal Papier und Stifte in die Hand zu nehmen, da hiermit andere Hirnregionen angesprochen und aktiviert werden.

Quelle

- Diese Methode habe ich kennengelernt von Roswitha Sanders.

Wo stehst du?

Ziel/Seminarphase	Bestandsaufnahme
Medien	Folie mit Landschaft und Weg
TN-Aktivität	Auf der Folie stempeln, sprechen
Sozialform	Gesamtgruppe
Zeit	10 Minuten
Hybrid-Präsenz-Gruppe	Die Landschaft ist auf einem Flipchart oder Poster gemalt. Die TN gehen einzeln an das Flipchart, kleben ihre Punkte und erläutern diese.
Verzahnung Online-Hybrid	Die Präsenz-TN können die Übung parallel zur Online-Gruppe durchführen oder eine Gruppe beginnt und die andere schaut jeweils zu.

Methode

Diese Methode setze ich am Ende meiner Online-Trainer-Ausbildung ein. Sie können diese Methode aber auch zu Beginn eines Seminars oder einer Seminarreihe einsetzen, je nach Thema, Fragestellung und Zielsetzung.

Verlauf

Sie bereiten eine entsprechende Folie vor mit einem Bild, das symbolisiert, was Sie abfragen. In meinem Fall (siehe Abb.) habe ich ein einfaches Aquarell gemalt mit einer Landschaft, auf der ein Weg über eine Wiese zu einem Fluss mit einem Boot darauf führt, und dahinter führt der

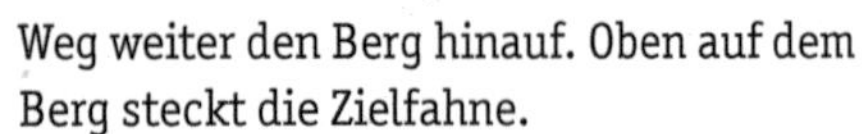

Weg weiter den Berg hinauf. Oben auf dem Berg steckt die Zielfahne.

Die Teilnehmenden wählen einen Stempel bei Zoom aus (oder zeichnen ein Kreuz oder setzen einen Punkt, je nachdem, welche Plattform Sie nutzen). Sie sollen zur vorgegebenen Fragestellung drei Punkte markieren. In unserem Fall geht es um das Thema: *„Wo stehst du in Bezug auf dein Seminarkonzept, das du in der Online-Trainer-Ausbildung erstellen wolltest?"*

Abb.: Der jeweilige Stempel zeigt, wo die Teilnehmenden aktuell stehen

Die Teilnehmenden bringen auf dem Bild ihre drei Stempel an zu den folgenden drei Unterfragen:

- Wo war ich zu Beginn der Online-Trainer-Ausbildung?
- Wo stehe ich jetzt?
- Wo will ich (evtl. noch) hin?

Danach machen alle eine Runde, in der jeder kurz seine drei Positionen erläutert und auf die eigenen entsprechenden Punkte zeigt. Da bei Zoom nur der Host das Spotlight hat, übernimmt die Trainerin das Anzeigen.

Variationen

- Sie können ähnliche Fragestellungen für Ihr individuelles Thema formulieren, etwa wenn es um konkrete Vorhaben oder Zielsetzungen geht, um die Umsetzung des im Seminar Gelernten, Schritte für Veränderungen usw. Ob es dabei um eine bessere Zeitplanung oder Büroorganisation geht oder um Veränderungen im Unternehmen, die Methode lässt sich auf viele Themen übertragen.
- Sie können die Übung auch zwei Mal einsetzen. Einmal zu Beginn des Seminars zur Standortbestimmung und dann wieder am Ende des Seminars, wo alle prüfen können, wo sie nun stehen und wohin sie noch weiterwollen.

Trainer-Hinweis

Ich habe hier ein ganz schlichtes Aquarell gemalt, weil ich es grundsätzlich gut finde, die Art der Visualisierung öfter mal abzuwechseln, da das die Aufmerksamkeit der Teilnehmenden erhöht. Immer nur die gleichen Folien mit Text und Fotos sind langweilig, ich schreibe auch schon mal mit der Hand, stelle Fotos von Flipcharts ein oder auch mal ein Bild, das ich auf Papier oder Leinwand gemalt habe. Es kann auch mal eine Zeichnung mit Filzstift oder einem Zeichentablet sein.

Methoden zu Hinführung, Input, Erarbeitung

Häufig werden Inhalte in Online-Seminaren in Form von Vorträgen mit PowerPoint oder Ähnlichem vermittelt bzw. zumindest der Versuch dazu unternommen. Ich persönlich bezweifle, dass auf diese Weise wirklich viel an Informationen rüberkommt.

Daher stelle ich in diesem Kapitel nun einige Methoden vor, in denen die Teilnehmenden selbst an der Erarbeitung der Inhalte beteiligt sind und Sie als Trainerin oder Trainer teilweise nur Ergänzungen liefern. Damit wird gewährleistet, dass die Teilnehmenden den Stoff wirklich durchdringen und damit arbeiten und in ihrer späteren Praxis anwenden können.

Ansonsten würde es auch reichen, wenn die Teilnehmenden die Informationen in einem Text selbst lesen. Das ist zumindest für die visuell orientierten Lerner auch effektiver, als einem Vortrag zuzuhören. Und es spart Zeit im Live-Online-Seminar, wo man dann an die Weiterarbeit und den Austausch gehen kann.

Aspekte zuordnen

Ziel/Seminarphase	Erarbeitung eines Themas und Lösungsschritte entwickeln
Medien	Gruppenräume
TN-Aktivität	Sich austauschen/sprechen, schreiben, je nach Variante kreative Präsentation
Sozialform	Gruppenarbeit und Plenum
Zeit	15-20 Minuten
Hybrid-Präsenz-Gruppe	Wie in der Präsenzvariante beschrieben
Verzahnung Online-Hybrid	Die Präsenz-TN können die Übung parallel zur Online-Gruppe durchführen oder es werden gemischte Gruppen gebildet, wenn jeder einen Laptop hat.

Methode

Die Teilnehmenden tauschen sich über ihre Erfahrungen zu einem konkreten Thema aus und erarbeiten auch schon Lösungen für Probleme, die mit diesem Thema zusammenhängen. Je nachdem, ob die Teilnehmenden vom Thema selbst betroffen sind oder ob sie als Trainerinnen oder Trainer das Thema mit ihren Teilnehmenden bearbeiten möchten, lautet die Fragestellung anders. Im Folgenden gehe ich auf zwei Beispiele ein.

▸ Präsenzvariante zum Thema „Aspekte von Prüfungsangst"
In diesem Beispiel-Fall waren es Lehrer oder Trainer, die mit Schülern oder Teilnehmenden an deren Prüfungsangst arbeiten wollten. Es ging hier also weniger um die Bearbeitung der eigenen Ängste der Teilnehmenden, obwohl eigene Erfahrungen dabei durchaus mit einfließen können.

▸ Online-Variante zum Thema „Zeitfresser"
Für diesen Themenbereich interessieren sich Trainerinnen und Trainer, die entweder das Thema für sich selbst bearbeiten oder die „Zeitmanagement" als Seminarthema anbieten wollen.

In Präsenz arbeitet man bei dieser Methode mit Karten mit vorbereiteten Stichworten, online auf dem Whiteboard mit Stichworten.

Verlauf

Präsenzbeispiel: Aspekte von Prüfungsangst

Auf dem Boden liegen Karten mit Stichworten. Beispiel: „Aspekte von Prüfungsangst." Jeder Teilnehmende ordnet sich einem Stichwort zu, das ihn selbst am meisten betrifft (oder ihm am meisten bekannt ist). Dann schreibt jeder konkrete Beispiele zu dem eigenen Stichwort auf eine Moderationskarte.

Es folgt eine Gruppenarbeit: Zu jedem einzelnen Aspekt bildet sich eine Gruppe (wenigstens ein Paar), die zu diesem Aspekt arbeitet. Die Gruppenmitglieder heften ihre konkreten Beispiele an eine Pinnwand und ordnen sie gemeinsam. Sie können die Aspekte clustern und Oberbegriffe dazu finden oder ähnliche Karten zusammenhängen.

In den Arbeitsgruppen werden dann erste Ideen zu den geclusterten Aspekten gesammelt, in diesem Fall Lösungsstrategien. Je nach Thema können es aber auch erste Schritte zur Umsetzung sein.

Beispiel: Auf den Karten stehen verschiedene Aspekte von Prüfungsangst:
- Angst schon vor der Prüfung: Lernschwierigkeiten
- Angst in der Prüfungssituation
- Angst vor dem Prüfer
- Angst vor beruflichen Nachteilen bei Nichtbestehen
- Angst vor Blamage bei Nichtbestehen
- Verlust der Selbstachtung
- Angst vor dem Bestehen der Prüfung (und den daraus folgenden Konsequenzen und Veränderungen)

In den Arbeitsgruppen werden erste Ideen zur Überwindung dieser Ängste gesammelt. Diese werden ebenfalls auf Moderationskarten (in einer anderen Farbe als die Beispiele) geschrieben und neben die einzelnen Aspekte gehängt.

Im Plenum werden die Karten angesehen oder der Gruppe vorgestellt und besprochen. Hier können auch die eigenen Erfahrungen als Lehrerin/Trainer oder auch als Betroffene mit einfließen.

Variation

Die Teilnehmenden ordnen sich dem Aspekt zu, der ihnen persönlich am vertrautesten ist oder ihren eigenen Erfahrungen entspricht. Oder sie wählen das Gegenteil: Jeder ordnet sich dem Aspekt zu, den er am wenigsten von sich kennt und versucht, herauszufinden, was daran angstauslösend sein kann.

Online-Beispiel: Aspekte von Prüfungsangst

Auf einer Folie stehen links die Stichworte. Die Teilnehmenden schreiben ihren Namen neben den Aspekt, zu dem sie arbeiten wollen.

In der Gruppenarbeit gehen die Teilnehmenden zum gleichen Stichwort in einen Gruppenraum. Dort erläutert jeder kurz anhand von konkreten Beispielen, was er zu dem Aspekt erlebt hat oder darunter versteht.

Im nächsten Schritt werden gemeinsame Lösungsansätze entwickelt. Wie kann diese konkrete Angst überwunden werden? Diese Lösungsansätze werden auf einem Whiteboard oder einem anderen Tool gesammelt.

Online-Beispiel: Zeitfresser

Auf einer Folie stehen links die Stichworte. Oder ein Foto eines Flipcharts oder eines Lernposters, auf dem die Aspekte dargestellt sind. Jeder Teilnehmende sucht sich den Aspekt aus, mit dem er am meisten Probleme hat. Zu jedem Thema wird dann eine Gruppe gebildet. Die Gruppenbildung kann mündlich erfolgen oder jeder schreibt den eigenen Namen auf die Folie oder in den Chat, zusammen mit dem jeweiligen Stichwort. Sie können auch als Trainerin auf dem Whiteboard die Namen auf Zuruf notieren und zuordnen.

Abb.: Die unterschiedlichen Zeitfresser – Basis für die Gruppenbildung

Gruppenarbeit: Die Teilnehmenden des gleichen Stichworts gehen in einen Gruppenraum. Dort erläutern alle kurz, wie sich das Problem bei ihnen äußert. Auch dazu kann die Gruppe schon Stichworte notieren. Anschließend werden Lösungsschritte gesammelt, was sie zukünftig tun können, damit dieser Zeitfresser keine Rolle mehr spielt. Die folgende Seite zeigt das beispielhafte Ergebnis einer Gruppenarbeit:

Weiterarbeit: Es ist nicht notwendig, nach jeder Gruppenarbeit einen inhaltlichen Austausch anzufügen. Das hängt vom Thema und der Aufgabenstellung ab. In diesem Fall reicht es eigentlich, dass jede Gruppe für sich Lösungen entwickelt. Das Vorlesen solch einer Ergebnisfolie bringt den anderen keine bedeutsame Erkenntnis oder Veränderung.

Trainer-Hinweise

- Ich finde eine ausführliche Ergebnisdarstellung nur dann wichtig, wenn sie in einer Form geschieht, bei der die anderen auch wirklich davon profitieren können, was aber selten der Fall ist. Es wird lediglich die Neugier befriedigt: „Was haben die anderen denn gemacht?"

Abb.: Die Lösungsvorschläge werden zum Nachlesen dokumentiert

Im konkreten Beispiel oben habe ich einfach die Ergebnisse aller Arbeitsgruppen ins Handout gepackt, sodass alle es später nachlesen konnten. Die Ergebnisse müssen nicht im Webinar noch mal vorgelesen werden.

- Wenn keine Präsentation der Ergebnisse oder ein sonstiger Austausch über die Arbeit in den Arbeitsgruppen stattfindet, sollten Sie dennoch nicht einfach zum nächsten Punkt übergehen. Schaffen Sie lieber einen kleinen Übergang, der auch die Arbeit der Gruppen würdigt, und sie nicht einfach ignoriert.
- Es kann auch ein kurzer Austausch auf der Meta-Ebene stattfinden. Lassen Sie feststellen, ob es den Teilnehmenden neue Erkenntnisse gebracht hat, ihnen der Austausch und die Erarbeitung geholfen haben.
- Sie können auch jeden nur einen Satz sagen lassen, bei diesem Thema eine Lösung nennen lassen, die sich jeder ausgewählt hat, die er besonders hilfreich fand. Das ist kurz und knackig, ohne dass noch mal alles wiedergekäut wird.

Durcheinander – online

Ziel/Seminarphase	Erarbeitung; Wiederholung
Medien	Gruppenräume
TN-Aktivität	Sprechen
Sozialform	Arbeitsgruppe
Zeit	5-10 Minuten
Hybrid-Präsenz-Gruppe	Die Präsenz-TN können die Übung parallel zur Online-Gruppe starten.
Verzahnung Online-Hybrid	Wenn Sie die technischen Voraussetzungen haben (also alle Präsenz-TN auch ein Laptop haben), können Sie auch gemischte Gruppen aus Online- und Präsenz-TN bilden, die sich in einem Breakout Room treffen.

Methode

Dieses Spiel kann eingesetzt werden, um Vokabular, Fachbegriffe oder Fachinhalte zu vertiefen und zu verstehen. Gleichzeitig werden auch Konzentration, Selbstbewusstsein und Durchsetzungsvermögen trainiert. Die Übung wird in kleineren Gruppen durchgeführt.

Verlauf

Jeder Teilnehmende erhält von Ihnen per Privatchat einen Fachbegriff oder ein Thema. Danach gehen alle in Gruppen und unterhalten sich. Jeder versucht, das Gespräch immer wieder geschickt auf das eigene Thema zu lenken. Am Ende muss jeder Teilnehmende raten, welche Themen die anderen hatten.

Variationen

- Sie können das Thema der Gruppengespräche ganz offen lassen.
- Sie können aber auch ein Thema nehmen, das mit Fachbegriffen zu tun hat. Bei meiner Online-Trainer-Ausbildung könnte das Thema beispielsweise sein: „Wie mache ich gute Online-Seminare?“
- Fachbegriffe könnten sein: Chat / Whiteboard / Webcam / Mikrofon / Stempel / Textwerkzeug / Umfrage
- Themen könnten sein: Teilnehmer-Aktivierung / Gruppenarbeit / PowerPoint-Vorträge / Seminarphasen / Lerntypen

- Sie können als verschärfte Variante eine Form wählen, wie wir sie von dem Spiel „Tabu" kennen. Dann dürfen bestimmte Begriffe nicht genannt werden. Der Begriff, der erraten werden muss, darf nur umschrieben werden.
- Je nach Gruppengröße bei zu wenigen Fachbegriffen können Sie auch jeweils zwei Teilnehmenden den selben Begriff schicken, ohne dass sie es voneinander wissen. Es gibt dann einen Extra-Punkt für die Person, die das als Erstes herausfindet.

Entweder – oder

Ziel/Seminarphase	Thema: Ziele; Motivation
Medien	Kärtchen oder Liste
TN-Aktivität	Sprechen
Sozialform	Paare
Zeit	15 Minuten
Hybrid-Präsenz-Gruppe	Präsenzvariante mit realen Kärtchen zu zweit
Verzahnung Online-Hybrid	Wenn Sie die technischen Voraussetzungen haben (also alle Präsenz-TN auch ein Laptop haben), können sich die Paare aus einem Online-TN und einem Präsenz-TN bilden.

Methode

Es geht um das Thema Ziele oder um ein Vorhaben – und welche Eigenschaften oder Qualitäten einem bei der Erreichung dieses Ziels helfen. Durch den Austausch mit einer anderen Teilnehmerin werden einem dabei auch noch mal Dinge klarer.

Verlauf

Alle überlegen sich ein konkretes Ziel oder Vorhaben, zu dem sie diese Übung durchexerzieren möchten. Dann bilden sich Paare.

Im Präsenzseminar hat jeder Teilnehmende zwei Stapel mit Kärtchen vor sich liegen. Online können die Teilnehmenden sich die Karten entweder mit der Dokumentenkamera zeigen oder auf andere Art (siehe Trainer-Hinweise).

Teilnehmerin A beginnt und nennt erst einmal ihr Vorhaben. Dann werden die ersten beiden Kärtchen umgedreht – von jedem Stapel eine Karte, darauf stehen dann beispielsweise die Begriffe „Glück" und „Humor". A entscheidet nun, welches der beiden Stichworte für ihr konkretes Vorhaben besonders hilfreich oder wichtig ist und erläutert das auch kurz.

Durch die Erläuterungen und Erklärungen entstehen hilfreiche Erkenntnisse. In Präsenzseminaren nimmt die Teilnemerin dann auch die entsprechende Karte zur Seite. Online kann sie Notizen machen oder noch besser: Teilnehmerin B notiert immer die Begriffe für ihre Partnerin. Am Ende tauschen sie diese dann aus. Gegebenenfalls können beide noch eine Ziel-Collage oder Ähnliches gestalten. Auf diese Weise geht A den ganzen Kartenstapel durch, danach ist B an der Reihe.

Regeländerung: Manchmal gibt es zwei Begriffe, mit denen man vielleicht gar nichts anfangen kann und an anderer Stelle zwei, die man beide gut gebrauchen kann. In diesem Fall können die Teilnehmenden den besseren Begriff gegen einen weniger brauchbaren austauschen.

Variationen

- Im Wechsel: Hier wechselt das Zweier-Team nach jedem Kartenpaar. Dadurch kommt eine ganz andere Dynamik ins Spiel.
- Fragen stellen: Wenn es passt, sollte die Partnerin auch mal nachfragen, dadurch wird die Klärung noch intensiver.

Trainer-Hinweise

Die Frage ist, wie die Teilnehmenden an die Kärtchen bzw. Begriffe kommen. Hier haben Sie die Wahl zwischen verschiedenen Optionen:

- Die Liste mit Begriffen können Sie vorher an die Teilnehmenden schicken und sie bitten, die Kärtchen vorher auszuschneiden. Dann kann jeder die zwei Stapel vor sich hinlegen und selbst immer zwei Karten ziehen und diese in die Webcam halten.
- Sie können eine Liste mit den Begriffen im Chat hochladen, dann picken sich die Teilnehmenden jeweils einfach eine Zeile raus oder arbeiten die Begriffe von oben nach unten ab.
- Sie bereiten eine PowerPoint-Folie vor, auf der Sie in verschiedenen Feldern die Begriffe schreiben. Darüber werden Flächen gelegt, die die Begriffe verdecken. Dann werden immer zwei Kärtchen „aufgedeckt". Sie können auch Nummern auf die Kärtchen schreiben und diejenige Person, die auswählen soll, nennt dann zwei Nummern, deren Karten verschoben werden. Dazu muss aber jedes Paar vorher diese PowerPoint hochladen.
- Bei Miro können Sie ebenfalls Karten verdeckt ablegen. Das ist dann mit mehreren Paaren einfacher, jedes Paar bekommt seinen Kartenbereich und deckt sie selbst auf.

URL

- Link zum Video: https://youtu.be/cVZjgb2yXBg

Erfolgserlebnisse aktivieren

Ziel/Seminarphase	Erarbeitung; Reflexion
Medien	Miro-Witeboard
TN-Aktivität	Liste und Mind Map erstellen; Austausch in der Gruppe
Sozialform	Einzelarbeit und Gruppe
Zeit	15-20 Minuten
Hybrid-Präsenz-Gruppe	Wie in der Präsenzvariante beschrieben
Verzahnung Online-Hybrid	Wenn Sie die technischen Voraussetzungen haben (also alle Präsenz-TN auch ein Laptop haben), können sich Gruppen aus Online-TN und einem Präsenz-TN bilden.

Methode

Menschen haben oft deutlicher ihre Misserfolge im Erleben und Erinnern und sind sich zu wenig bewusst über die Erfolge, die sie in ihrem Leben erreicht haben. Diese Übung hilft ihnen, ihren Blick auf ihre Erfolge zu lenken und daraus zu lernen. Es stärkt das Selbstvertrauen, zu entdecken, dass man doch schon einiges geschafft hat. Es hilft auch zu einer Umbewertung: Oft würdigen wir Erfolge nicht, weil sie uns selbstverständlich oder leicht erscheinen.

Wir können auch entdecken, was dazu beigetragen hat, dass wir Erfolg hatten. Diese Erkenntnis können wir dann für zukünftige Vorhaben nutzen und einsetzen. Nicht zuletzt geht es auch um eine Reflexion: Was bedeutet für mich der Begriff Erfolg überhaupt – und woran messe ich ihn? An anderen oder an meinen persönlichen Entwicklungsschritten?
Diese Methode habe ich oft in Seminaren zum Thema „Motivation" eingesetzt.

Verlauf

Auf einer Folie oder einem Whiteboard ist ein Mind Map mit Stichworten vorbereitet. Die Teilnehmenden notieren sich zunächst, welche Erfolge sie im Leben hatten. Dann wählen sie sich einen Erfolg aus und arbeiten damit die weiteren Punkte durch.

Wenn es darum geht, Rückschlüsse zu ziehen und zu schauen, was zu den Erfolgen beigetragen hat und ob es da ein Muster gibt, ist es sinnvoll, die Übung mit mehreren Erfolgen zu durchlaufen.

Anschließend kann jeder schauen, ob es wiederkehrende Muster oder Strukturen gibt. Wurde häufig auf die gleichen Fähigkeiten oder Ressourcen zurückgegriffen? Diese können dann für spätere Vorhaben bewusst eingesetzt werden.

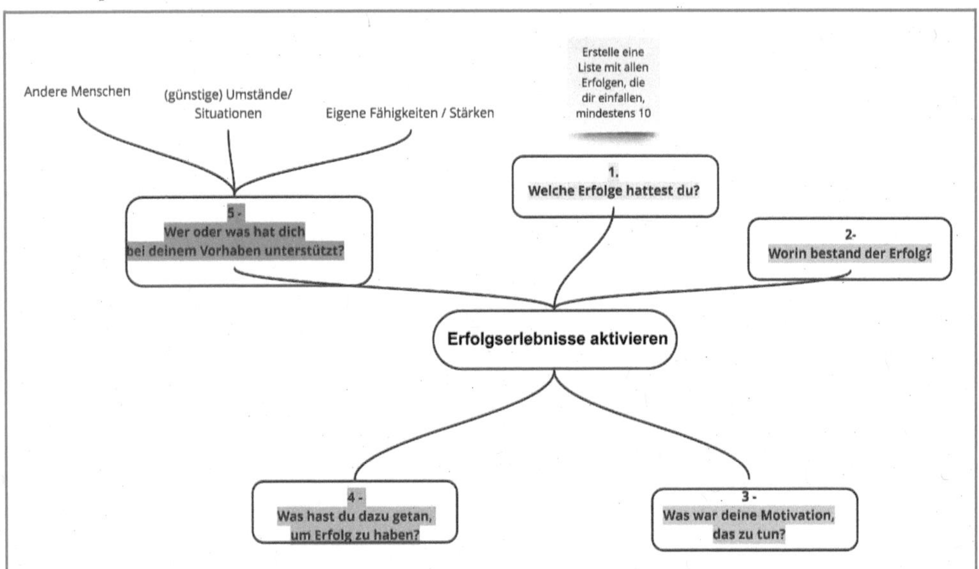

Abb.: Die Mind Map hilft, Erfolgserlebnissen auf den Grund zu gehen

Stichworte:

1. Welche Erfolge hattest du?
2. Worin bestand der Erfolg?
3. Was war deine Motivation, das zu tun?
4. Was hast du dazu getan, um Erfolg zu haben?
5. Was hat dich bei deinem Vorhaben/Tun unterstützt?
   - eigene Fähigkeiten/Stärken
   - andere Menschen
   - (günstige) Umstände/Situationen

Weiterarbeit

Schwerpunkt: Erkenntnisse für zukünftige Ziele nutzen

In Gruppen tauschen sich die Teilnehmenden dann über ihre Erkenntnisse aus. Es ist sinnvoll, ihnen dazu konkrete Fragestellungen und Aufgaben mitzugeben. Beispielsweise:

- Welche Fähigkeiten und Qualitäten tauchten immer wieder auf?

- Hast du Gemeinsamkeiten entdeckt oder eine bestimmte Grundstruktur herausgefunden?
- Gibt es ein aktuelles Vorhaben oder Ziel, bei dem du diese Erkenntnisse nutzen kannst?

Schwerpunkt: Erfolge wahrnehmen und würdigen

Je nach Seminarthema geht es vielleicht weniger um zukünftige Vorhaben, sondern vielleicht um das Thema Selbstvertrauen und Selbstbewusstsein stärken. Dann ist vor allem der erste Schritt der Übung wichtig, nämlich alle Erfolge zu notieren.

Dazu sollte es vorher noch eine Hinführung geben, in der thematisiert wird, was denn Erfolge überhaupt sind, was jeder darunter versteht. Denn das ist oft der erste Knackpunkt, nämlich dass vieles gar nicht als Erfolg gewürdigt wird: „Ach, das ist doch nichts.“, „Das ist doch etwas ganz Kleines.“, „Ach, das ging doch ganz leicht“. Usw.

Wichtig ist, Erfolge kann man nur an sich selbst messen. Wenn ich vorher etwas nicht geschafft habe oder mich erst nicht getraut, es dann aber doch gemacht habe, dann ist es ein Erfolg. Auch wenn es so etwas Kleines ist, wie jemanden auf der Straße anzusprechen und nach dem Weg zu fragen. Für den einen ist es ein Erfolg, morgens pünktlich aufzustehen, für die anderen selbstverständlich.

Erfolgstagebuch

Um diese Wahrnehmung zu schulen und das mentale „Sich auf die Schulter klopfen“ zu üben, ist ein Erfolgstagebuch eine wunderbare Sache. Jeden Abend werden 3-5 Punkte aufgeschrieben, die in der eigenen Wahrnehmung einen Erfolg darstellen, auch wenn andere das vielleicht nicht so empfinden würden. Es liest ja niemand außer man selbst. Aber es stärkt die Bewusstheit und ermutigt für weitere Erfolge.

Trainer-Hinweise

- Natürlich kann jeder die Übung auf einem Blatt Papier für sich alleine durchführen bzw. mehrere Mind Maps anlegen, aber es geht eben auch sehr schön auf dem Whiteboard von Miro. Dort können die Teilnehmenden entweder die Mind-Map-Funktion nutzen oder sie basteln sich aus den Formen und Linien das Mind Map selbst.
- Auch mit Sticky Notes können Sie das Mind Map vorbereiten.

Experteninterview

Ziel/Seminarphase	Themen-Erarbeitung
Medien	Breakout Rooms
TN-Aktivität	In den Gruppen-Chat schreiben, sprechen
Sozialform	Zweier- bis Vierergruppen
Zeit	15 Minuten
Hybrid-Präsenz-Gruppe	Die beiden Gruppen können parallel arbeiten.
Verzahnung Online-Hybrid	Wenn alle Präsenz-TN auch ein Laptop haben, können sich die Gruppen aus Online- und Präsenz-TN mischen. Eine Variante: Die Gruppen erarbeiten parallel in ihren Online- und Präsenz-Gruppen die Interviews. Die Präsentation wird dann hintereinander vorgeführt, sodass beide Gruppen alles erleben können.

Methode

Mit dieser Methode erarbeiten sich die Teilnehmenden selbst ein Thema oder vertiefen es. Vor allem die Präsentation ist etwas lebendiger als normalerweise, wenn Gruppenergebnisse vorgetragen werden. Das Interview wird in Gruppen vorbereitet und anschließend in der Gesamtgruppe durchgeführt.

Verlauf

Die Gruppen können aus 2-4 Teilnehmenden bestehen, je nach Größe der Gesamtgruppe. Eine übernimmt die Rolle der „Expertin", ein anderer die Rolle des „Interviewers". Bei mehr als zwei Gruppenmitgliedern können sich die anderen entscheiden, aktiv bei der Erarbeitung der Fragen mitzuwirken oder vielleicht finden sie auch noch eine weitere Rolle? (Beleuchtung, Pausenzeichen oder anderes)

Die Interview-Fragen werden vorbereitet und diese auch am besten gleich notiert (in den Chat, auf ein Whiteboard oder auf einem Blatt Papier). Ebenso bereitet die Expertin ihre Antworten vor bzw. werden diese gemeinsam entwickelt. Der gesamte Ablauf, die Themenschwerpunkte, der Aufbau und die Choreografie werden ebenfalls geplant, am besten mit einem Mind Map.

Variationen

1. Die Gruppe kann sich ein besonderes Highlight ausdenken: einen Höhepunkt, einen Überraschungseffekt, etwas, das das Interview spannend macht.

2. Sie können sich auch überlegen, in welchem Rahmen das Interview gesendet wird. Radio? Fernsehen? In welchem Programm, für welche Zielgruppe?

3. Sie können es sogar unterschiedlichen Genres zuordnen: Beispielsweise wird eine Krimi-Autorin interviewt. Diese stellt dann das Thema, das erarbeitet werden soll, als Krimi dar. Oder ein Globetrotter, eine Kinderbuchautorin oder ein berühmter Schauspieler. Hier können die Teilnehmenden beispielsweise etwas zum Thema „Lerntypen" oder zum Thema „Suggestopädie" erarbeiten. Ein Beispiel:

Interviewer: *„Sie haben einen Krimi über Suggestopädie geschrieben. Wie kamen Sie dazu?"*

Krimi-Autorin: *„Das Wort ‚Suggestopädie' ist ja im Deutschen ziemlich negativ besetzt, man denkt direkt an Manipulation oder sogar Hypnose. Daraus lässt sich eine spannende Geschichte entwickeln."*

I: *„Welche Figuren und Personen kommen denn in Ihrem Krimi vor?"*

K-A: *„Zum Beispiel der ‚Identitätswechsel'. Das macht diese Person natürlich sehr schwer fassbar, wenn die wahre Identität gar nicht bekannt wird und beispielsweise nur sein suggestopädischer Name und Beruf bekannt sind. Da kann man dann ja alles Mögliche unerkannt machen ... Aber ich will auch nicht zu viel verraten."*

I: *„Können Sie noch eine weitere Figur verraten?"*

K-A: *„Ja, das Spiel zum Beispiel. Einfach alles vergnüglich und spielerisch gestalten, sogar das Lernen. Das widerspricht ja fast allem, was wir in der Schule gelernt haben. Es braucht richtig gute Detektiv-Arbeit, um herauszufinden, wie man auch knochentrockenen Lernstoff spielerisch und lebendig vermitteln kann. Da kann ich nur sagen: ‚Hut ab!'"*

I: *„Gibt es denn auch eine Leiche oder mehrere, die Spannung erzeugen?"*

K-A: *„Oh, jede Menge. Die werden aber nach und nach in ergreifenden Ritualen bestattet. Als Erstes die ‚Lernblockaden'. Die werden erschlagen! Und dann sehr tief vergraben, sodass niemand sie mehr findet. Oder der Stress! Der wird sozusagen eingeschläfert mit ‚Drogen'. Beispielsweise mit einer Fantasiereise oder geheimnisvollen Körper-Ritualen alter Stämme, auch Yoga genannt."*

I: *„Vielen Dank, das klingt ja schon sehr interessant! Ich hoffe, dass das Buch bald auf den Markt kommt."*

Quelle

▸ Die Ursprungs-Variante habe ich von Albert Glossner kennengelernt.

Kreativ mit Pippi Langstrumpf

Ziel/Seminarphase	Kreativität anregen
Medien	Mikrofon an
TN-Aktivität	Sprechen
Sozialform	Paare oder Gruppe
Zeit	10-15 Minuten
Hybrid-Präsenz-Gruppe	Parallel, unabhängig voneinander
Verzahnung Online-Hybrid	Zu zweit möglich, wenn beide mit Laptop in einem Breakout Room sind

Methode

Die Idee zu dieser Methode entstand bei Facebook – mit Wiebke zusammen. Ich hatte mir ganz neu Zöpfe geflochten und dazu ein Foto gepostet. Dazu schrieb ich irgendwas im Zusammenhang mit Pippi Langstrumpf, weil diese ja auch höchst kreativ gewesen ist. Da könnte man doch mal eine Methode erfinden. Prompt haben wir das bei unserem nächsten Spiele-Treffen aufgegriffen und diese Methode entwickelt.

Die Übung ist mehr als ein Energizer, zumindest bei meinem Seminarthema „Kreativitätstechniken" ist es eine sehr gute Vorübung für die Reizwort-Methode.

Zu zweit

Zunächst braucht jeder ein Thema, eine Fragestellung, wozu die Person gerne einen Rat hätte, kreative Ideen zur Lösung. Beispiele: Chaotischer Schreibtisch, zu viel Arbeit, doofe Kollegen, was auch immer.

In der Gruppe

In der Gruppe können Themen gemeinsam gesammelt werden, beispielsweise was denn bei Online-Seminaren nicht so gut läuft. Dann schreibt die Trainerin die Probleme und Themen erst einmal auf ein Whiteboard und jeder sucht sich eines der Themen aus.

In der ersten Runde fungiert die Trainerin als Pippi Langstrumpf, auch um zu zeigen, dass sie wirklich unsinnige Sachen sagen darf. In der zweiten Runde ist dann die Fragestellerin in der Rolle von Pippi Langstrumpf und die nächste Teilnehmerin kann ihre Frage stellen.

Verlauf

Führen Sie in das Thema ein, indem sie Pippi Langstrumpf charakterisieren. Sie ist eine Superheldin, die vier Superkräfte hat, die sie ausmachen:

- Sie ist stark (kann ein Pferd hochheben, Einbrecher aufs Dach schmeißen)
- Sie ist kreativ und hat andere Herangehensweisen (Füße auf Kopfkissen, zwei verschiedene Paar Strümpfe)
- Sie ist sehr freundlich (sie flucht nicht, verhält sich respektvoll gegenüber ihren Mitmenschen)
- Sie ist reich (sie hat die Taschen voller Gold von ihrem Vater)

TN A: Einer fragt nun Pippi, ob sie ihm hilft: *„Pippi, Pippi, was soll ich bloß machen? Meine Internetverbindung ist ganz wackelig!"*

TN B: Pipi stemmt die Hände in die Hüften (Superhelden-Pose) und sagt: *„Ich weiß, wie ich dir helfen kann!"* – Auch wenn sie in dem Moment noch keinen Schimmer hat, was sie sagen wird, nimmt sie ganz spontan eine der vier Superkräfte und bietet damit eine Lösung an. Das muss überhaupt keinen Sinn machen.

Beispiel Freundlichkeit: *„Ach, da streichelst du ganz freundlich über den Router und sprichst ganz nett mit ihm und bedankst dich, wie lange er schon so eine tolle Arbeit macht und bittest ihn ganz lieb, dass er doch jetzt bitte auch wieder eine super Verbindung herstellen soll."*

TN A sagt dann: *„Oh, danke, Pippi, das werde ich ausprobieren!"*

Weiterarbeit

Obwohl wir in dem Videobeispiel mehr „Nonsens-Antworten" gegeben haben, haben wir im nächsten Schritt geschaut, ob in den Tipps nicht doch schon nützliche Anregungen enthalten sein könnten. Und in der Tat steckten da durchaus schon brauchbare Anregungen drin, oder es wurden dadurch schon weitere Lösungsideen angeregt, ähnlich wie bei einem Brainstorming.

Variation

Statt Pippi Langstrumpf kann man sich auch einen anderen Ratgeber aussuchen. Die Teilnehmenden sollen sich ihre persönlichen Lieblingsfiguren oder Lieblingshelden auswählen, dazu dann vier Eigenschaften notieren, die diesen Helden ausmachen. Erst danach verraten sie, um wen es geht.

Trainer-Hinweis

Auch wenn es hier überhaupt noch nicht um konkrete Lösungen für Probleme geht, wird geübt, schnell und ungewöhnlich kreative Ideen zu äußern. Und sich vor allem zu trauen und Spaß daran zu haben, verrückte Dinge zu äußern. Das muss nämlich vor allem geübt werden, um kreatives Denken zu trainieren.

URL

- Link zum Video: https://youtu.be/bDNUBh2afVc

Teilnehmer-Erarbeitung

Ziel/Seminarphase	Erarbeitung eines unbekannten oder teilweise bekannten Themas
Medien	–
TN-Aktivität	Miteinander sprechen, Arbeit in der Gruppe, Assoziationen notieren, kreative Präsentation planen und aufführen
Sozialform	Gruppenarbeit, Plenum
Zeit	15-20 Minuten
Hybrid-Präsenz-Gruppe	Die beiden Gruppen können es parallel durchführen.
Verzahnung Online-Hybrid	Wenn Sie die technischen Voraussetzungen haben (also alle Präsenz-TN auch ein Laptop haben), können sich die Gruppen aus Online-TN und Präsenz-TN mischen. Die Präsentationen sollten dann nacheinander für alle sichtbar präsentiert werden.

Methode

Oft wird eine Erarbeitungsphase eingefügt, wenn die Trainerin vorher einen Vortrag gehalten oder in einer anderen Form einen Themen-Input gestaltet hat. Bei dieser Methode ist es genau umgekehrt. Die Teilnehmenden erarbeiten selbst erst einmal das Thema und die Trainerin liefert anschließend eventuell notwendige Ergänzungen oder klärt Fragen.

Dabei spielt es keine Rolle, ob die Teilnehmenden schon Vorwissen zum Thema haben oder nicht. Diese eigene Erarbeitung hilft auf jeden Fall, den anschließenden Trainer-Input ganz anders zu erfassen.

Die Teilnehmenden lernen auf diese Art sehr viel intensiver und können den anschließenden Input der Trainerin viel besser aufnehmen und in ihr bisheriges Wissen integrieren, wenn sie sich vorher schon so intensiv mit dem Thema befasst haben. Natürlich kostet diese Herangehensweise mehr Zeit als einfach einen Vortrag zu halten, aber es geht ja darum, dass Teilnehmende etwas lernen und mitnehmen. Das ist bei einem reinen Vortrag selten der Fall.

Nach der Erarbeitung durch die Teilnehmenden können die Gruppen ihre Ergebnisse auf kreative Weise präsentieren.

Sie können anschließend ergänzen, was eventuell fehlt und mögliche „Fehler" können Sie dann korrigieren. Wobei es bei dieser Übung ja Fehler im eigentlichen Sinne gar nicht geben sollte. Es sind einfach Ideen, die vielleicht etwas anderes meinen, als der Begriff im Zusammenhang mit dem Seminarthema bedeutet.

Sie können es sogar so handhaben, dass Sie besonders kreative Ideen feiern, auch wenn sie mit der eigentlichen Bedeutung nichts zu tun haben. Das fördert nebenbei das kreative Denken.

Hier einige Einsatzbeispiele:

- **Vorbereitung:** Sie haben auf einer Folie oder einem abfotografierten Flipchart oder Lernposter Stichworte zum Thema notiert.
- **Grundelemente der Suggestopädie:** Mentale Integration, Abbau von Lernbarrieren, Identitätswechsel, Lernlandschaft, Kreative Präsentation des Lernstoffs, Gruppenprozesse fördern, Lernen in Entspannung, Energieaufbau
- **Thema Zeitmanagement:** Pareto-Prinzip, Eisenhower-Prinzip, ALPEN-Methode, 4 Quadranten, Zeitdiebe, Zeitprotokoll, Parkinson'sches Gesetz
- **Thema Führung:** Kollaboration, Transparenz, Teamentwicklung, Ziele, Strategie, Meetings, Delegation, Vertrauen, Organisation, Stärken, Kontrolle, Fördern, Planen, Kooperieren, Beurteilen
- **Thema Kommunikation:** Austausch, Vier Ohren, Kommunikationsstile, Sender, Empfänger, Botschaft
- **Online-Plattformen:** MS-Teams, Zoom, Webex, Netucate, Adobe Connect, edudip next, Big Blue Button, WebinarJam, GotoWebinar

Verlauf

Die Teilnehmenden schauen sich die Begriffe an und wählen einen aus, zu dem sie entweder etwas wissen oder bei dem sie meinen, eine Idee zu haben. Oder, wenn alles unbekannt ist, das, was sie am meisten interessiert.

Sie können die Teilnehmenden bitten, ihren Namen auf die Folie neben den Begriff zu schreiben, mit dem sie weiterarbeiten möchten. Dann schauen Sie, ob und wie es aufgeht. Wenn zwei Teilnehmende jeweils alleine bei einem Begriff stehen, ist es meistens kein Problem, dass dann einer wechselt, um zu zweit an einem gemeinsamen Thema weiterarbeiten zu können.

Bei manchen Themen ist es klar, dass die Teilnehmenden bestimmte Fachbegriffe noch nicht kennen. Wie zum Beispiel „Identitätswechsel" als einer der Grundelemente der Suggstopädie. Trotzdem können die Teilnehmenden immer dazu Ideen entwickeln, die jedoch meist nicht ganz zutreffen. Daher erkläre ich anschließend, was in der Suggestopädie damit gemeint ist. Bei anderen Themen haben die Teilnehmenden vielleicht schon einiges an Vorwissen, wie beim Thema Zeitmanagement oder beim Thema Führung. Für diesen Fall würde ich die Aufgabenstellung dann etwas anders formulieren.

Variationen

Wenn das Thema eher unbekannt ist

Bei unbekannten Themen überlegen die Teilnehmenden in der Arbeitsgruppe nun gemeinsam, was der Begriff wohl bedeuten könnte, notieren sich dazu Assoziationen und überlegen sich ein konkretes Beispiel, wie das im Training oder im Arbeitsalltag aussehen könnte.

Wenn noch eine anschließende Präsentation gefragt ist, dann planen sie diese auch noch, und zwar auf kreative Weise. Sie können die Art der Präsentation selbst auswählen, aber es sollte eben nicht einfach ein Vortrag oder Ablesen von Stichworten auf dem Whiteboard sein, sondern etwas einfallsreicher.

Die Arbeit in der AG sieht dann so aus:

- 5 Minuten: Überlegen, was der Begriff bedeuten könnte und Assoziationen dazu notieren
- 10 Minuten: Überlegen, wie es konkret aussehen könnte – beim Thema „Methoden" beispielsweise, wie das im Seminar aussieht, was sie da machen könnten
- 5 Minuten: kreative Präsentation ausarbeiten
- Die Präsentation sollte maximal 3 Minuten dauern

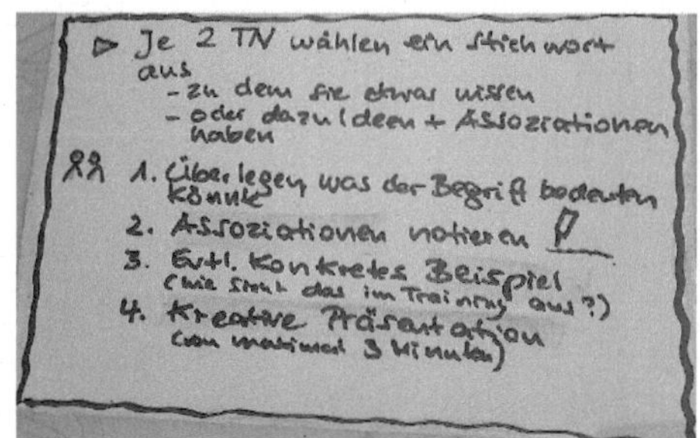

Abb.: Hilfreich – eine vorbereitete Aufgabenstellung

Wenn das Thema vielleicht schon in Teilen bekannt ist

Sie können die Teilnehmenden bitten, sich einen Begriff auszuwählen, den sie kennen und zu dem sie etwas sagen können. Die Aufgabe besteht dann darin, die Informationen zu diesem Stichwort in einer kurzen, kreativen Präsentation so aufzubereiten, dass sie anschließend der Rest-Gruppe diesen Inhalt vermitteln können. Sie können dazu eine Grafik herstellen, ein DIN-A4-Blatt bemalen, einen Sketch aufführen, wie auch immer.

Die Arbeit in der AG sieht dann so aus:

- 5 Minuten: Austausch, was die Teilnehmenden zum Stichwort wissen
- 10 Minuten: Aufbereitung der Information, Stichworte notieren, was an Inhalt dazu vermittelt werden soll
- 5 Minuten: Planung einer kreativen Präsentation und evtl. Herstellung einer entsprechenden Folie oder als Sketch, Rap, Zeichnung. Die Form bleibt den Teilnehmenden überlassen (im Unterschied zur Methode „Kreative Präsentation", Seite 83).
- Hier kann die Präsentation evtl. etwas länger dauern, aber länger als 5 Minuten sollte sie auch nicht ausfallen.

Weiterarbeit

Nach der Gruppenarbeit kommen alle wieder zusammen und eine Gruppe nach der anderen führt ihre kurze Präsentation vor, die jedes Mal mit stürmischem Beifall von allen gefeiert wird.

Im Anschluss können Sie als Trainerin noch Ergänzungen zu den einzelnen Punkten geben und kurz erläutern oder eine entsprechende Folie zeigen, was denn genau mit dem gefragten Begriff gemeint ist.

Trainer-Hinweis

Sorgen Sie dafür, dass die Aufgabenstellung klar ist. Im Zweifel erläutern Sie sie mündlich noch etwas ausführlicher, als sie auf der Folie beschrieben ist.

Top-Methoden

Ziel/Seminarphase	In Erinnerung rufen von Seminarinhalten; Erarbeitung; Transfer
Medien	Breakout Rooms
TN-Aktivität	Schreiben, sprechen, konkrete Präsentation
Sozialform	Gruppe und Plenum
Zeit	15-20 Minuten
Hybrid-Präsenz-Gruppe	Die beiden Gruppen können parallel arbeiten.
Verzahnung Online-Hybrid	Wenn sie die technischen Voraussetzungen haben (also alle Präsenz-TN auch ein Laptop haben), können sich die Gruppen aus Online- und Präsenz-TN mischen. Die Präsentationen sollten dann nacheinander für alle sichtbar präsentiert werden.

Methode

Die Teilnehmenden stellen sich gegenseitig Methoden vor, die sie gut finden und/oder einmal ausprobieren möchten. Das scheint vor allem sinnvoll zu sein in Trainer-Seminaren, wo es um Seminarmethoden geht. Doch passen Varianten der Methode sicher auch zu Ihrem Thema. Einige Anregungen finden Sie unter „Varianten für ganz andere Themenbereiche".

Verlauf

Die Teilnehmenden haben im Laufe meiner Online-Trainer-Ausbildung eine Menge Methoden kennengelernt. Jede Person notiert nun drei Methoden, die sie besonders gut findet. Davon wählt sie dann eine Methode aus, die sie vorstellen oder ausprobieren möchte.

Gruppenarbeit: Es werden Gruppen gebildet, in diesem Fall kann das auch per Zufallsprinzip geschehen, die dann in Gruppenräume gehen. Jeder Teilnehmende stellt kurz seine ausgewählte Methode vor und die Kleingruppe entscheidet danach, welche der Methoden sie im Plenum vorstellen möchte. Das bedeutet, von all den Methoden wird nur eine vorgestellt. Für die Auswahl und Entscheidung stehen 5 Minuten zur Verfügung.

Danach haben die Gruppen noch 10 Minuten Zeit, zu erarbeiten, wie sie diese Methode auf kreative Weise im Plenum präsentieren. Das kann als

Sketch, in einem Lied, als Gedicht oder Rap, auf einem Lernposter, einer Folie, Skizzen auf einem DIN-A4-Blatt, mit Requisiten oder anders gestaltet werden.

In diesem konkreten Beispiel „Seminarmethoden" könnte man die Präsentation sogar als kleine Übungspräsentation gestalten. Das bedeutet, dass eine die Rolle der Trainerin übernimmt und mit den anderen (aus ihrer Gruppe oder mit allen) diese Methode ganz konkret durchführt. Davon profitieren natürlich alle am meisten, weil sie es danach auch selbst nutzen und in ihrer Arbeit umsetzen können.

Weiterarbeit

Man kann spielerisch noch eine der präsentierten Methoden als die beste küren und einen Preis verleihen. Welche Methode erhält die meisten Stimmen, den lautesten Applaus?

Variationen

Jeder Teilnehmende notiert drei Methoden, die er einmal ausprobieren möchte. Danach hat die Gruppe noch 15 Minuten, um die Methode erst einmal in der AG auszuprobieren und mithilfe der Teilnehmenden eventuell zu verändern. Anschließend erfolgt die Präsentation im Plenum.

Wenn Ihre Teilnehmenden keine Trainer sind und das Thema „Seminarmethoden" daher nicht relevant ist, gibt es aber dennoch vielleicht Methoden, die den Austausch unter den Teilnehmenden lohnen. Beispiele:

- Feedback-Methoden (beispielsweise bei Mitarbeitergesprächen)
- Methoden des Verkaufsgesprächs
- Methoden der Rhetorik
- Präsentationsmethoden
- Kommunikationsmethoden
- Führungsmethoden
- Moderationsmethoden (beispielsweise bei Meetings)
- Methoden der Telefon-Kommunikation

Trainer-Hinweis

Diese Methode kann in der Seminarphase „Erarbeitung", aber auch in der Phase „Transfer" eingesetzt werden, da hier noch einmal wiederholt wird, was vorher bearbeitet wurde.

Wiederholungsmethoden

Auch wenn es bei Ihren Seminarthemen möglicherweise nicht ums Auswendiglernen geht, wo beispielsweise Vokabeln, juristisches Fachwissen oder medizinische Begriffe gelernt werden müssen, ist eine Wiederholungsphase dennoch oft sinnvoll. Es schadet nicht im Geringsten, Methoden einzusetzen, die Ihren Teilnehmenden helfen, noch mal das Vergangene zu erinnern.

Es gibt den Teilnehmenden noch einmal Sicherheit, spielerisch die wichtigsten Inhalte und Themen zu wiederholen und zu sehen, ob ihnen alles klar ist und sie sich erinnern, was sie alles bisher gelernt haben.

Gerade bei längeren Seminaren, in denen viel Stoff bearbeitet wird, ist es gut, zwischendurch immer wieder mal kleine Wiederholungseinheiten einzubauen. Da wird dann nichts Neues präsentiert, sondern noch einmal einzelne Themen vertieft und geübt. Es kann auch eine Art „Erholung" sein, bevor in das nächste neue Thema eingeführt wird. Dieses kurze Durchatmen führt dazu, dass die Teilnehmenden für das neue Thema wieder voll aufnahmefähig sind.

Für Sie als Trainerin sind solche Wiederholungsübungen eine gute Möglichkeit, zu sehen, wo Sie eventuell noch einmal etwas klarstellen oder erklären sollten, weil bestimmte Details offensichtlich noch nicht in den Köpfen Ihrer Teilnehmenden verankert sind.

Zuletzt können Sie Wiederholungsübungen oft auch als Energizer mit einem Bezug zum Seminarthema einsetzen. Das belebt, macht gute Laune – und wiederholt so nebenbei die Seminarinhalte.

Auf der Couch – online

Ziel/Seminarphase	Wiederholung oder Einstieg
Medien	Gruppenräume
TN-Aktivität	Sprechen
Sozialform	Paare oder Gesamtgruppe
Zeit	5-10 Minuten
Hybrid-Präsenz-Gruppe	Es können die Präsenzpaare und Online-Paare parallel arbeiten.
Verzahnung Online-Hybrid	Die Paare bilden sich aus einer Online- und einer Präsenz-TN (die dazu ein Laptop haben sollte, damit sie im Breakout Room miteinander sprechen können).

Methode

Diese Vertiefung und Übung von Fachbegriffen oder Vokabeln wird in Paaren durchgeführt. Als Nebeneffekt werden assoziatives Denken, Spontaneität, Hörverständnis und Kreativität geübt.

Verlauf

Eine Teilnehmerin spielt die Psychologin, die andere die Patientin. Die Psychologin präsentiert nacheinander Worte und Fachbegriffe aus dem zu behandelnden Thema. Die Patientin gibt jeweils Worte und Begriffe an, die in Zusammenhang mit den genannten Worten stehen. Zu jedem Zeitpunkt kann die Psychologin sagen: „Warum haben Sie das gesagt?", und die Patientin muss eine Erklärung geben.

Variationen

1. Variante

Sie können das Ganze auch in der Gesamtgruppe durchführen, wo einige der Teilnehmenden reihum drankommen und vor der ganzen Gruppe „therapiert" werden.

2. Variante

Man kann das Spiel „Freud als Psychotherapeut und Klient auf der Couch" noch etwas drastischer und spielerischer gestalten, indem man einen entsprechenden Rahmen gestaltet: Die Klientin setzt sich seitlich oder sogar rückwärts vor die Kamera, sodass „der Therapeut" dahinter sitzt. Und sie kann wild drauflosassoziieren, es muss gar nichts mit dem Fachthema zu tun haben. Der „Therapeut" schreibt alles mit, in ein Notizbuch oder auf das Whiteboard. Daraus kann man dann anschließend noch eine lustige Geschichte schreiben (Patientin/Therapeut/alle), je nachdem, wie viel Raum Sie der Kreativität geben wollen.

Trainer-Hinweis

Es ist auch ein Unterschied, ob Sie dieses Spiel als Wiederholung einsetzen. In diesem Fall geht es eher darum, wirklich die Begriffe zu erläutern. Oder ob Sie es beispielsweise zum Einstieg in ein Thema einsetzen, wo die Teilnehmenden noch nicht so viele Kenntnisse haben und eben nur frei assoziieren können.

Quelle

- Die Grundidee habe ich aus einem Büchlein von Tony Stockwell.

Ball werfen

Ziel/Seminarphase	Wiederholung; Einstieg; Abschluss
Medien	Folie oder Video-Kacheln
TN-Aktivität	Sprechen, ggf. aufstehen und bewegen
Sozialform	Gesamtgruppe
Zeit	5-10 Minuten
Hybrid-Präsenz-Gruppe	Diese Methode lässt sich am einfachsten parallel durchführen, die Präsenzgruppe für sich und die Online-Gruppe für sich, zumindest bei der Variante mit der Folie.
Verzahnung Online-Hybrid	Variante „Aufstehen und Bewegen" ist auch hybrid möglich. Die Online-TN können auch einen Präsenz-TN aufrufen und umgekehrt.

Methode

„Ball werfen" ist eine der Methoden, bei der ich anfangs dachte, *DAS* geht online ja gar nicht. Aber, siehe da, inzwischen habe ich zwei Varianten dazu entwickelt.

Als ich diese Methode in meiner Challenge vorstellte, kamen noch weitere Varianten hinzu. Somit können Sie sich in einer großen Auswahl bedienen, je nach Seminarphase und Thema.

Verlauf

Vorbereitung auf einer Folie (siehe Abb. S. 139): Man kann die Methode ganz unterschiedlich einsetzen, hier in meinem Beispiel geht es um die Seminarphase „Wiederholung". Sie können sie aber auch als Einführung oder an anderer Stelle einsetzen. Dazu müssen Sie auch hier nur die Fragestellung verändern, der Ablauf bleibt der gleiche.

Je nach Webinar-Plattform, die Sie nutzen, können die Teilnehmenden einen Laserpointer nutzen (wie etwa bei edudip next). Bei Zoom setzen Sie einen Stempel ein, d.h. einen Stern oder ein Herz.

Eine Teilnehmerin beginnt und wirft ihren „Ball" einer anderen Person zu. Sie stempelt neben der Person, der sie den Ball zuwirft.

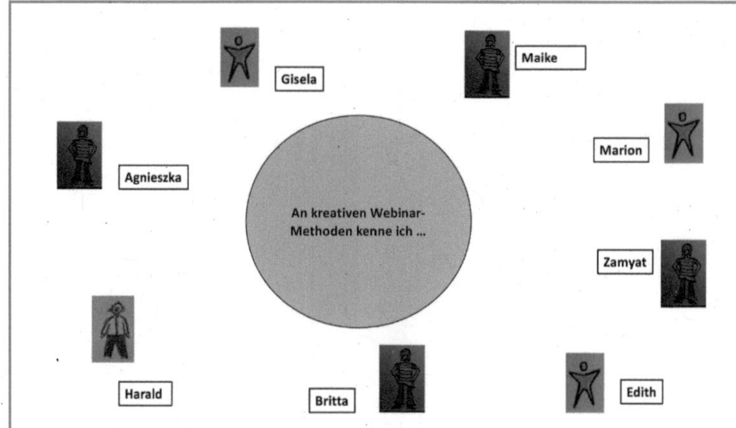

Abb.: Die Funktion des Balls übernimmt online der Stempel.

Diese liest nun den Satzanfang aus der Mitte laut vor: „An kreativen Webinar-Methoden kenne ich ...“ und ergänzt diesen mit einer Webinar-Methode, die ihr aus dem bisherigen Seminarablauf einfällt. Sie muss nur den Namen nennen, mehr nicht. Im Anschluss wirft sie denn Ball an den nächsten Teilnehmenden.

Beispiel: Marion wirft zu Edith, diese sagt: *„An kreativen Webinar-Methoden kenne ich den Flohmarkt.“* Sie wirft weiter an Gisela. Diese sagt: *„An kreativen Webinar-Methoden kenne ich die Perlenkette.“* Usw.

Variationen

Variante mit bekannten Gruppen

Wenn Sie über längere Zeit mit einer Gruppe arbeiten und in einem späteren Webinar diese Methode einsetzen, ist es natürlich noch hübscher, wenn Sie Fotos der Teilnehmenden einsetzen. Ansonsten können es auch Zeichnungen sein oder auch nur Emojis oder andere Illustrationen, aber selbst gezeichnete Versionen finde ich persönlich netter als Figuren aus dem Netz.

Variante als Einstieg

Dieselbe Fragestellung, nur nennen die Teilnehmenden hier keine Methode, die sie im Online-Seminar gelernt haben, sondern eine bisherige Präsenzmethode oder auch eine Methode, die sie in ihren vorangegangenen Online-Seminaren einsetzten. In solchen Fällen ist es sinnvoll, die Übung über die bloße Nennung des Methoden-Namens hinaus auszuweiten und die Teilnehmenden dann zu bitten, die genannte Methode etwas genauer zu erläutern. Wenn dazu keine Zeit ist, können sie die Beschreibung auch später im Gruppenforum einstellen, so entsteht eine schöne Sammlung an weiteren Methoden.

1. Variante zum Abschluss

Ein Beispiel aus dem Seminar „Kreativitätstechniken":

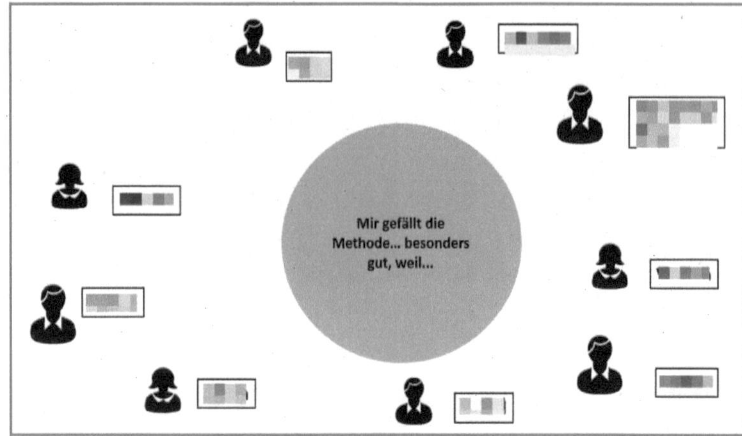

Abb.: Die Methode eignet sich auch zur Vertiefung und für Feedbacks.

Am Ende eines Seminars zum Thema Kreativitätstechniken habe ich diese Methode so eingesetzt, dass jeder Teilnehmende eine Methode nannte, die ihm besonders gut gefallen hat. Wenn die Zeit dazu reicht, können Sie die Teilnehmenden auch kurz erläutern lassen, was genau sie an der gewählten Methode besonders gut fanden. Das ist dann gleichzeitig noch einmal eine Erinnerung und Inspiration für alle anderen.

2. Variante zum Abschluss

Sie können auch eine ganz andere Fragestellung für den Transfer wählen. Dort teilen die Teilnehmenden mit, wie sie mit der Umsetzung des Gelernten beginnen wollen. Beispielsweise: *„Das wird mein 1. Schritt ..."*

Aufstehen und bewegen

Die Teilnehmenden stehen alle auf und Sie sprechen jemanden mit Namen an und machen eine Wurfbewegung in seine Richtung, so, als ob Sie ihm den Ball zuwerfen. Der Teilnehmende macht die Bewegung des Fangens und wirft ihn an die nächste Person weiter, deren Namen er vorher ruft. Bei Gruppen, die nicht zu groß sind und bereits länger zusammenarbeiten, können Sie vorher die Namen unter den Videos entfernen. Diese müssen dann aus dem Kopf genannt werden.

Fragen und Antworten

Sie fangen als Trainerin an, stellen eine Frage und werfen dann den imaginären Ball wie oben beschrieben einer anderen Person zu, die Sie vorher mit Namen anrufen. Diese fängt den Ball und beantwortet die Frage.

Dann formuliert sie eine neue Frage und wirft den Ball weiter. Je nach Seminarphase und Thema können das Fragen zur Person sein, damit die Gruppe sich besser kennenlernt oder auch Fragen zu einem bestimmten Thema, das Sie als Trainerin vorgeben.

Lieblingsessen ...

Sie können die Übung auch auf ein Thema einschränken. Einer beginnt, stellt sich in der ersten Runde mit seinem Namen und seinem Lieblingsessen vor und wirft dann den Ball an die nächste Person. Diese nennt ihren Namen und Lieblingsessen und wirft weiter. In der zweiten Runde müssen die Teilnehmenden nicht nur den Namen der Person rufen, der sie den Ball zuwerfen, sondern auch das Lieblingsessen der Person nennen.

Noch schwerer: Das Lieblingsessen muss mit dem gleichen Anfangsbuchstaben beginnen wie der eigene Name. Zamyat-Zucchini zum Beispiel. Oder Elke-Erbsensuppe. Es kann natürlich auch ein Lieblingsurlaubsziel oder was auch immer für ein Thema sein.

Es macht Sinn

Ziel/Seminarphase	Wiederholung
Medien	Folie mit Stichworten
TN-Aktivität	Notizen machen, sprechen
Sozialform	Paare
Zeit	10 Minuten
Hybrid-Präsenz-Gruppe	Es können die Präsenzpaare und Online-Paare parallel arbeiten.
Verzahnung Online-Hybrid	Die Paare bilden sich aus Online-TN und Präsenz-TN (die dazu ein Laptop haben sollten, damit sie im Breakout Room miteinander sprechen können).

Methode

Eine völlig neue Sicht auf den Lernstoff und eine ungewöhnliche Herangehensweise. Hier ist weniger normale Wiederholung eines Lernstoffs gefragt, sondern eher Kreativität und eine etwas andere Durchdringung des Inhalts.

Verlauf

Der neue Lernstoff steht für alle sichtbar auf einer Folie, beispielsweise die Gruppen des Periodensystems in Chemie. Oder das Thema „Online-Seminare“ und bestimmte Tools und Methoden.

Jeder Teilnehmende sucht sich stumm einen Begriff aus und notiert dann Antworten auf folgende Fragen:

- Wenn du deinen Begriff riechen könntest – wie würde er riechen? (z.B. metallisch)
- Wenn du ihn schmecken könntest – wie würde er schmecken? (z.B. metallisch)
- Wenn du ihn hören könntest, was würdest du hören? (z.B. einen lauten Knall)
- Wenn er ein Bild wäre, was würdest du sehen? (z.B. eine Explosion)
- Wenn du ihn fühlen könntest, wie würde er sich anfühlen? (z.B. weich)

Danach werden Paare gebildet, die jeweils in einen Grupperaum gehen. Person A liest B ihre Antworten auf die Fragen vor. B rät nun, welcher Begriff wohl gemeint ist (in diesem Fall „Alkalimetalle"). Ein kurzes Gespräch über die Gründe für die Antworten kann sich anschließen.

Sie können mehrfach die Paare wechseln lassen. Zum Abschluss fragen Sie im Plenum nach, welche besonders interessanten, faszinierenden oder absurden Sinneswahrnehmungen vorgekommen sind.

Ein Beispiel zum Thema „Motivatoren"

Schauen Sie sich zuerst die Liste der „Motivatoren" an (eine Auflistung nach A. Christiani).

Motivatoren

- Selbst in Aktion sein
- Vorbildern zuschauen
- Vergangene Ereignisse
- Zukunftsperspektive
- Identifikation mit dem Sinn einer Aufgabe
- Wohlgefühl während des Ereignisses
- Wettkampf-/rekordorientiert
- Allein arbeiten
- Companionship
- Äußere Faktoren
- Anerkennung
- Sach-Feedback
- Herausforderung
- Gute Vorbereitung

Davon wurde einer ausgewählt und wie dargestellt umschrieben:

- Riechen: Er riecht nach Schweiß
- Schmecken: Er schmeckt nach Blut
- Hören: Beifallklatschen
- Bild: Ein Jogger
- Fühlen: Lebendig, warm, pulsierend

Die Auflösung lautet: „Selbst in Aktion sein"

Trainer-Hinweis

Sie können dieses Spiel mit konkreten Begriffen machen (beispielsweise in der Berufsausbildung in Hauswirtschaft, Metall, Elektro usw.), spannend wird es auch bei abstrakten Themen. Auch dort kann man sich einen Geschmack oder Geruch „vorstellen“, das Raten wird natürlich noch etwas schwerer.

Quelle

- Die Ursprungsidee habe ich von Kathleen Brandhofer-Bryan.

Heißer Ball

Ziel/Seminarphase	Wiederholung; Energizer
Medien	Mikrofon an
TN-Aktivität	Fachbegriff benennen und an andere Teilnehmende weiterleiten (mit Pfeil oder Armbewegung)
Sozialform	Gesamtgruppe
Zeit	5 Minuten
Hybrid-Präsenz-Gruppe	Die beiden Gruppen können die Übung parallel durchführen.
Verzahnung Online-Hybrid	Wenn es die technische Ausstattung ermöglicht, dass sich die Online-TN und die Präsenz-TN gegenseitig gut sehen können, können sie die Übung auch zusammen durchführen. Ist aber nicht so ideal.

Methode

Bei dieser Übung geht es um bloßes Einschleifen von Fachbegriffen, Vokabeln oder Ähnlichem. Die Fachbegriffe stehen für alle sichtbar auf einem Flipchart/einer Folie und dürfen abgelesen werden. Es können auch Aspekte oder Elemente eines Themas sein, Methoden oder was auch immer.

Verlauf

Präsenzvariante

Die Fachbegriffe stehen auf einem Flipchart. Die Teilnehmenden stehen im Kreis und haben einen Ball. Dieser Ball ist heiß und muss daher ganz schnell weitergeworfen werden. Dabei soll die werfende Person einen der Fachbegriffe nennen, ganz gleich, welchen. Aber auch wenn ihr keiner einfällt, soll sie den Ball einfach schnell weiterwerfen und dann eben nur „weiter" rufen. Es geht um das Tempo, weil das dazu führt, dass die Konzentration von der bewussten Wiederholung abgelenkt wird und es mehr spielerisch wird. Gleichzeitig werden die gerade gelernten Begriffe aber häufig gehört und gesprochen, sodass sie vertraut werden.

Variationen

Online-Variante 1

Die Fachbegriffe stehen auf einer Folie. Diese wird aber nur kurz zu Beginn gezeigt und anschließend wird mit der Teilnehmerfolie weitergemacht.

Auf der Folie stehen die Namen aller Teilnehmenden im Kreis. Der Ball ist entweder ein Laserpointer (wie bei edudip) oder ein Namenspfeil (wie bei Zoom) – oder was die Plattform eben ermöglicht.

A ruft einen Begriff aus dem Themenbereich und klickt mit dem Pointer zu einem anderen Namen, der sofort weiterklickt und während des Klickens einen Begriff rufen muss. Also: Albert ruft „Umfrage" und schickt den Pfeil zu Ursula. Diese ruft sofort einen weiteren Begriff und schickt ihren Pfeil weiter.

Die Online-Variante ist schwieriger als im Präsenzseminar, weil die Teilnehmenden die Fachbegriffe nicht die ganze Zeit auf einer Folie sehen können.

Online-Variante 2

Es wird keine Folie gezeigt, stattdessen sind die Video-Kacheln aller Teilnehmenden zu sehen. Die Trainerin ruft einen Fachbegriff und macht dazu eine Bewegung zu einem Teilnehmenden hin, dessen Namen sie dann auch aufruft. Die Bewegung: Den linken Arm angewinkelt, Handfläche nach oben, mit der rechten Hand streicht die Trainerin über die linke und streckt dann den rechten Arm schwungvoll in Richtung des Teilnehmenden.

Beispiel: Die Trainerin ruft „Whiteboard" und gleich drauf „Thomas", indem sie mit der Armbewegung zu ihm weiterleitet. Thomas ruft sofort „Chat" und zusammen mit der Handbewegung einen anderen Namen …

Das Ganze wird im Stehen durchgeführt und außerdem kann man noch den ganzen Körper dabei nach rechts oder links drehen, je nachdem, wo die andere Person gerade zu sehen ist. So kommt noch etwas Bewegung in die Bude.

Kleine Hilfe: Manche Trainer haben im Hintergrund ein Flipchart stehen, darauf könnten dann auch die Begriffe stehen. Aber bei einer Galerieansicht kann man eher nicht mehr lesen, was dort steht.

Trainer-Hinweis

Statt der Namen stehen die Fachbegriffe auf den Video-Kacheln, da lautet dann die Aufgabe, dass auch die Namen der Teilnehmenden aufgerufen werden müssen. Also: „Thomas – Whiteboard".

Quelle

- In seiner Präsenzanwendung veröffentlicht in: Zaymyat M. Klein (2015): Das tanzende Kamel. managerSeminare, 2. Aufl.

Kartenspiel – online mit Dora

Ziel/Seminarphase	Konzentration; Wiederholung
Medien	Spielkarten, Dokumentenkamera
TN-Aktivität	Sprechen
Sozialform	Gruppe bis 7 Personen
Zeit	5 Minuten
Hybrid-Präsenz-Gruppe	Die beiden Gruppen können die Übung parallel durchführen.
Verzahnung Online-Hybrid	Diese ist eher nicht möglich.

Methode

Zunächst zum Verständnis: „Dora" – das ist der Name meiner Dokumenten-Kamera, die ich für dieses Spiel brauche. Damit kann ich ein vorbereitetes Blatt Papier zeigen und darauf agieren.

Diese Methode kenne ich noch aus frühen suggestopädischen Seminaren. Neben der Wiederholung von Vokabeln oder Fachbegriffen geht es hier um höchste Konzentration und Geschwindigkeit. Hier wird die Spielnatur mancher Teilnehmenden geweckt, die gerne „zocken".

Verlauf

Da wir nicht live im Kreis um einen Tisch sitzen, hat die Trainerin auf einem großen Blatt Papier alle Namen der Teilnehmenden in einen Kreis geschrieben. Mithilfe von Dora, der Dokumenten-Kamera können alle diesen Namenskreis sehen.

Jeder Teilnehmende bekommt von der Trainerin einen Fachbegriff oder eine Seminarmethode zugeordnet, das ist quasi dessen neuer Name. Diesen Namen kann die Trainerin jedem per Privatchat zusenden oder auch vor allen anderen laut mitteilen.

Jeder stellt sich zu Beginn mit dem neuen Namen vor: *„Ich bin das Whiteboard.", „Ich bin die Teilnehmer-Aktivierung."* Beispiele aus dem Bereich Medizin: *„Ich bin die Columna vertebralis.", „Ich bin das Scapula."* Usw.

Die Trainerin hat einen Stapel normaler Spielkarten und legt nach und nach immer eine Karte offen vor einen Spieler. Immer wenn eine gleiche Karte vor einem zweiten Spieler auftaucht (also zwei Buben oder zwei Siebenen) müssen diese beiden Spieler reagieren. Und zwar, indem sie den neuen „Namen" des anderen Spielers nennen. Wer ihn zuerst nennt, bekommt alle Karten des anderen.

Trainer-Hinweis Ohne Dokumenten-Kamera wird diese Übung etwas unübersichtlich. In dem Fall würde ich mich für eine andere Übung entscheiden.

Memory – drei Online-Varianten

Ziel/Seminarphase	Wiederholung
Medien	H5P oder Folie (je nach Variante)
TN-Aktivität	Sprechen
Sozialform	Gruppe bis 7 Personen
Zeit	5 Minuten
Hybrid-Präsenz-Gruppe	Das Menschen-Memory ist eine ausdrückliche Online-Variante.
Verzahnung Online-Hybrid	Es können zwei Präsenz-TN die Online-Paare raten!

Methode

In Präsenzseminaren wurde Memory in Gruppen gespielt, online gibt es verschiedene Möglichkeiten. Mit „**H5P**" kann jeder alleine spielen, das **Menschen-Memory** findet mit der Gesamtgruppe auf einer Live-Online-Seminarplattform statt, auf der alle Teilnehmenden in Videos zu sehen sind. Das **Memory** kann auf dem Whiteboard mit **Miro** gespielt werden und kommt dem Original am nächsten.

Verlauf

1. H5P – jeder spielt alleine

Während meiner Online-Trainer-Ausbildung arbeiten wir immer in einem LMS (Lernmanagement-System), auf Moodle, und dort ist H5P inzwischen schon integrierter Bestandteil. „H5P" steht für „HTML5-Package". Das Programm ermöglicht es, interaktive Lerninhalte zu erstellen. Die Besonderheit: Nutzerinnen und Nutzern steht eine vielfältige Bandbreite von 44 Inhaltstypen zur Verfügung, das macht die Nutzung intuitiv und relativ einfach. Bei dieser Memory-Version spielt jeder alleine und bekommt aber auch Rückmeldungen. Wenn das richtige Paar gefunden wird, können Sie ein kleines Feedback einbauen, warum die beiden zusammengehörten. Sie können überprüfen und auch lernen, was denn richtig ist und was nicht.

Sie müssen mit H5P das Spiel zunächst erstellen. Wie das geht, zeige ich in einem Erklärvideo, den Link sehen sie am Beitragsende.

Sie können unterschiedliche Karten für das Memory erstellen. Entweder ist auf einer Karte ein Bild und auf der anderen das passende Wort oder die Beschreibung abgebildet oder es sind gleiche Bilder (das ist die Kinder-Variante) oder es sind zwei Bilder, die thematisch zusammengehören. Das ist die anspruchsvollste Variante.

Ich habe beispielsweise zwei Bilder von Webinar-Methoden, die wir in meinem Online-Seminar durchführen. Dieses Memory können also nur die Teilnehmenden spielen, die das Seminar durchlaufen haben, weil nur sie die Bilder wiedererkennen können.

In diesem Fall sind drei Schritte erforderlich:

- Sie müssen erkennen, welche Methode gemeint ist. Meist zeige ich hier eine Folie aus unseren Live-Online-Seminaren.
- Sie müssen sich erinnern, zu welcher Seminarphase sie gehört.
- Sie müssen die passende Karte dazu finden.

Es können also beispielsweise zwei Wiederholungsmethoden gesucht werden: Auf einer Karte ist eine Perlenkette abgebildet, auf der anderen eine Figur, die ein Schild mit dem Wort „Wiederholung" hochhält (Perlenkette ist eine Wiederholungsübung). Oder die Bilder von zwei verschiedenen Auswertungsmethoden sind zu sehen. Die Teilnehmenden müssen dann erkennen, welche Methoden das waren und zu welcher Seminarphase sie gehören.

Die Teilnehmenden klicken im Verlauf auf zwei Kärtchen, die sich dann umdrehen. Wenn die beiden Karten richtig zugeordnet sind, werden sie in einem Kasten zusammengeführt und erläutert. Hierfür müssen Sie im Tool jeweils einen erklärenden Satz einbauen, warum diese Kombination zusammenpasst. Passen die beiden Karten nicht zusammen, drehen sie sich automatisch wieder um, wenn eine dritte Karte angeklickt wird.

Bei H5P kann man das Spiel am Ende auch noch einmal wiederholen. Das Schöne ist, dass die Karten dann wieder anders liegen als beim ersten Durchlauf, man muss also wirklich wieder von vorne anfangen.

URL

- Hier können Sie es einmal ausprobieren: https://www.oaze-online-akademie.de/h5p-memory-beispiel/

2. Menschen-Memory

Dieses tolle Spiel habe ich von Janine Domnick kennengelernt. Dazu brauchen Sie mindestens 14 Teilnehmende, aber nicht mehr als 20, sonst wird es zu unübersichtlich. Wenn Sie eine größere Gruppe haben, können

Sie es mit 20 Personen spielen, die anderen werden auch beim Zuschauen Spaß daran haben.

Für das Spiel brauchen Sie die Video-Kachel-Ansicht, sodass alle Teilnehmenden zu sehen sind. Zwei Teilnehmende spielen gegeneinander. Während der Vorbereitung werden die beiden in einen Breakout Room geschickt. Der Rest bildet nun nacheinander Paare.

Ich fange immer mit der ersten Person an und bitte diese, sich eine Partnerin zu suchen, deren Kachel möglichst etwas weiter weg ist, also nicht direkt neben ihr zu sehen ist. Die beiden denken sich eine gemeinsame Geste aus, beispielsweise die Hand vor die Stirn legen. Dann sollen sie vorübergehend ihre Webcam ausschalten, damit wir den Überblick behalten, wer noch keinen Partner hat.

Es bildet sich das nächste Paar, denkt sich eine gemeinsame Geste aus (beispielsweise beide Hände anheben) und schaltet ihre Webcam aus. Wenn sich alle Paare gefunden haben, werden alle Webcams wieder eingeschaltet und die beiden Spieler A und B wieder zurückgerufen.

Jetzt beginnt der eigentliche Verlauf: A beginnt und nennt zwei Namen. Erst nachdem A beide Namen genannt hat, machen die beiden gemeinsam kurz ihre Geste. Passt sie zusammen, bekommt A die beiden Kärtchen. Das bedeutet, die zwei schalten ihre Webcam aus und die Trainerin notiert, dass A zwei Karten erspielt hat.

Dann darf A noch einmal. Danach ist aber auf jeden Fall B dran, selbst wenn A wieder zwei richtige Paare gefunden hat. Wenn beim ersten Durchlauf das Paar nicht zusammenpasst, ist B automatisch dran.

Damit es nicht zu einfach ist, sollten die Teilnehmenden, die aufgerufen wurden, beide gleichzeitig ihre Geste machen und auch nicht zu lange halten.

3. Memory mit Miro

Die Beschreibung dieser Variante finden Sie ausführlich in Kapitel 4 auf Seite 348 dargestellt.

- Das H5P-Erklärvideo finden Sie hier: https://vimeo.com/809320521/2f78163928 *URL*

Quiz mit PowerPoint

Ziel/Seminarphase	Wiederholung
Medien	Aktivierte PowerPoint
TN-Aktivität	Raten
Sozialform	Zwei Gruppen in der Gesamtgruppe
Zeit	10-20 Minuten
Hybrid-Präsenz-Gruppe	Die PräsenzgGruppe kann die Übung mit Moderationskarten an einer Pinnwand durchführen. Dann spielen beide Gruppen parallel.
Verzahnung Online-Hybrid	Die Präsenzgruppe rät bei der Online-Gruppe mit, am besten immer im Wechsel ein Onliner und ein Präsenz-TN.

Methode

Viele Quiz-Sendungen aus dem Fernsehen lassen sich gut in Seminare übertragen, teilweise mit Abwandlungen. Ich bin immer wieder überrascht, wie viel Spaß die Teilnehmenden daran haben, obwohl es im Grunde reines Abfragen ist.

Für diese Übung brauchen Sie keine Gruppenräume, von daher können Sie sie wohl auf jeder Plattform einsetzen. Es macht aber einen Unterschied, ob Sie eine Plattform nutzen, wo Sie PowerPoints animieren können (wie beispielsweise bei Zoom) oder ob Sie „nur" eine PDF zeigen können.

Es empfiehlt sich, dass Sie als Trainerin einen zweiten Monitor haben, wo Sie die Fragen unter den Zahlen lesen können. Wenn Sie keinen weiteren Monitor haben, drucken Sie sich die Fragen (und Antworten) vorher aus, sodass Sie diese dort ablesen können.

Verlauf

Sie teilen die Teilnehmenden in zwei Gruppen. Wenn Sie die Gruppe schon kennen und die Namen wissen, ist es zeitsparender, schon vorher auf einer Folie die Namen den beiden Gruppen zuzuordnen. Ansonsten werden die Gruppen im Seminar gebildet. Dazu können Sie einfach die Teilnehmer-Liste halbieren oder nach der Anordnung der Video-Kacheln gehen.

Auf einer Folie sind drei oder vier Kategorien eingetragen.

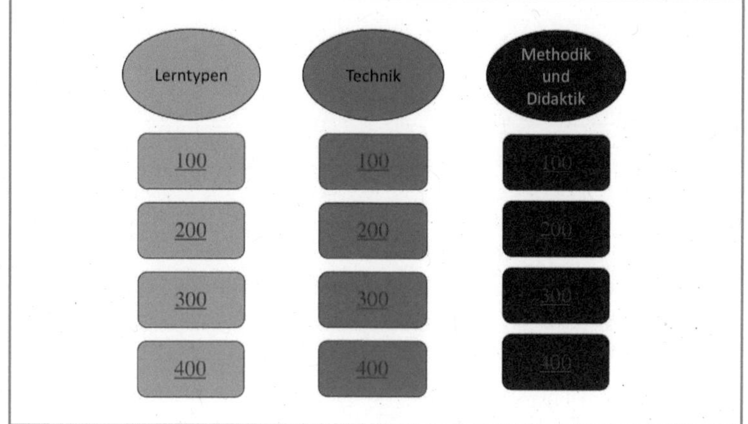

Abb.: Vorbereitete PowerPoint-Folie mit Kategorien und Quiz-Fragen

Darunter sind jeweils vier Karten, die von oben nach unten immer höhere Werte haben. Die oberste Karte gibt bei richtiger Beantwortung 100 Punkte, die vierte Karte 400 Punkte. Die Fragen oder Aufgaben sind entsprechend einfacher oder schwerer.

Die beiden Gruppen raten abwechselnd. Die erste Gruppe beginnt und entscheidet, welche Kategorie und welchen Schwierigkeitsgrad sie nehmen will, also beispielsweise „Methodik-Didaktik 300". Dann zeigen Sie die entsprechende Frage.

Die Gruppe hat zwei Minuten Zeit, um sich zu beraten und dann die Antwort zu geben. Ist die Frage richtig beantwortet, bekommt die Gruppe die Punkte – weiß sie es nicht, kann die andere Gruppe die Frage übernehmen und anschließend noch eine eigene Frage auswählen. Ansonsten geht es immer im Wechsel. Sie können sich natürlich andere Regeln ausdenken. Die Zeit hängt auch ein wenig mit der Aufgabenstellung zusammen.

Drei technische Varianten

- **1. Variante:** Bei der elegantesten Variante klicken Sie auf die gewählte Zahl und landen dann automatisch auf der entsprechenden Frage- oder Aufgabenkarte. Zu dieser Variante können Sie ein kurzes Video anschauen, das zeigt, wie das Quiz funktioniert und wie man es technisch herstellt (siehe Link am Beitragsende). Über einen Klick kommt man dann wieder zur Übersichtsfolie zurück.

- **2. Variante:** Bei einer vorbereiteten PowerPoint schieben Sie die Karte zur Seite, sodass die Frage zu lesen ist.
- **3. Variante:** Wenn das nicht möglich ist, lesen Sie die Fragen vor, die Sie auf Ihrem zweiten Monitor oder von Ihrem Ausdruck ablesen können.

Die Punktezahlen können Sie daneben auf dem Whiteboard oder im Chat notieren. Oder Sie bestimmen einen „Punkte-Wächter", der diese Aufgabe für Sie übernimmt.

Variation

Wenn eine Gruppe die Frage falsch beantwortet oder nicht beantworten kann, dann hat die andere Gruppe die Möglichkeit, diese Frage zu beantworten. Und darf anschließend noch einmal eine weitere Kategorie und Zahl auswählen.

Trainer-Hinweis

Obwohl es eigentlich ein reines Abfragen ist, ohne irgendwelchen Spaß oder Action dabei, mögen viele Teilnehmende dieses Spiel. Es hängt vom Engagement und den Voraussetzungen der Gruppe ab, wie unterhaltsam das Ergebnis ausfällt. Auf jeden Fall trifft dieses Spiel auf eine höhere Akzeptanz als manch andere Spiele, die ich persönlich viel spannender finde.

URL

- Zur Herstellung des Quiz: https://youtu.be/O2jaUNWdwIw

Methoden zu Integration, Abschluss, Transfer

Bei anspruchsvollen Themen und vor allem auch längeren Seminareinheiten wird oft so viel an Inhalten vermittelt, dass manchmal noch der Gesamtüberblick oder die richtige Zuordnung fehlen. Häufig fehlt auch noch die Sicherheit. In der Phase der **Integration** geht es darum, das gesamte Seminar noch einmal in den Blick zu bekommen, die einzelnen Themen und Elemente einander zuzuordnen und sich einen Gesamtüberblick zu verschaffen – anders als in der Wiederholungsphase, wo jeweils nur ein konkretes Thema oder ein Schwerpunkt wiederholt werden.

Ein bewusster **Abschluss** ist genauso wichtig wie ein bewusster Einstieg. Das bezieht sich ebenso auf einen Gesamtzyklus wie auf ein einzelnes Live-Online-Seminar. Ein Abschluss, der oft auch eine Form von Feedback und Auswertung beinhaltet, ist für Teilnehmende und Trainierende gleichermaßen sinnvoll.

Die Teilnehmenden erhalten noch einmal einen Überblick, was sie alles erlebt, gelernt und gemacht haben. Für den **Transfer** in die Arbeitswelt reflektieren und klären sie für sich, mit welchen Erkenntnissen sie etwas anfangen können und was sie wie später umsetzen möchten.

Für Sie als Seminarleitung ist ein Feedback von den Teilnehmenden ebenfalls wichtig, damit Sie ggf. Veränderungen an Ihrem Konzept vornehmen können und wissen, was Sie zukünftig vielleicht noch ergänzen, weglassen oder anders aufbereiten müssen. Im besten Fall erfahren Sie, dass Ihre Teilnehmenden eine Menge gelernt haben, viel Spaß hatten und mit Schwung und Motivation die Umsetzung des Gelernten planen.

Ein kleines Abschluss-Ritual macht die ganze Sache rund. In einem Präsenzseminar gehen Sie ja auch nicht ohne Verabschiedung aus dem Raum. Also gestalten Sie auch online in irgendeiner Form eine Art Abschlussrunde, klar strukturiert und methodisch kreativ mit Impulsen wie Bildkarten oder Gegenständen.

Die Kündigung

Ziel/Seminarphase	Wiederholung; Integration
Medien	Mikrofon an
TN-Aktivität	Sprechen
Sozialform	Gesamtgruppe
Zeit	5-10 Minuten
Hybrid-Präsenz-Gruppe	Die Präsenzgruppe kann das Gleiche parallel durchführen.
Verzahnung Online-Hybrid	Bei entsprechender Technik, wenn sich alle sehen können, kann es auch gemeinsam verzahnt durchgeführt werden.

Methode

Mit dieser Methode können die Teilnehmenden noch einmal wichtige Aspekte und Elemente des Seminarthemas erinnern. Es ist eine spielerische, aber durchaus anspruchsvolle Aufgabe. Die Teilnehmenden müssen argumentieren, warum ihr Aspekt, den sie vertreten, für das Thema besonders wichtig ist. Diese Methode stößt bei meinen Teilnehmenden immer auf große Akzeptanz!

Die Aufgabe: Es soll ein Theaterstück mit allen Teilnehmenden aufgeführt werden. Jeder Teilnehmende bekommt eine Rolle mit einem Aspekt oder Element des Seminarthemas.

Verlauf

Beispiel Suggestopädie: Jeder Teilnehmende bekommt als Rolle ein Element der Suggestopädie. Beispiele: Lernkonzert, Raumatmosphäre, Rhythmisierung, Einsatz von Musik, multisensorisches Lernen, Lernlandschaft usw.

Die Situation: Der Direktor (= die Trainerin) des Theaters, an dem das Stück „Suggestopädie" gegeben wird, muss einer Schauspielerin kündigen, weil der Etat gekürzt wurde. Er will das nicht alleine entscheiden, sondern demokratisch mit allen gemeinsam besprechen. Er sagt nun jeweils: *„Ich schlage vor, dass* (und nennt nun einen Namen, d.h. ein Element der Suggestopädie) *das ‚Lernkonzert' geht.*" Die genannte Person antwortet: *„Das ist völlig unmöglich, weil …"* – und muss nun argumentieren, warum gerade sie unabkömmlich ist, warum sie so wichtig für das Stück ist.

Im Verlauf dieser Übung werden sich alle noch einmal über die Funktionen der einzelnen Elemente bewusst. Bei einer anschließenden Auswertungsrunde können eine oder mehrere der folgenden Fragen als Ausgangspunkt genommen werden:

Rollen

- Maike – Lernkonzert
- Edith – Lernlandschaft
- Marion – Lerntypen
- Gisela – Energizer
- Harald – Abwechslungsreiche Visualisierung
- Britta – Teilnehmeraktivierung
- Agnieszka – Übungspräsentationen

Abb: Die Teilnehmenden müssen die Bedeutung ihrer Rollen begründen

- Was war für Sie besonders überzeugend?
- Welche Argumente waren neu für Sie?
- Was ist zu kurz gekommen?
- Welche neuen Einsichten oder Erkenntnisse haben Sie bekommen?

Variation

Sie können diese Übung zu allen möglichen Themen einsetzen – sowohl bei abstrakten (Beispiel „Suggestopädie"), aber auch bei ganz konkreten. Es können auch solche Themen sein wie „Die Phasen der Gesprächsführung" oder „Kundenkontakt". Dann muss jeder argumentieren, warum nun die eigene Phase des Gesprächs oder Kundenkontakts besonders wichtig ist.

Trainer-Hinweise

- Der Effekt ist, dass sich so alle Teilnehmenden noch einmal über alle Punkte klar werden und diese inhaltlich noch einmal wiederholen. Selbst bei einem Thema wie „Maschinenbau" könnte jeder Maschinenteil erläutern, was seine Funktion ist und warum er wichtig ist, damit die ganze Maschine laufen kann.
- Das Spiel macht den Teilnehmenden gewöhnlich großen Spaß. Ich habe erlebt, dass sie dabei sehr kreativ, solidarisch und völlig von ihrer Wichtigkeit eingenommen waren, sodass das Spiel damit endete, dass der Direktor sich noch einmal beim Rat der Stadt gegen die Mittelkürzung einsetzen wollte.
- Diese Methode kann man ohne Veränderung online und in Präsenz einsetzen. In einem Online-Seminar ist es sinnvoll, die Spielanleitung und die Rollenverteilung auf jeweils eine Folie zu notieren und danach aber wieder in den Galerie-Modus zu schalten, sodass sich alle sehen können.

Integrations-Mind-Map

Ziel/Seminarphase	Wiederholung; Integration
Medien	Whiteboard
TN-Aktivität	Zuordnen, sprechen, schreiben
Sozialform	Für kleine Gruppen bis 12 TN geeignet
Zeit	20 Minuten
Hybrid-Präsenz-Gruppe	Sie können parallel die Präsenzvariante mit Moderationskarten auf dem Boden durchführen.
Verzahnung Online-Hybrid	Das geht am ehesten bei der Miro-Variante: Ein Präsenz- und ein Online-TN arbeiten als Paar zusammen. Beide entscheiden, wo die Karte zugeordnet wird.

Methode

Im Buch „150 kreative Webinar-Methoden" habe ich die Methode schon vorgestellt, allerdings noch auf umständlichere Art und Weise. Da es inzwischen elegantere Möglichkeiten gibt, möchte ich hier als Ergänzung zwei Varianten vorstellen, ihren Einsatz bei Zoom und auf Miro.

Am Ende eines Seminars werden einzelne Stichworte verschiedenen Oberpunkten zugeordnet. Damit können die Teilnehmenden noch einmal prüfen, ob sie alle Zusammenhänge verstanden haben und sich noch an alle Stichworte erinnern. Wenn nicht, dient die Methode auch dazu, diese während der Bearbeitung noch einmal zu wiederholen.

Beim Thema „Kreative Webinar-Methoden" geht es darum, die einzelnen Methoden ihren Seminarphasen, in denen sie sinnvoll eingesetzt werden, zuzuordnen – und eben sich damit auch noch einmal an die Methoden zu erinnern. Sie können diese Methode aber auch für andere Themen einsetzen, etwa für Kommunikation, Zeitmanagement, Führungsstile, Motivation ...

Verlauf

Auf dem Zoom-Whiteboard

Bei Zoom gibt es zwei verschiedene Whiteboards, auf anderen Plattformen finden Sie vergleichbare, daher können Sie diese Beschreibung übertragen. Mit der neuen Zoom-Variante können Sie das Whitboard vorbereiten. Sie gestalten dort schon ein Mind Map mit Oberbegriffen.

Die Stichworte, die zugeordnet werden sollen, liefern Sie den Teilnehmenden entweder in einem Arbeitsblatt (das Sie im Chat hochladen oder vorher versenden) oder im Privatchat. Sie können aber auch einfach eine Folie vorbereiten mit den Namen der Teilnehmenden und die Stichworte dahinterschreiben. Es macht ja nichts, wenn die Beteiligten vorher schon sehen können, wer welchen Stichworten zugeordnet ist.

Die Aufgabe soll immer von zwei Teilnehmenden zusammen ausgeführt werden. Das bedeutet, dass sie sich immer erst zu zweit einigen müssen, wohin ihre Stichworte zugeordnet werden.

Dazu können sie entweder kurz in Breakout Rooms gehen und das absprechen oder sie diskutieren im Plenum laut vor allen anderen, wie sie die Zuordnung vornehmen wollen. Das dauert länger, aber dabei werden alle Methoden für alle transparent noch einmal wiederholt.

Variationen

- **Variante 1:** Die Paare gehen jeweils in einen Breakout Room und besprechen, zu welcher Seminarphase ihre Methoden zugeordnet werden (nicht länger als 2 Minuten). Dann kommen sie in den Gruppenraum zurück und schreiben ihre Stichworte an die entsprechende Stelle auf dem vorbereiteten Whiteboard.

- **Variante 2:** Auf dem vorbereiten Whiteboard befindet sich nicht nur das Mind Map mit den Seminarphasen, sondern es sind rundherum auch schon die Methoden verteilt, die noch nicht zugeordnet sind. Die Teilnehmenden sagen Ihnen nun reihum, zu welcher Seminarphase ihre Methode zugeordnet werden soll. Dann schieben Sie die Methode zu der entsprechenden Seminarphase (bei Zoom kann nur der Host die Texte verschieben, daher müssen Sie das für alle machen). Auch hier können Sie, wie bei der Ursprungsvariante, die Aufgabe stellen, dass die Teilnehmenden zuerst zu zweit darüber diskutieren müssen, wo das Stichwort hinpasst. Das kann ruhig öffentlich vor der gesamten Arbeitsgruppe diskutiert werden.

- **Auf dem Miro-Whiteboard:** Bei Miro geht es noch einfacher, da können die Teilnehmenden die Karten selber zuordnen und sich dabei zu zweit in den Breakout Rooms austauschen (siehe hierzu auch die Beschreibung auf S. 341).

Wer passt zusammen?

Ziel/Seminarphase	Integration
Medien	Moderationskarten und Stift
TN-Aktivität	Karte in die Webcam halten, sprechen
Sozialform	Gesamtgruppe
Zeit	5-10 Minuten
Hybrid-Präsenz-Gruppe	Präsenz-TN sitzen im Kreis und halten schnell die Moderationskarte mit dem Stichwort hoch.
Verzahnung Online-Hybrid	Bei entsprechender Technik, wenn sich alle sehen können, kann die Übung auch gemeinsam verzahnt durchgeführt werden.

Methode

Hier müssen die Teilnehmenden Zusammenhänge zwischen Lerninhalten herstellen und frei erläutern. Auch wenn sie nur zwei Sätze sagen müssen, kann das durchaus schon ein wenig Stress auslösen, da die Übung nicht so ohne ist.

Verlauf

Die Zoom-Variante – oder andere Webinar-Räume

Jeder nimmt eine Moderationskarte (oder ein Stück Papier) und einen Filzstift zur Hand. Die Trainerin schickt jedem Teilnehmenden per Privatchat ein Stichwort zum Seminarthema. In der Online-Trainer-Ausbildung zum Beispiel eine Seminarmethode oder auch ein Online-Tool. Jeder schreibt das erhaltene Stichwort auf die Moderationskarte (oder ein Stück Papier).

Eine Teilnehmerin A beginnt, hält ihre Karte in die Webcam und erläutert einen Satz dazu. Beispiel-Stichwort: Centering. Erläuterungssatz: *„Das Centering ist eine Methode, die hilft, dass die Teilnehmenden nicht nur körperlich, sondern auch mental im Seminar ankommen."*

Ein anderer Teilnehmer B, der meint, dass sein Stichwort „Entspannung" dazu passt, ruft „Passt" und hält seine Karte in die Webcam.

Er muss nun ...
1. einen Satz formulieren, warum er meint, dass seine Karte zur vorherigen Karte passt und
2. einen zweiten Satz zu seinem eigenen Stichwort sagen.

Beispiel

1. Satz: *„‚Entspannung' passt, weil die Teilnehmenden beim Centering die Augen schließen und ganz entspannt der Musik und der Stimme lauschen und eine kleine Fantasiereise durchlaufen."*

2. Satz: *„Entspannung ist überhaupt zum Lernen sehr hilfreich, weil wir entspannt viel besser lernen und mehr behalten als unter Stress."*

Danach ruft die dritte Teilnehmerin C „Passt" usw.

Variation

Variante auf Miro: Sie können diese Übung auf dem Whiteboard von Miro durchführen, siehe Kapitel 4, Seite 353 und das dazugehörige Video.

Trainer-Hinweise

- Meiner Erfahrung nach geraten manche Teilnehmende ganz schon ins Schwimmen, bei dieser Übung zwei sinnvolle Sätze hervorzubringen. Oder rechtzeitig „Passt" zu rufen und dann am Ende auf ihrer Karte sitzen zu bleiben, wenn alle passenden schon abgearbeitet sind.
- Gehen Sie humorvoll und locker mit der Übung um, helfen Sie mit einem Satz aus oder lassen Sie spielerisch eine haarsträubende Verbindung herstellen, sodass die mentale Belastung herausgenommen wird.

Auswertung mit Zufallsgegenstand

Ziel/Seminarphase	Abschluss
Medien	Gegenstand
TN-Aktivität	Sprechen
Sozialform	Gesamtgruppe
Zeit	5-10 Minuten
Hybrid-Präsenz-Gruppe	Präsenzgruppe kann die Übung parallel durchführen.
Verzahnung Online-Hybrid	Beide Gruppen können sie gemeinsam durchführen, je ein TN im Wechsel.

Methode Eine kurze schnelle Auswertungsmethode, die Sie spontan und ohne jede Vorbereitung einsetzen können.

Verlauf Sie bitten die Teilnehmenden, einen Gegenstand zu holen, der in greifbarer Nähe ist, aber etwas origineller als einen Kuli oder das Handy sein sollte. Erst danach geben Sie die Aufgabe bekannt, die Sie auch auf einer Folie visualisieren.

Sie können dazu eine ganz konkrete Fragestellung vorgeben, beispielsweise: *„Was nimmst du aus dem heutigen Workshop mit?"* Oder: *„Was willst du als Erstes umsetzen?"* Sie können aber auch ganz allgemein dazu auffordern, ein Feedback zum Seminar zu geben. Ganz gleich, welche Fragestellung Sie geben, sollen die Teilnehmenden dabei eine Verbindung zu ihrem Gegenstand herstellen.

Trainer-Hinweis

Ich habe beispielsweise auf meinem Schreibtisch ein Kraken-Perlsack-Tier liegen und könnte sagen: *„Ich habe so viele Anregungen mitgenommen wie diese vielen Beine der Krake.“* Die Anregungen kann ich dann noch einzeln benennen. Oder da die Krake auch sehr schön bunt ist, könnte ich sagen, dass das Seminar sehr schön bunt und anregend war.

Fischnetz

Ziel/Seminarphase	Abschluss
Medien	Folie mit Fischnetz
TN-Aktivität	Sprechen und schreiben
Sozialform	Gesamtgruppe
Zeit	5-10 Minuten
Hybrid-Präsenz-Gruppe	Präsenzgruppe hängt beschriftete Moderationskarten an die Pinnwand. Auf der Pinnwand können Sie vorher ein Netz spannen.
Verzahnung Online-Hybrid	Beide Gruppen nacheinander, sodass alle es mitbekommen.

Methode

Sie gibt einen schnellen Überblick, was für die Teilnehmenden das Wichtigste im Seminar war und was sie davon mitnehmen.

Ich habe diese Methode in einem klassichen Moderations-Seminar kennengelernt. Die Trainerin wies darauf hin, dass hier bewusst nur eine positive Aufgabenstellung gegeben wird. Oft war ja üblich zu fragen: *„Was hat mir gefallen, was hat mir nicht gefallen?"* Bei dieser Formulierung geht es aber nicht darum, was gefallen oder nicht gefallen hat, sondern darum, was die Telnehmenden mitnehmen. Man könnte es auch erweitern in: *„Was willst du davon umsetzen?"*

Die Begründung fand ich ebenso interessant. Sie sagte damals: *„Ich stelle mich hier nicht der Bewertung!"* – So unter uns fügte sie noch hinzu, dass sie diese Methode auch empfiehlt, wenn das Seminar nicht so einfach war und man damit rechnen kann, dass einige hier loskritisieren und Luft ablassen. Mir persönlich gefällt diese Begründung am besten: Wenn ich den Fokus auf das richte, was ich aus einem Seminar mitnehme und was wichtig für mich war, gehe ich als Teilnehmerin selbst viel schwungvoller und in besserer Stimmung aus einem Seminar heraus. Und werde auch eher etwas umsetzen.

Verlauf

Auf einer Folie ist ein Fischnetz abgebildet, darüber steht die Aufgabenstellung „Meine zwei wichtigsten Lernerfahrungen" oder „Das nehme ich mit".

Sie bitten die Teilnehmenden, dass jeder zwei Stichworte in das Netz schreibt. Anschließend lesen Sie alle noch einmal vor. Fertig!

Variation

Darstellung auf Miro: Bei Miro können die Teilnehmenden die Stichworte auch auf Sticky Notes schreiben, dann sind sie noch besser lesbar.

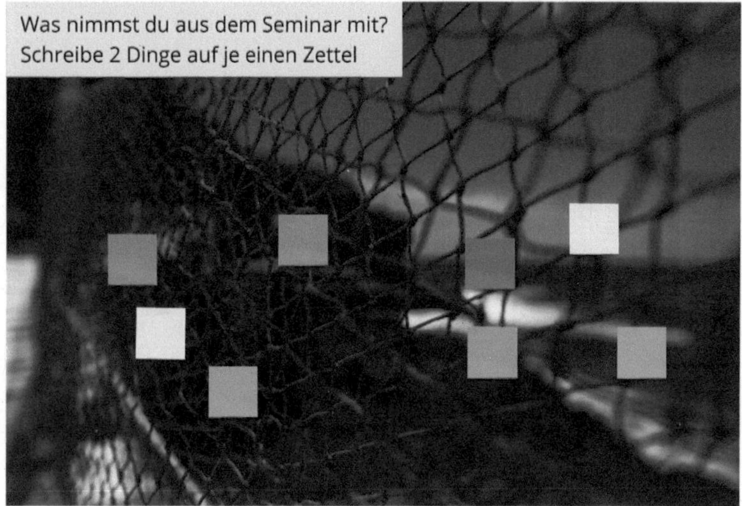

Foto: unsplashed, David Monje

Abb.: Auf dem Fischnetz posten die Teilnehmenden ihren „Fang" aus dem Seminar

Die Bilanz

Ziel/Seminarphase	Transfer
Medien	Arbeitsblatt mit Fragen
TN-Aktivität	Sprechen
Sozialform	Paare
Zeit	5-10 Minuten
Hybrid-Präsenz-Gruppe	Präsenzpaare können sich die Mitschriften überreichen.
Verzahnung Online-Hybrid	Ein Online- und ein Präsenz-TN können diese Übung zusammen in einem Breakout Room durchführen.

Methode

Mit dieser Methode können sich die Teilnehmenden den Lernerfolg vor Augen führen und gleichzeitig einen Transfer in den Alltag ermöglichen.

Verlauf

Sie benötigen ein Arbeitsblatt oder eine Folie mit den Fragen. Sie stellen ein Arbeitsblatt her und schicken es den Teilnehmenden per Mail zu oder laden es im Chat hoch.

Die Teilnehmenden finden sich zunächst zu Paaren zusammen und gehen in einen Breakout Room. Das können Sie auch per Zufall zuordnen. Jeder Teilnehmende (TN) bekommt ein Arbeitsblatt oder Sie zeigen die Fragen-Abfolge auf einer Folie und bitten alle, einen Screenshot davon zu machen, ein Handyfoto oder es abzuschreiben.

TN A fragt TN B: *„Was hast du heute gelernt?“*
TN B antwortet.
TN A notiert die Antworten.
TN A: *„Und was machst du damit?“*
TN B antwortet.
TN A notiert die Antworten.
TN A fragt TN B: „Und was hast du heute noch gelernt?“
TN B antwortet.

TN A notiert die Antworten.
TN A: *„Und was machst du damit?"*
TN B antwortet.
TN A notiert die Antworten.
TN A fragt TN B: *„Und was hast du heute noch gelernt?"*
TN B antwortet
TN A notiert die Antworten.
TN A: *„Und was machst du damit?"*
TN B antwortet.
TN A notiert die Antworten.

Jetzt wechseln die Teilnehmenden ihre Rollen und TN B fragt TN A.

Am Ende dieses Interviews gibt TN A nochmals in eigenen Worten auf der Basis der gemachten Notizen wieder, was TN B gelernt hat und mit den Inhalten konkret tun will. Auch hier wird gewechselt.

Trainer-Hinweis

Im Präsenzseminar tauschen die Teilnehmenden die Mitschriften feierlich aus und überreichen sich diese. Online können sie diese einscannen und sich zusenden oder sie machen sich gleich auf dem PC ihre Notizen und schicken diese dann per Mail.

Kapitel 3

Energizer

Wer mich ein bisschen kennt, weiß, dass ich Energizer immer und überall einsetze, weil sie für mich das Salz in der Suppe sind. In Online-Seminaren finde ich sie noch wichtiger als in Präsenzseminaren, wo ich sie aber auch immer regelmäßig eingesetzt habe. Mindestens nach jeder Kaffee- oder Mittagspause. Aber auch wenn ein Thema oder ein Abschnitt zu Ende sind, können Energizer ein starkes Signal senden: „Jetzt kommt etwas Neues!"

Energizer können die Atmosphäre auflockern, die Gruppe zusammenführen, einfach Spaß machen. Mein Hauptargument ist jedoch: Sie helfen den Teilnehmenden, sich auch über längere Zeit konzentrieren zu können. Auch wenn Sie keine langweiligen Online-Seminare mit reinen PowerPoint-Vorträgen halten, sondern Ihre Seminare interaktiv gestalten, ist so ein geistiges Ab- und Umschalten ausgesprochen förderlich.

Eine kurze Zuordnung

KOMeth

In diesem Kapitel finden Sie viele Energizer, die ich mit Wiebke Wimmer zusammen in unserem wöchentlichen KOMeth-Treffen ausprobiert habe (KOMeth = Kreative Online-Methoden und Spiele). Wir hatten uns über einen langen Zeitraum wöchentlich bei Zoom getroffen, live bei Facebook übertragen (damit Interessenten gleich mitspielen konnten) und es anschließend bei YouTube hochgeladen. Daher finden Sie auch unter den meisten Spielbeschreibungen einen Link zu den Videos. Dort können Sie sich anschauen, wie die Methode funktioniert und wirkt.

Wir haben uns bei den Treffen jeweils abwechselnd ein Spiel mitgebracht und dann ausprobiert (manchmal auch zwei). Dabei wussten wir vorher auch nicht immer, ob und wie es online funktionieren würde. Der Sinn der Treffen war es ja, Neues zu testen. Oft ergaben sich dabei weitere Varianten einer Übung und ein Brückenschlag zu einem Seminarthema.

Das Besondere war, dass die andere die mitgebrachte Methode wirklich nicht kannte und live zum ersten Mal durchführte. Ich habe mich entsprechend oft „blöd angestellt", was unserem Spaß aber keinen Abbruch tat. Und es half, sich auch mal in die Rolle von Teilnehmenden zu versetzen, für die so manche Übung vielleicht auch erst einmal Stress bedeutet, wenn sie sie nicht gleich perfekt hinbekommen.

Doch geht es bei Energizern nie darum, dass die Teilnehmenden sie „richtig" und perfekt machen. Sondern es geht stets um das Bemühen, die Bewegungen richtig zu koordinieren, weil dadurch das Gehirn angeregt und die Konzentration gefördert wird. Ob die Bewegungen dann korrekt ausgeführt werden, ist völlig unbedeutend. Es entsteht ein zusätzliches Lern-Thema für die Teilnehmenden: Wie gehe ich damit um, wenn ich einen Prozess nicht sofort verstehe oder richtig nachmachen kann? Lache ich darüber oder macht es mir Stress? Werde ich wütend oder bleibe ich ganz entspannt und gelassen?

Methoden aus dem Impro-Theater und aus ganz frühen Präsenzseminaren

Wiebke hat viele Methoden aus dem Impro-Theater mitgebracht, die die Kreativität wunderbar anregen und somit auch für meine Online-Seminare zum Thema „Kreativitätstechniken" sehr gut geeignet sind.

Ich selbst habe ganz alte Spiele aus Präsenzseminaren meiner Anfangszeiten hervorgekramt, als ich noch Lehrer-Fortbildungen machte. Hier konnte ich entspannt testen, ob sie auch online eingesetzt werden können und war freudig überrascht, dass die meisten durchaus auch onlinetauglich sind – wenn auch teilweise mit Veränderungen.

Hybrid-Seminare

Viele Energizer lassen sich auch in Hybrid-Seminaren einsetzen. Das ist oft sogar leichter möglich als bei anderen Methoden. Meist reicht es aus, wenn Sie die Übung oder die Bewegung anleiten. Alle Teilnehmenden können parallel gleichzeitig mitmachen, online sowie in Präsenz. Hybrid eingesetzt, schaffen die Energizer noch einmal eine ganz andere Dynamik, was für die Zusammenführung der beiden Gruppen sehr förderlich ist.

3 Hände, 2 Füße

Ziel/Seminarphase	Energizer
Medien	Keine
TN-Aktivität	Bewegen
Sozialform	Gesamtgruppe
Zeit	5 Minuten
Hybrid-Präsenz-Gruppe	Das scheint mir eine der wenigen Übungen zu sein, die eigentlich nur online Sinn ergeben.
Verzahnung Online-Hybrid	Keine

Methode

Eine Teilnehmerin erzählte mir von dieser Methode. Sie ist etwas herausfordernd, aber auch sehr lustig.

Verlauf

Alle Teilnehmenden gehen aus dem Bild ihrer Kamera heraus, sodass sie nicht mehr zu sehen sind.

Die Trainerin stellt dann eine Aufgabe, was sie sehen möchte. Beispielsweise 3 Hände, 2 Füße oder 10 Hände, 2 Köpfe.

Die Teilnehmenden müssen nun möglichst schnell die richtige Anzahl in den Video-Kacheln zeigen, ohne sich verbal abzusprechen. Ganz sicher wird das nicht immer auf Anhieb klappen.

Die Person, die noch dazukommt, obwohl schon genug Arme zu sehen sind, macht als Nächstes weiter und sagt, was sie sehen möchte.

Variation

Sie können es auch so aufziehen, dass die Teilnehmenden vorher Strategien austüfteln, wie sie die Aufgabe am besten hinbekommmen. Zum Beispiel ganz langsam ein Bein nach dem anderen zeigen, bis die richtige Zahl erreicht ist. Oder heimlich im Privatchat absprechen, wer dran ist. Oder … wer weiß, was den Teilnehmenden noch einfällt.

Trainer-Hinweise

- Da dieser Energizer sehr schnell geht, braucht die Trainerin vielleicht noch einen zweiten Helfer, der mit darauf achtet, wer das siebte Bein gezeigt hat, obwohl nur sechs gefragt waren.
- Und wie immer bei allen Energizern: Es geht nicht darum, dass die Teilnehmenden es „richtig" machen, sondern dass Bewegung in die Bude kommt. Und womöglich auch ein Lachen. Denn dadurch werden alle wieder wach.

Adokasi

Ziel/Seminarphase	Energizer
Medien	Whiteboard, Papier und Stift
TN-Aktivität	Schreiben
Sozialform	Paare
Zeit	10 Minuten
Hybrid-Präsenz-Gruppe	2 TN setzen sich zusammen, tauschen nach je einem Satz die Blätter, auf denen sie schreiben.
Verzahnung Online-Hybrid	Ist ziemlich umständlich und in diesem Fall hätte es keinen größeren Nutzen. Daher können beide Gruppen die Übung einfach parallel durchführen.

Methode

Dies ist ein kreatives Schreibspiel, bei dem die Teilnehmenden auch online mit Papier und Stift agieren. Die Methode wird zu zweit gespielt.

Verlauf

Jeder Teilnehmende schreibt drei Konsonanten auf ein Blatt Papier und lässt dazwischen Platz für weitere Buchstaben. Beispiel: T – F – B

Vor, hinter und zwischen die Konsonanten werden irgendwelche Vokale geschrieben: A – T – U – F – E – B – I.

Jede Person stellt ihr so entstandenes Fanstasiewort vor und schreibt es zudem in den Chat, damit man sich es besser merken kann. Dazu notiert sie drei Assoziationen oder Merkmale zum eigenen Fantasiewort, die ebenfalls völlig aus der Luft gegriffen sind. Beispiele: „Ist rot schillernd", „Erscheint immer am Vormittag", „Ist schwer zu treffen".

Beispiele aus dem Video:

- ATOPALO: lebt in der peruanischen Hochebene, hat flauschiges Fell, schielt
- UBEKIFO: ist ziemlich groß, ist sehr lustig, schläft gerne

Die Aufgabe lautet nun: Die Teilnehmenden schreiben im Wechsel eine Geschichte, in der sich diese beiden Fantasiewörter begegnen.

Jede Person schreibt einen Satz und beginnt ihre Geschichte mit ihrer Fantasiegestalt. Dann schreiben alle nacheinander die Geschichte der anderen mit einem Satz weiter.

Variationen

Im Chat

Wenn zwei Teilnehmende im Gruppenraum sind, können sie im Chat ihre Geschichte schreiben, dann bleibt es noch einigermaßen übersichtlich.

Dabei muss man aber darauf achten, dass jede Person abwechselnd ihren Satz abschickt, damit die Sätze jeweils einzeln dort sichtbar sind. Sonst kann es verwirrend werden. Vielleicht weisen Sie an, dass man jeweils eine Nummer vor die Sätze schreibt und mit einem Buchstaben versieht, damit man den Satz eindeutig zuordnen kann.

In dem Fall Wiebke „W" und Zamyat „Z": W1, das ist dann Wiebkes erster Satz. Darauf antworte ich mit W2, also den zweiten Satz, der Wiebkes Geschichte weiterschreibt. Sie antwortet mit W3 etc. Parallel entsteht die Geschichte mit Z1, Z2 etc.

Das ist etwas umständlich. Übersichtlicher ist daher die Variante auf dem Whiteboard.

Auf dem Whiteboard

Die zwei Teilnehmenden gehen in einen Gruppenraum und eine Person öffnet per Bildschirmübertragung ein Whiteboard, auf das dann beide über die Kommentierfunktion mit dem Textwerkzeug schreiben können.

Es werden zwei Spalten gebildet, eine schreibt links, die andere in der rechten Spalte. Oben drüber steht das Fantasiewort. Jede Person beginnt nun ihren ersten Satz in ihrer Spalte. Dann wechseln beide die Spalte und schreiben einen zweiten Satz unter den ersten Satz der anderen Person. Dann wieder zur anderen Seite usw. Das ist für die beiden Teilnehmenden viel übersichtlicher, als im Chat zu schreiben.

Halber Satz

Jeder notiert nur einen halben Satz, den die andere Person dann vollenden muss und anschließend darunter einen neuen Satz beginnt. Beispiel: Dabei lachte sich Ubefiko halb scheckig, weil ...

Bei unserem Ausprobieren wurde deutlich, wenn die Sätze zu kurz sind, ist es nicht ganz so spannend. Lassen Sie also lieber etwas ausführlichere Sätze schreiben.

Trainer-Hinweis

- Link zum Video: https://youtu.be/M7WhB9vudNY
  Die Methodenbeschreibung beginn bei Minute 3:17, ab Minute 12:19 dann die Variante auf dem Whiteboard.
- Die Ursprungsidee stammt von Klaus Vopel. Die Übung ist in ihrer Präsenzvariante zu finden in: Zamyat M. Klein (2015): Kreative Geister wecken. managerSeminare, 4. Aufl.

URL/Quelle

Alphabet-Geschichte

Ziel/Seminarphase	Energizer
Medien	Arbeitsblatt mit dem Alphabet
TN-Aktivität	Sprechen
Sozialform	Paare
Zeit	5-10 Minuten
Hybrid-Präsenz-Gruppe	Zu zweit
Verzahnung Online-Hybrid	1 Onliner und 1 Präsenz-TN, beide mit Laptop in einem Breakout Room

Methode

Eine Methode, die die Kreativität anregt und bei der die Teilnehmenden üben können, schnell Worte und Sätze zu bilden, auch wenn diese keinen Sinn ergeben. Eine wunderbare Einstiegsmethode, auch für Kreativitäts-Seminare.

Verlauf

Es ist hilfreich, wenn jeder Teilnehmende ein Blatt vor sich liegen hat, auf dem das Alphabet steht.

Wir haben bei unserem KOMeth-Treffen drei Variationen ausprobiert. Bei allen Varianten wird die Übung zu zweit durchgeführt, die Teilnehmenden werden also in Breakout Rooms geschickt.

Variationen

1. Variante: einzeln

Eine Teilnehmerin beginnt und erzählt aus dem Stand eine Geschichte, indem sie zu jedem Buchstaben des Alphabets in der Reihenfolge ein Wort bildet und daraus zusammenhängende Sätze. Zwischendurch kann sie auch einen Punkt sagen und einen neuen Satz beginnen.

Wichtig: Der Inhalt kann absolut blödsinnig sein. Es sollte daher möglichst zügig gesprochen werden und nicht zu lange über Sinnhaftigkeit nachgedacht werden.

Ein Beispiel:

Als
bei
chaotischem
Dauerlauf
einige
Fernfahrer
genussvoll
heimlich
im
Jägerhaus
Kartoffelbrei
löffelten ...

Anschließend wird getauscht und die andere erzählt ihre Geschichte.

2. Variante: beide im Wechsel

Hier bilden beide zusammen eine Geschichte, indem immer jeder abwechselnd einen Buchstaben im Alphabet bedient.

1. TN : A
2. TN : B
1. TN : C
2. TN : D
1. TN : E
2. TN : F

3. Variante: Sätze im Wechsel

Auch bei dieser Variante entwickeln beide zusammen eine Geschichte im Wechsel, wobei hier jede einen Satz sagt, der mit dem nächsten Buchstaben des Alphabets beginnt.

Abends kam die Familie immer am Esstisch zusammen.
Blöd war nur, dass niemand dazu Lust hatte.
Chaotisch verlief daher der ganze Ablauf.

Der Nachtisch wurde zuerst gegessen.
Eis mochten aber nur einige, andere wollten Obst.
Fleisch oder Fisch, war ebenfalls ein Streitthema.
Gemeinsam erstellten sie daher einen Wochen-Essplan:
Heiß oder kalt, war auch eine Frage ...

Trainer-Hinweis

Es wäre natürlich sehr nett, wenn diese Ergüsse irgendwie festgehalten werden. Wobei das natürlich schwierig ist, wenn die Teilnehmenden in verschiedenen Breakout Rooms sind. Sie müssten es dann selbst aufzeichnen oder schnell mitschreiben. Dann könnte das später ins Handout kommen oder im Forum eingestellt werden, sodass alle Spaß daran haben können.

URL

- Link zum Video: https://youtu.be/bSH_t2yamgg

An einem Regentag

Ziel/Seminarphase	Energizer
Medien	
TN-Aktivität	Stehen, bewegen, sprechen
Sozialform	Gesamtgruppe
Zeit	5 Minuten
Hybrid-Präsenz-Gruppe	Gespielt wird parallel, gegenseitig den Ton ausschalten
Verzahnung Online-Hybrid	Alle machen einfach mit, die Präsenz-TN können dann real die Plätze tauschen bei: „He du, komm mal her."

Methode

Dies ist eins der absolut albernsten Spiele und geht online nur eingeschränkt, aber es ist durchaus möglich. Auch wenn die Teilnehmenden sich dann vielleicht fragen: „Was haben die denn geraucht?", wie Wiebke so nett meinte. Bitte suchen Sie nicht nach einem Sinn, es ist der absolute Blödsinn, aber ich garantiere Ihnen, anschließend sind alle wach und lachen.

Verlauf

Die Teilnehmenden stehen auf. Die Trainerin sagt jeweils einen Satz und macht dazu eine Bewegung, anschließend wiederholen alle Teilnehmenden den Satz und die Bewegung.

Text und Bewegung: An einem Regentag

Oh, schon wieder Wasser in meinem Ohr, Ohr, Ohr / Kopf zur Seite und mit einem Finger ins Ohr, um das Wasser heraustropfen zu lassen.
Von oben kommt der Regen, Regen, Regen / dabei die Arme und Hände von oben nach unten wie Regentropfen am Körper entlang fahren.
Meine Schuhe sind schon ganz nass / erst in die Höhe springen, dann in die Hocke und die Schuhe berühren (das sieht man dann online natürlich nicht).

Ich geh heut nicht zur Arbeit, ich bleibe heut im Bett / sehr energisch sagen, dabei stampfend auf der Stelle gehen und die Arme angewinkelt dazu vor und zurück bewegen.
E-ro-tik-tag / dabei die Arme in die Hüften und die Hüften im Takt nach links, rechts, vorne und hinten bewegen.
Eh du, komm mal her – eh du, komm mal her / mit dem Zeigefinger jemanden herlocken (das war in Präsenzseminaren eindeutiger, wen man meinte und die Personen wechselten dann die Pätze).
Ich bin von Kopf bis Fuß auf Liebe eingestellt / zur linken Seite drehen, das rechte Bein anwinkeln, eine Hand auf das angewinkelte Bein, die andere Hand in die Hüfte.
Das ist meine Welt, und sonst gar nichts. / zur rechten Seite drehen, das linke Bein anwinkeln, eine Hand auf das angewinkelte Bein, die andere Hand in die Hüfte.
Schau mal her, wie schön ich bin / dabei mit den Händen von vorne nach hinten über die Haare streichen und dabei das Kinn etwas anheben.

Trainer-Hinweise

- Diesen Energizer können Sie sicher nur mit einer Gruppe machen, die Sie schon ein bisschen kennen oder wo Sie merken, dass sie spielfreudig sind.
- Ich habe ihn früher gnadenlos in jedem Seminar eingesetzt, wie immer, wenn ich eine neue Übung kennenlerne und davon begeistert bin. In der Regel steckt die Begeisterung dann an und alle machen mit. Wobei das in diesem Fall in Präsenz vielleicht etwas leichter geht …

URL/Quelle

- Link zum Video: https://youtu.be/M7WhB9vudNY
  Video ab Minute 17:17.
- Die Methode habe ich vor vielen Jahren von Stephan Rude bei meiner Suggestopädie-Ausbildung kennengelernt. Die Übung wurde entwickelt von Eberhard Schererz.

Au Jaaa

Ziel/Seminarphase	Energizer
Medien	
TN-Aktivität	Sprechen und bewegen
Sozialform	Paare/Gesamtgruppe
Zeit	3-5 Minuten
Hybrid-Präsenz-Gruppe	Zu zweit/Gesamtgruppe
Verzahnung Online-Hybrid	Online- und Präsenzgruppe machen die Übung gemeinsam, mal ein Vorschlag von einem Präsenz-TN, mal von einer Online-TN. Und zum Schluss eine der beiden Trainerinnen.

Methode

Dies ist ein Energizer, aber wie Kirstin erläutert, auch die Basis-Regel Nummer 1 im Impro-Theater, nämlich Angebote anzunehmen. Sie eignet sich gut, wenn die Stimmung mal unten ist, wenn die Teilnehmenden müde sind oder man nicht so motiviert ist.

Obwohl im Impro nicht so üblich, gibt es einen vorgeschriebenen Text:

1. Ach Nööö
2. Au Jaaa

Verlauf

Zwei Teilnehmende machen sich gegenseitig Angebote, etwas zu tun, etwas zu unternehmen. Die eine Person fängt an und macht einen Vorschlag: *„Lass uns doch mal zusammen shoppen gehen."* Die andere antwortet *„Ach Nööö"* und erläutert auch kurz, warum sie das nicht mag und macht dann einen neuen Vorschlag. Daraufhin erwidert die erste Person ebenfalls *„Ach Nöö"* und macht einen weiteren Vorschlag.

Das geht so eine Weile hin und her, bis der Impuls kommt, dass eine Person *„Au Jaa"* ruft – und dann spinnen beide die Geschichte weiter. Dabei fügt jede immer noch eine neue Idee hinzu und jeder Satz wird mit *„Au Jaa und dann ...“* begonnen, das hebt die Laune!

Variation

Nach der Mittagspause

In Präsenzseminaren haben wir diese Übung nach der Mittagspause durchgeführt, um die Teilnehmenden aus dem Suppenkoma zu holen und wieder zur Weiterarbeit zu motivieren.

Es geht aber auch online nach einer Pause. Hier macht eine Teilnehmerin einen Vorschlag oder formuliert einen Wunsch: *„Alle werfen die Arme nach oben!“* – Und alle rufen *„Au Jaa, Au Jaa!“* und reißen dabei die Arme hoch. Es folgt der nächste Vorschlag: *„Wir hüpfen alle auf einem Bein.“* – Und alle rufen *„Au Jaa!“* und hüpfen auf einem Bein. *„Wir singen alle Hänschen klein.“* - *„Au Jaa!“* – und alle singen Hänschen klein.

Nach 4-5 Telnehmerrunden übernimmt die Trainerin und sagt: *„Und jetzt machen wir mit dem Seminar weiter.“* – Alle rufen begeistert: *„Au Jaa, Au Jaa!“* Und starten voll motiviert mit dem weiteren Seminarteil.

Trainer-Hinweis

Es ist sehr witzig, wenn die Gestik und vor allem Mimik sehr ausgeprägt ist, wie auf dem Video zu sehen ist. Also ruhig etwas übertreiben, das hebt die Stimmung.

URL/Quelle

- Link zum Video: https://youtu.be/LXx_8Xm5hoU
  Start der Methode: Minute 3:50.
- Diese Methode habe ich kennengelernt von Kirstin Berg.

Blitz-Wandler

Ziel/Seminarphase	Energizer, Kreativitätstraining
Medien	Ein beliebiger Gegenstand
TN-Aktivität	Sprechen und bewegen
Sozialform	Paare oder Gesamtgruppe
Zeit	5-10 Minuten
Hybrid-Präsenz-Gruppe	Zu zweit/Gesamtgruppe: in den Raum rufen
Verzahnung Online-Hybrid	Zu zweit, wenn beide mit Laptop in einem Breakout Room sind

Methode

Diese Methode fordert und fördert wieder Kreativität und kommt aus dem Impro.

Verlauf

Jeder sucht sich aus seiner Umgebung irgendeinen Gegenstand.

A beginnt und macht irgendeine Bewegung mit diesem Gegenstand, denkt sich dabei auch irgendetwas, was das ist und was das macht. B sagt spontan: *„Au ja, super klasse, das ist ...“* und erfindet irgendwas, was das sein könnte, was ihr als Erstes in den Sinn kommt. A antwortet immer *„Ja genau, super“*, auch wenn sie etwas ganz anderes im Kopf hatte.

Danach ist B mit ihrem Gegenstand dran.

Das Ganze sollte schnell und zügig im Wechsel passieren. So entsteht eine positive, immer weitertreibende Energie.

Wenn der Person, die den Gegenstand bewegt, gar nichts mehr dazu einfällt, was dies sein soll, überlässt sie ihrem Körper einfach die Bewegung – und die andere findet auch dann immer noch eine Bedeutung. Das ist auch eine sehr spannende Erfahrung.

Ein Beispiel: Wiebke boxt auf ein Paket Papiertaschentücher und ich sage: *„Ah, klasse, das ist ein Gerät für ein Anti-Agressionstraining, das du immer* *dabeihaben kannst.*" Und sie antwortet: *„Ja, super. Genau, das ist ein Anti-Aggressionsgerät.*"

Variationen

1. Variante

Es wird nicht jedes Mal gewechselt, sondern eine Teilnehmerin macht etliche Bewegungen hintereinander und die andere feuert ununterbrochen ihre Ideen raus. Erst nach einer Weile wird dann gewechselt.

2. Variante mit Gruppe

Ein Teilnehmer macht Bewegungen mit seinem Gegenstand und alle anderen schreiben ihre Ideen in den Chat. In diesem Fall ist es wichtig, entsprechende unterstützende Rückmeldungen zu geben mit Emojis oder winkenden Händen.

Trainer-Hinweis

Zusätzlich hat diese Übung auch eine sehr bestärkende Wirkung, in dem man jedes Mal selbst sagt „Ja, stimmt, das ist …" und vom anderen auch bestärkt wird „Ja, klasse, das ist …".

URL/Quelle

- Link zum Video: https://youtu.be/E3faNs-NTF0
- Kennengelernt von Wiebke Wimmer.

Clowns 1-2-3

Ziel/Seminarphase	Energizer
Medien	Kamera an
TN-Aktivität	Sprechen und bewegen
Sozialform	Paare
Zeit	5 Minuten
Hybrid-Präsenz-Gruppe	Paare
Verzahnung Online-Hybrid	Zu zweit, wenn beide mit Laptop in einem Breakout Room sind

Methode

Ein altes Präsenzspiel, das auch online wunderbar umzusetzen ist.

Verlauf

Machen Sie erst einmal mit einer Teilnehmerin die Methode vor und erklären Sie sie, danach können Sie die Teilnehmenden zu zweit in Gruppenräume schicken.

Erster Durchgang zum Aufwärmen: Die Teilnehmenden A und B zählen abwechselnd von 1 bis 3.

- A:1 / B:2 / A:3 / B:1 / A:2 / B:3

Zweiter Durchgang: Nun ersetzt A die Zahl 1 durch eine Bewegung und nennt nicht mehr die Zahl eins, sondern macht stumm diese Bewegung. B übernimmt diese bei 1.

Dritter Durchgang: Nach einer Weile ersetzt B dann die Zahl 2 durch eine Bewegung.

Vierter Durchgang: Später wird auch die Zahl 3 durch eine Bewegung ersetzt, sodass beide nun nur noch stumm mit Bewegungen durchzählen.

Variation

Wenn es keine Gruppenräume gibt, kann man die Übung auch in der Gesamtgruppe machen: Immer ein Paar führt das Spiel durch, die anderen schalten so lange die Webcam aus, das macht es übersichtlicher. Als Host sollten Sie die Video-Kacheln der beiden Akteure dann auch nebeneinander schieben.

Trainer-Hinweis

In Präsenzseminaren habe ich anschließend die einzelnen Paare immer noch mal kurz ihre drei Bewegungen (also den 4. Durchgang) vor allen wiederholen lassen, das geht online ebenfalls. So sieht man noch einmal, wie vielseitige Bewegungs-Ideen da zusammengekommen sind.

URL/Quelle

- Link zum Video: https://youtu.be/YmP7JZ5jRoo
  Start bei Minute 1:36.
- In seiner ursprünglichen Präsenzform veröffentlicht in: Zamyat M. Klein (2015): Kreative Geister wecken. managerSeminare, 4. Aufl.

Das 57er-Seil

Ziel/Seminarphase	Energizer
Medien	Kamera und Mikro an
TN-Aktivität	Sprechen und bewegen
Sozialform	Gesamtgruppe
Zeit	3-5 Minuten
Hybrid-Präsenz-Gruppe	Die Gruppen können die Übung parallel durchführen.
Verzahnung Online-Hybrid	Die Präsenz-TN machen gleichzeitig und genauso mit.

Methode

Diese wunderbare Methode habe ich schon sehr oft in meinen Live-Online-Seminaren eingesetzt, da sie kurz und knackig ist und jederzeit ohne Vorbereitung einsetzbar ist. Immer dann, wenn Sie merken, jetzt täte den Teilnehmenden mal eine kurze Bewegung gut.

Verlauf

Sie bitten die Teilnehmenden, aufzustehen und erklären dann die Übung. Und zwar stellen wir uns vor, an einem imaginären Seil zu ziehen, das über uns hängt und heruntergezogen werden soll. Wir führen eine Zugbewegung durch und zählen dabei alle gemeinsam laut von 1 bis 57.

Das Zählen von 1 bis 57 wäre jedoch ein bisschen langweilig, daher machen wir das Zählen etwas komplizierter: Wir zählen von 1 bis 8 und dann rückwärts, dann von 1 bis 7 und rückwärts usw., bis wir bei 1 angekommen sind: *„1, 2, 3, 4, 5, 6, 7, 8, 7, 6, 5, 4, 3, 2/ 1, 2, 3, 4, 5, 6, 7, 6, 5, 4, 3, 2/ …"*

Das sind dann insgesamt 57 – und es erfordert auf jeden Fall mehr Konzentration, als wenn man nur automatisch bis 57 zählt. Dabei kann es auch passieren, dass man rausfliegt. In dem Fall fängt man dort an, wo man rausgekommen ist.

Beim Ziehen des imaginären Seils kann jeder entscheiden, wie groß die Bewegungen ausfallen, d.h., wie hoch die Arme genommen werden. Man kann die Übung auch im Sitzen durchführen, aber Sie sollten das Stehen bevorzugen, da wir ja ohnehin die ganze Zeit vor dem PC sitzen und das Aufstehen wenigstens eine kurze Bewegung und Streckung für den Körper bringt.

Variationen

- Bei unserem Jahresabschluss-Spieletreffen mit einer Gruppe hatte Wiebke noch eine Variante vorgestellt, passend zur Jahreszeit. Statt ein Segel zu setzen oder an einem Seil zu ziehen, haben wir Schnee geschippt, und zwar immer abwechselnd nach links und nach rechts. Dabei zählen wir erst von 1 bis 5, auf jeder Seite. Danach von 1 bis 4 auf jeder Seite usw.
- Man könnte es aber auch wie bei der Ursprungsvariante mit Vorwärts- und Rückwärtszählen verbinden. Hier ist alles möglich.

Trainer-Hinweis

Bitten Sie die Teilnehmenden auch, ihr Mikro einzuschalten, das wird schön chaotisch und ist einfach noch lustiger. Danach sind alle wieder fit und Sie können im Seminar fortfahren.

URL/Quelle

- Link zum Video: https://youtu.be/Eiw6BOSn07A
  Start der Methode bei Minute 2:08.
- Variante Schneeschippen: https://youtu.be/ap2YJKhE3pA
  Ab Minute 2:50.
- Kennengelernt von Wiebke Wimmer.

Das wunderliche Wörterbuch

Ziel/Seminarphase	Energizer
Medien	Kamera und Mikro an
TN-Aktivität	Sprechen
Sozialform	Paare
Zeit	5 Minuten
Hybrid-Präsenz-Gruppe	Zu zweit, Stühle zueinander drehen
Verzahnung Online-Hybrid	Zu zweit, wenn beide mit Laptop in einem Breakout Room sind

Methode

Mit dieser Methode wird die Kreativität der Teilnehmenden angeregt.

Verlauf

Die Übung besteht aus drei Teilen:

- TN A erfindet ein Wort, das es noch nicht gibt.
- TN B gibt dazu eine Definition.
- TN A sagt damit einen Beispielsatz.

A: „Tambuko"
B: „Wächst ganz versteckt im Wald im Schatten."
A: „Oh, Schatz schau mal, da ist ein Tambuko unter dem Baum."

Variation

Variante mit Brückenschlag zum Fachthema

Bei der Variante soll der Beispielsatz etwas mit dem vorgegebenen Fachthema zu tun haben, in unserem Video-Beispiel das Thema „Online-Seminare".

Ein Beispiel:

- A: „Bushiba“
- B: „Definition: Eine Funktion bei Zoom, wo ich als Trainerin in der Mitte sichtbar bin und alle Teilnehmenden so nach und nach von rechts und links in den Raum schweben.“
- A: „Seit ich Bushiba in meinen Webinaren einsetze, werde ich ständig weiterempfohlen.“

URL/Quelle

- Link zum Video: https://youtu.be/AvAR9hD8uEs
- Kennengelernt von Wiebke Wimmer.

Der heilige Gral

Ziel/Seminarphase	Energizer
Medien	Mikro an
TN-Aktivität	Sprechen und Mimik und Gestik
Sozialform	Paare
Zeit	5 Minuten
Hybrid-Präsenz-Gruppe	Zu zweit/auch mit der ganzen Gruppe im Kreis möglich.
Verzahnung Online-Hybrid	Zu zweit möglich, wenn beide mit Laptop in einem Breakout Room sind.

Methode

Mit diesem Spiel fing alles an: das wöchentliche Spiele-Treffen und Ausprobieren mit Wiebke. Es ist eine Übung aus dem Impro-Theater und dient dazu, Figuren, Charaktere, Eigenschaften, Emotionen erst einmal herauszufinden, zu spielen und sich gegenseitig damit zu inspirieren.

Verlauf

Es ist immer der gleiche Text. A beginnt und sagt: *„Ich gebe dir den heiligen Gral."* – B sagt dann: *„Danke für deinen heiligen Gral."*

Dazu macht man eine entsprechende Mimik und Gestik, überreicht den Gral und sagt den Satz in dem passenden Tonfall, je nachdem, was und wen man darstellen möchte: fröhlich, traurig, dramatisch, erschöpft, affektiert, lasziv, ...

Die andere Person greift die erzeugte Stimmung auf. Sie nimmt den Gral und imitiert dabei Stimme, Gestik und Mimik so genau wie möglich bei: *„Danke für den heiligen Gral."*

Anschließend wechselt sie in einen anderen Modus, wenn sie den Gral weitergibt.

Trainer-Hinweis

Unbedingt das Video dazu anschauen, dann wird es verständlicher und zeigt so richtig toll, was für verrückte Sachen dabei herauskommen.

URL/Quelle

- Link zum Video: https://youtu.be/oNA5Vj6O2UE
- Kennengelernt von Wiebke Wimmer.

Der magische Gegenstand

Ziel/Seminarphase	Energizer
Medien	Ein Gegenstand
TN-Aktivität	Sprechen, bewegen mit dem Gegenstand
Sozialform	Paare oder Gesamtgruppe
Zeit	5 Minuten
Hybrid-Präsenz-Gruppe	Zu zweit oder in der Gesamtgruppe
Verzahnung Online-Hybrid	Wird etwas verzwickter, ist aber machbar.

Methode

Diese Methode kommt wieder aus dem Impro-Theater und hier müssen die Teilnehmenden in ihrer Vorstellung einen beliebigen Gegenstand in ganz viele andere Gegenstände verwandeln.

Verlauf

Jeder nimmt beispielsweise einen Stift.

1. Weiterreichen üben

Zuerst wird einmal geübt, wie man den Gegenstand von einem zum nächsten online weiterreicht. Man kann den Stift nach rechts, links, oben oder unten weitergeben.

2. Gegenstand verwandeln

Nun beginnt eine Teilnehmerin, den Gegenstand zu verwandeln, und sich mit dem Stift beispielsweise die Zähne zu putzen. Die andere Teilnehmerin muss raten, was aus dem Gegenstand geworden ist: *„Eine Zahnbürste?"* – *„Richtig."* Dann wird der Gegenstand weitergegeben und die zweite Person wandelt ihn nun um in einen Kamm oder was auch immer.

Variationen

Zu zweit oder in der Gesamtgruppe

- Wenn die Teilnehmenden zu zweit in den Gruppenräumen spielen, läuft es so, wie oben beschrieben. Es funktioniert aber auch in der Gesamtgruppe. Hier nennen Sie den Namen des Teilnehmenden, dem Sie den Stift weitergeben wollen.

- Sie können unterschiedliche Varianten durchführen. Entweder rät nur derjenige, der den Stift als Nächstes bekommt oder alle dürfen mitraten. Mündlich oder im Chat.

Trainer-Hinweis

Je nachdem wie die Einstellung bei den einzelnen Teilnehmenden ist, sind die Kacheln spiegelverkehrt angeordnet. Daher ist es nicht ganz eindeutig, ob man nach rechts oder links weitergibt. Im Grunde ist es einerlei, es sieht nur noch witziger aus, wenn der Gegenstand etwa von links kommt und man ihn auch von der richtigen Seite aus entgegennimmt.

URL/Quelle

- Link zum Video: https://youtu.be/byXo-MQiqdY
- Kennengelernt von Wiebke Wimmer.

Der unsichtbare Stift

Ziel/Seminarphase	Energizer
Medien	Whiteboard, unsichtbarer Stift bei Zoom
TN-Aktivität	Zeichnen
Sozialform	Paare oder Kleingruppen
Zeit	5 Minuten
Hybrid-Präsenz-Gruppe	Das ist eine der wenigen Methoden, die nur online geht.
Verzahnung Online-Hybrid	Keine

Methode

Bei Zoom tauchen ja immer wieder mal neue Tools auf, so eines Tages auch der „unsichtbare Stift". Ich kann als Trainerin mit dem Stift etwas markieren (beispielsweise auf einer Folie) und nach kurzer Zeit verschwindet der Strich wieder.

Da hatte ich sofort die Idee, dass man daraus doch auch ein Spiel entwickeln sollte. Mit Wiebke habe ich dann beim freitäglichen KOMeth-Treffen verschiedene Varianten ausprobiert.

Verlauf

Sie öffnen das Whiteboard bei Zoom (nicht das neue, sondern das alte mit den verschiedenen Kommentierfunktionen) und wählen dort den unsichtbaren Stift aus.

Variationen

1. Montagsmaler

Die erste Idee, die ich hatte, waren die Montagsmaler. Ich zeichne einen Gegenstand und die Teilnehmenden müssen raten, was es sein soll. Dazu muss ich entweder die Maus lange festhalten, damit sie das ganze Bild sehen. Oder ich lasse nach einer Weile einen Teil der Skizze verschwinden und zeichne jeweils den Rest weiter, was das Ganze noch schwieriger macht.

2. Nachzeichnen

Ich zeichne bestimmte abstrakte Figuren und lasse dabei die Maus nicht los. Die Teilnehmerin beginnt sofort, über meiner Linie mit einer anderen Farbe zu zeichnen und lässt immer wieder mal die Maus los, damit man das Ergebnis sieht. Wenn ich dann meine Maus loslasse, verblasst mein Kunstwerk und es bleibt nur das der Teilnehmerin zu sehen.

3. Weiterzeichnen

Es ergab sich dann beim Spiel, dass wir das Kunstwerk der Teilnehmerin noch weiter ausschmückten, weil wir darin einen Drachen gesehen hatten. Man kann auch Fantasiegebilde daraus entstehen lassen, siehe „Knallerlinge" (Seite 228).

Trainer-Hinweise

- Den unsichtbaren Stift kann nur der Host nutzen, die Teilnehmenden können nur die normalen Stifte nutzen, die sichtbar bleiben.
- Hierzu zwei Tipps: Wenn Sie als Trainerin den unsichtbaren Stift einsetzen und gleichzeitig die Maus gedrückt halten, verschwinden Ihre Linien nicht. Sondern erst, nachdem Sie die Maus loslassen.
- Bei den Teilnehmenden ist es so, dass sie die Zeichnungen des normalen Stifts erst sehen, wenn sie die Maus loslassen. Daher sollten sie das zwischendurch immer mal tun.
- Am besten nehmen die Teilnehmenden keinen Stift, sondern den Marker, der etwas breiter und transparenter ist.

URL

- Link zum Video: https://youtu.be/AvAR9hD8uEs

Die 3 Gebärden des Zen

Ziel/Seminarphase	Energizer
Medien	Kamera an
TN-Aktivität	Stehen, bewegen, sprechen
Sozialform	Gesamtgruppe
Zeit	5 Minuten
Hybrid-Präsenz-Gruppe	Präsenzvariante mit Nachbarn rechts und links, nach dem „Wer?" wird dann statt eines Namens „Du" gesagt und auf die entsprechende Person gezeigt.
Verzahnung Online-Hybrid	Keine

Methode

In Präsenzseminaren wird diese Methode im Kreis stehend gespielt und jeweils der rechte und linke Nachbar sind einbezogen. Daher hatte ich es online lange nicht in Erwägung gezogen. Aber mit kleiner Veränderung geht es natürlich auch in der digitalen Welt.

Verlauf

Auch wenn wir nicht im Kreis stehen können, so kann man bei Zoom die Kacheln als Host so verschieben, dass alle die gleiche Reihenfolge sehen. Falls das nicht funktioniert (weil nicht alle über die App drin sind oder keine aktuelle Version von Zoom haben), können die Teilnehmenden durchnummeriert werden, die Zahl vor ihren Namen schreiben und selbst ihre Kachel an die richtige Stelle schieben. Am Ende haben alle die gleiche Ansicht.

Sie beginnen als Trainerin, halten eine Hand über den Kopf und sagen *„A"*. Wenn Ihre Fingerspitzen nach links zeigen, ist Ihr linker Nachbar dran, wenn sie nach rechts zeigen, Ihr rechter Nachbar.

Er sagt dann nur: *„Wer?"*

Sie antworten nun mit einem Namen *„Sebastian"*. Dabei strecken Sie Ihren anderen Arm geradeaus – denn online kann ich ja nicht auf die betreffende Person zeigen. Also: *„A" – „Wer?" – „Sebastian."*

Dann ist Sebastian an der Reihe, er legt seine Hand über den Kopf etc.

Trainer-Hinweise

- Falls das mit dem rechts und links der Hand nicht funktioniert, da manche Teilnehmenden ihre Kacheln spiegelverkehrt haben und andere nicht, kann man auch stattdessen die Zahl der Zielperson nennen. Also, die Hand über den Kopf und nach dem *„A“* die Zahl *„7“* nennen. Die Person mit der Zahl antwortet dann: *„Wer?“* Und als Antwort sagen Sie dann den Namen eines anderen Teilnehmenden und strecken den anderen Arm aus. Also: *„A-7“ - „Wer?“ - „Sebastian.“*
- Das Ganze sollte zügig gespielt werden und oft wird die Hand über dem Kopf direkt heruntergenommen und mit dem gleichen Arm dann nach vorne gezeigt. Die eine Hand sollte aber die ganze Zeit über dem Kopf bleiben und der andere Arm ausgestreckt werden, das gehört zur Spielregel und erfordert eben eine besondere Konzentration.

Quelle

- In seiner ursprünglichen Präsenzform veröffentlicht in: Zamyat M. Klein (2015): Das tanzende Kamel. managerSeminare, 2. Aufl.

Drache, Prinz, Prinzessin

Ziel/Seminarphase	Energizer
Medien	Gruppenräume
TN-Aktivität	Bewegen
Sozialform	Kleingruppe und Plenum
Zeit	5 Minuten
Hybrid-Präsenz-Gruppe	Präsenzvariante, parallel zur Online-Gruppe (Lautsprecher ausschalten)
Verzahnung Online-Hybrid	Nacheinander, erst die Präsenzgruppe, dann online oder umgekehrt

Methode

Diese Methode hat eine Teilnehmerin (Jenison Thomkins) der Online-Trainer-Ausbildung von mir als Präsenzmethode kennengelernt und dann bei einer Übungspräsentation mit uns online durchgeführt. Ich bezeichne es immer als Strategiespiel, das zudem aber auch noch lustig ist.

Verlauf

Zuerst lernen die Teilnehmenden die drei möglichen Varianten kennen und wer wen in welcher Kombination besiegt:

- **Drache** – Arme hocheben und mit den Händen Krallen bilden und dabei laut fauchen
- **Prinz** – Er macht mit dem rechten Arm eine Schwert-Bewegung, setzt dabei einen festen Schritt nach vorne und ruft laut: *„HA!"*
- **Prinzessin** – Bildet mit einer Hand ein Krönchen auf dem Kopf, die andere Hand stemmt sie in die Hüfte, dreht sich mit kleinen Trippelschrittchen um sich selbst und macht mit hoher Stimme: *„Huhuuuuuhuuuu."*

Kombinationen und Gewinner

- **Drache – Prinzessin**: Hier gewinnt der Drache, denn er raubt die Prinzessin.
- **Drache – Prinz**: Hier gewinnt der Prinz, denn er erschlägt den Drachen.

- **Prinz – Prinzessin:** Hier gewinnt die Prinzessin, denn sie bezaubert den Prinzen.

Die Übung wird mit zwei Gruppen gespielt. Die beiden Gruppen gehen kurz in Gruppenräume und entscheiden, welche Figur sie darstellen.

Dann kommen alle im Plenum zusammen, die Trainerin zählt *„1-2-3"* und danach machen alle gleichzeitig ihre Figur.

Die Trainerin notiert, welche Gruppe gewonnen hat.

Dann verschwinden wieder alle kurz in die Gruppenräume, entscheiden wieder und kommen zurück und auf „3" stellen alle ihre neue Figur vor.

Trainer-Hinweise

- Es ist einfacher zu überschauen, wenn Sie vorher die beiden Gruppen mit den Video-Kacheln nebeneinanderschieben.
- Wenn es ein Patt gibt, dauert das Spiel länger, ansonsten können Sie nach der dritten Runde beenden und die Siegergruppe küren.
- Wenn Sie aber merken, dass alle großen Spaß haben, können Sie auch noch zwei weitere Runden dranhängen.
- Das strategische Denken fängt natürlich erst ab Runde 2 an. Machen die anderen wieder die gleiche Bewegung oder eine neue?

Quelle

- In seiner ursprünglichen Präsenzform veröffentlicht in: Zamyat M. Klein (2015): Kreative Geister wecken. managerSeminare, 4. Aufl.

Drei Merkmale verändern

Ziel/Seminarphase	Energizer
Medien	Breakout Rooms
TN-Aktivität	Wahrnehmung
Sozialform	Zweiergruppe
Zeit	5 Minuten
Hybrid-Präsenz-Gruppe	Parallel zur Online-Gruppe: 2 TN setzen sich gegenüber, der eine dreht den Stuhl um, während die andere die drei Merkmale verändert.
Verzahnung Online-Hybrid	Ist bei dem Spiel eher nicht sinnvoll.

Methode

Online ist diese Methode etwas schwieriger als in Präsenzseminaren, da sich die Teilnehmenden nicht mit dem ganzen Körper sehen. Es gibt daher weniger Möglichkeiten, etwas zu verändern. Doch hat es sich gezeigt, dass diese Einschränkung durchaus die Fantasie der Gruppe fördern kann.

Verlauf

Die Teilnehmenden werden zu zweit in Gruppenräume geschickt, nachdem Sie die Methode erklärt haben.

- Die Teilnehmenden schauen sich genau an.
- Eine Teilnehmerin schaltet ihre Webcam aus und verändert drei Dinge an sich: die Frisur ändern, Brille austauschen, Uhr an die andere Armseite, Kleidung ändern etc. Danach schaltet sie die Webcam wieder an und die andere Person muss sehen, was sie verändert hat.
- Im Anschluss wird getauscht.

Trainer-Hinweise

- Geben Sie die Empfehlung, dass die Arme miteinbezogen werden, dann haben die Teilnehmenden mehr Gestaltungsspielraum. Also die Arme mit ins Bild nehmen, indem sie etwas hochgehoben werden.
- Die Übung sollte nicht zu lange dauern, d.h., die Teilnehmenden müssen sich mit Dingen begnügen, die in der Nähe sind, damit der andere

nicht so lange warten muss, bis jemand etwa ein anderes T-Shirt geholt hat.

URL ➤ Link zum Video: https://youtu.be/GdCnU4NkJaU
Hier können Sie sich anschauen, wie ich die Methode mit Wiebke online ausprobiere. Sie fängt bei Minute 7:30 an.

Erbsen rollen

Ziel/Seminarphase	Energizer
Medien	Kamera und Mikro an
TN-Aktivität	Sprechen, bewegen
Sozialform	Gesamtgruppe
Zeit	5 Minuten
Hybrid-Präsenz-Gruppe	Machen parallel mit
Verzahnung Online-Hybrid	Es machen alle zusammen mit, entweder leitet die Präsenztrainerin oder die Online-Trainerin an.

Methode

Die Methode ist aus dem Kindergartenbereich, aber für Erwachsene ebenso aufmunternd. Wenn die richtige Stimmung da ist, kann es sehr schön nach einer Pause oder zwischen eher theoretischen oder anstrengenden Einheiten eingeschoben werden. Die Teilnehmenden haben Spaß, lachen eine Runde und sind anschließend wieder fit für die Arbeit.

Verlauf

Zunächst lernen die Teilnehmenden den sehr sinnigen Satz und die Bewegung: *„Erbsen rollen über die Straße - und dann sind sie platt. Oh, wie schade, jammer-, jammerschade!"*

Erbsen rollen über die Straße – dabei lassen Sie die Finger von oben nach unten über die Oberschenkel bis zu den Knien laufen.
- und dann sind sie platt – dabei schlagen Sie die flachen Hände auf die Oberschenkel.
Oh, wie schade – bei „Oh" die linke Hand vor den Mund schlagen, bei „schade" mit der rechten Hand sanft auf den Kopf schlagen.
jammer-, jammerschade – bei „jammer, jammer" zweimal die linke Hand vor den Mund schlagen, bei „schade" die rechte Hand wieder auf den Kopf.

Das war nur das Grundgerüst. Das Spiel lebt von seinen Varianten, die Sie nach und nach ankündigen und dann einfach loslegen. Die Teilnehmenden steigen auf ihre Weise ein. Sie als Trainerin sollten die Stimmungen sehr übertrieben darstellen, dann trauen sich auch die Teilnehmenden eher.

Variationen

Vorschläge für verschiedene Stimmungen

- Traurig – „Das ist ja eine sehr traurige Geschichte – und daher sagen wir das jetzt ganz traurig." (Mit weinerlicher zittriger Stimme, heulend)
- Lustig – „Manche Menschen finden das hingegen wieder lustig." (Ausschütten vor Lachen, kichern usw.)
- Krimi – „Jetzt machen wir das Ganze als Krimi." (Geheimnisvolle leise Stimme, plötzlicher Aufschrei bei „platt" wie ein Pistolenschuss)
- Eingebildet, arrogant – (Mit hochnäsiger Stimme und Mimik)
- Verliebt – (Verliebt über die Beine streichen, die Augen zum Himmel drehen etc. Diese Variante wirkt oft leicht schwachsinnig)
- Betrunken – (Lallend sprechen, bei den Bewegungen nicht richtig treffen, daneben hauen)
- Als Oper – (Arien schmetternd den Text singen, das trauen sich nicht alle, aber wenn Sie hemmungslos singen, steigen einige mit ein, der Rest lacht sich schlapp)
- Opa – (mit einem Krückstock unter dem Arm und ohne Zähne)
- Oma – (mit zwei Stricknadeln rechts und links unterm Arm)

Sie können sich natürlich noch beliebige weitere Varianten überlegen.

Trainer-Hinweis

Die Teilnehmenden sind ja durch die Webcam nicht komplett zu sehen, aber Sie können das Spiel trotzdem genau wie im Präsenzseminar durchführen. Mimik und Stimme bekommt man ja mit und die Bewegung auf den Beinen kann trotzdem jeder mitmachen, auch wenn man sie nicht sieht.

URL/Quelle

- Video-Link: https://youtu.be/0Nf1xwYW7B8
- In seiner ursprünglichen Präsenzform veröffentlicht in: Zamyat M. Klein (2015): Das tanzende Kamel. managerSeminare, 2. Aufl.

Erster – Letzter

Ziel/Seminarphase	Energizer
Medien	Mikro an
TN-Aktivität	Sprechen
Sozialform	Paare oder Gesamtgruppe
Zeit	5 Minuten
Hybrid-Präsenz-Gruppe	Zu zweit
Verzahnung Online-Hybrid	Zu zweit möglich, wenn beide mit Laptop in einem Breakout Room sind.

Methode

Ein Sprachspiel, bei dem die Teilnehmenden schnell assoziieren müssen.

Verlauf

In der Regel wird die Übung zu zweit vorgenommen und immer im Wechsel ein Begriff oder ein Satz formuliert, der mit dem Endbuchstabend des vorherigen Begriffs oder Satzes anfängt.

Dazu gibt es verschiedene Varianten. Bei der Variante Kennenlern-Runde kann die Übung auch reihum in der Gesamtgruppe durchgeführt werden.

Variationen

Freie Wörter

A beginnt und nennt einen Begriff. B muss nun sofort einen anderen Begriff nennen, der mit dem letzten Buchstabend des genannten Wortes beginnt. Das kann auf Tempo gespielt werden, hat die meiste Dynamik und kann auch sehr lustig sein.

Wörter zu einem Thema

Sie können die Begriffe auch auf einen bestimmten Themenbereich beschränken, beispielsweise Tiere. Wenn einem im Verlauf nichts mehr dazu einfällt, kann man „Stopp“ sagen und ein neues Thema ankündigen und starten: Automarken, Heißgetränke ...

Sätze

Ebenfalls eine sehr lustige Variante: Die Sätze beginnen mit dem letzten Buchstaben des vorherigen Satzes, sie gehen aber inhaltlich aufeinander ein. So entsteht tatsächlich ein Gespräch, es braucht jedoch etwas Fantasie, das richtige Anfangswort zu finden. Dabei wird mehr darauf geachtet, was man selber und was die andere Person sagt. Gleichzeitig ist es natürlich ein wenig künstlich und oft an den Haaren herbeigezogen, weil einem zu dem Buchstaben kein toller Satzanfang einfällt. Das kann wiederum auch sehr lustig sein.

Vorstellungs- oder Kennenlern-Runde

Man kann diese Satz-Variante auch zum Kennenlernen nutzen, wo sich die Teilnehmenden gegenseitig Fragen stellen, natürlich mit den Regeln von oben. Dabei kann entweder erst die eine Person mehrmals gefragt werden und diese antwortet dann mit dem Buchstaben-Satz. Oder es geht im Wechsel.

Brückenschlag zu einem Thema

Sie können auch eine Verbindung zu Ihrem Fachthema herstellen, beispielsweise Begriffe aus der Welt der Online-Seminare. Das ist dann mehr eine Art Wiederholungsspiel, und kein reiner Energizer. Es geht auch nicht ganz so flott, ist aber eine schöne spielerische Herausforderung. Das Thema sollte dabei nicht zu eng gewählt sein, sonst wird es schwierig.

Das könnte dann so aussehen: *„Webcam - Monitor - Rätsel - Lampen - Nebeneinander - Rausfliegen - Not - Teilnehmende - Energieaufbauübungen - Netzwerk - Kommentierfunktion - Nachricht - Tastatur - Radiergummi - Internet - Technik - Kommentare - Emoji - interaktiv - virtueller Hintergrund - Dashboard"*

Trainer-Hinweis

Normalerweise wird die Übung ja zu zweit vorgenommen, aber man könnte auch Varianten mit der Gesamtgruppe versuchen: Eine Person sagt ein Wort, alle anderen schreiben ein Wort mit dem Endbuchstaben am Anfang in den Chat. Vor allem bei der themenbezogenen Variante könnte diese Variante hilfreich sein und ist dann gleichzeitig eine Wiederholung für alle.

URL/Quelle

- Video-Link: https://youtu.be/kDgn0fRlVto
- Die Methode habe ich kennengelernt von Wiebke Wimmer.

Familie Meier

Ziel/Seminarphase	Energizer
Medien	Trainer-Geschichte
TN-Aktivität	Bewegen
Sozialform	Gesamtgruppe
Zeit	5 Minuten
Hybrid-Präsenz-Gruppe	Beide machen parallel das gleiche Spiel.
Verzahnung Online-Hybrid	Es kann auch von beiden Gruppen gemischt gespielt werden, wenn sich alle gut sehen können. Also: Vater Meier ist Präsenz, Mutter Meier online etc.

Methode

Ursrprünglich ein Kinderspiel und für Präsenzseminare. Doch irgendwann kam mir eine Idee, wie es auch online umsetzbar ist. Auf jeden Fall gibt es Bewegung, weil die Teilnehmenden dauernd aufstehen und sich wieder hinsetzen. Gut für den Kreislauf.

Verlauf

Jeder Teilnehmende erhält einen Namen, eine Familienzuordnung: Herr Meier, Frau Meier, Sohn Meier, Tochter Meier, es können auch noch Hund und Katze Meier dazukommen, je nachdem, wie groß die Gruppe ist. Auf jeden Fall sollte es noch eine weitere Familie Müller geben und am besten noch eine Familie Schmitz. Je ähnlicher die Namen, desto größer die Verwirrung.

Die Trainerin erzählt nun eine Geschichte, wo immer wieder einzelne Personen genannt werden. Die Geschichte kann völlig sinnbefreit oder auch unspektakulär sein, denn sie wird ja aus dem Stegreif erfunden. Die genannten Rolleninhaber müssen dann blitzartig aufstehen und sich wieder hinsetzen. Wenn etwa die ganze Familie genannt wird, müssen alle Familienmitglieder aufstehen.

Ein Beispiel: *„An einem schönen Sonntagmorgen beschließt Herr Müller (steht auf und setzt sich wieder) mit seiner Familie (alle aufstehen/setzen) einen Ausflug zu machen. Er fragt seine Frau (Frau Meier steht auf und setzt* *sich wieder), ob die Kinder (Sohn und Tochter stehen auf) wohl dazu Lust haben. Auch den Hund (aufstehen/hinsetzen) können sie mitnehmen, nur die Katze (dito) muss zu Hause bleiben.*

Seine Frau (dito) schlägt vor, ob sie nicht die Familie Meier (dito) fragen, ob sie mitkommen will. Wobei der Sohn (dito) wohl gerade auf einem Klassenausflug ist. Aber die Tochter (dito) würde sicher gerne mitkommen, zumal sie ja gerne mit der eigenen Tochter (dito) spielt."

Variationen

- Eine Steigerung ist, das Ganze auch noch pantomimisch zu begleiten. Wenn sie beispielsweise Auto fahren, Rad fahren, rudern, Sachen einpacken, den Hund anleinen usw.
- Eine weitere Steigerung ist, wenn beispielsweise Frau Müller vorschlägt, „Wir könnten doch ..." und die Trainerin dazu eine Bewegung macht, die „Frau Müller" dann raten und formulieren muss: „... wir könnten doch mal alle mit dem Rad fahren."

Trainer-Hinweis

Sie können nach dem ersten Durchlauf auch einen Teilnehmenden eine Geschichte erzählen lassen.

Gehen, stehen, klatschen, rufen

Ziel/Seminarphase	Energizer
Medien	Kamera an
TN-Aktivität	Reagieren und bewegen
Sozialform	Paare oder Gesamtgruppe
Zeit	5 Minuten
Hybrid-Präsenz-Gruppe	Zu zweit oder in der Gesamtgruppe (vor oder nach der Online-Gruppe)
Verzahnung Online-Hybrid	In der Gesamtgruppe gemeinsam Präsenz und Online. Eine Trainerin gibt die Anweisungen.

Methode

Eine sehr schöne Verwirr-Konzentrationsübung mit Bewegung.

Verlauf

Die Trainerin stellt erst einmal zwei Paare vor, es werden dann im Laufe der Zeit mehr.

- Erstes Paar: Gehen und stehen – Alle gehen auf der Stelle. Wenn die Anweisung „Stehen" kommt, bleiben alle stehen.
- Zweites Paar: Klatschen und rufen – Alle klatschen in die Hände. Bei „Rufen" rufen alle schnell ihren eigenen Namen.

Diese beiden Paar-Konstellationen werden erst einige Male durchexerziert und man denkt: „Na ja." Doch dann kommt die Steigerung:

Beim ersten Paar machen alle immer das Gegenteil. Wenn also „Stehen" gesagt wird, dann müssen sie gehen. Das zweite Paar bleibt erst einmal dabei, dass das getan wird, was auch angesagt wird.

Dann kommt ein dittes Paar hinzu: Hüpfen und verbeugen. Nun soll auch beim zweiten Paar immer das Gegenteil von dem gemacht werden, was angesagt wird. Schließlich werden alle vertauscht.

Variationen

Sie können natürlich jede Menge weiterer Anweisungen dazunehmen:

- Kopfschlagen und Welle: Vor den Kopf schlagen und eine Wellenbewegung mit den Armen
- Schnipsen und sich umdrehen
- Grummeln und winken

Trainer-Hinweise

- Sie können die Teilnehmenden bitten, sich weitere Varianten auszudenken.
- Sie können das Spiel zu zweit in Gruppenräumen spielen lassen oder auch in der Gesamtgruppe, das ist ähnlich lustig.

URL/Quelle

- Link zum Video: https://youtu.be/_hGcW0VPf0k
- Kennengelernt von Wiebke Wimmer.

Hallo, mein Name ist Jo

Ziel/Seminarphase	Energizer
Medien	Kamera an
TN-Aktivität	Bewegen, sprechen
Sozialform	Gesamtgruppe
Zeit	5 Minuten
Hybrid-Präsenz-Gruppe	Die Gruppen können es parallel spielen.
Verzahnung Online-Hybrid	Beide Gruppen machen gleichzeitig mit.

Methode

Mit dieser Methode kommen die Teilnehmenden sehr in Bewegung. Es kommen immer mehr Bewegungen und Körperteile mit ins Spiel, anschließend sind sicher alle wach. Daher ist sie gut geeignet nach der Mittagspause oder bei anderen Tiefs.

Verlauf

Die Trainerin sagt immer einen Satz vor und macht dazu eine Bewegung, danach wiederholen alle gemeinsam Satz und Bewegung.

1. Sie macht mit der rechten Hand die ganze Zeit eine Drehbewegung, während sie den folgenden Text spricht und die Gruppe alles wiederholt:

> Jo: „*Hallo, mein Name ist Jo.*
> *Ich arbeite in einer Knopffabrik.*
> *Da kommt mein Chef und fragt:*
> *Bist du beschäftigt? –Ich sage ‚Nein‘.*“
>
> Chef: „*Dann nimm doch noch die andere Hand.*“

2. Nun macht sie auch mit der linken Hand eine Drehbewegung. Die Gruppe spricht wieder den selben Text dazu und macht ebenfalls die Drehbewegung.

> Chef: „*Dann nimm doch noch den Fuß dazu.*“

3. Ab da stampft die Trainerin die ganze Zeit rhythmisch mit dem Fuß auf.

> Chef: *„Dann nimm doch noch den Kopf dazu."*

4. Nun kommt noch ein rhythmisches Kopfnicken dazu.

Variationen Brückenschlag: Noch witziger wird es, wenn man es in Verbindung zum Seminarthema einsetzt. Hier einige Ideen.

Thema Zeitmanagement

> *„Hallo, mein Name ist Jo.*
> *Ich arbeite in einem Stadtbüro.*
> *Da kommt mein Chef und fragt:*
> *Bist du beschäftigt? Ich sage ‚Ja!'"*

Nun könnte man die Aussage umkehren: Der Chef bürdet Jo immer mehr Aufgaben auf, obwohl er jedes Mal auf die Frage „Bist du beschäftigt?" mit „Ja" antwortet.

> Chef: *„Dann nimm doch noch die Mails dazu* (auch mit der einen Hand drehen)."
> Chef: *„Dann schau doch die Notiz noch an* (mit der anderen Hand drehen)."
> Chef: *„Dann geh doch mal ans Telefon* (dabei Geh-Bewegungen machen)."
> Chef: *„Dann räum doch mal die Akten ein* (Wurfbewegung nach hinten über die Schulter)."

Thema Online-Seminare

> *„Hallo, mein Name ist Jo.*
> *Ich bin in einem Webinar.*
> *Da kommt der Trainer und fragt:*
> *Kannst du gut lernen? Ich sage: ‚Nein.'"*
>
> *„Dann mach doch mal das Mikro an* (imaginäres Mikro vor den Mund halten)."
> *„Dann mach doch mal die Webcam an* (eine Hand vor dem Gesicht hin und her bewegen)."

„*Dann schreibe doch mal in den Chat* (mit der linken Hand übertriebene Tippbewegungen machen)."
„*Dann nimm doch mal den Stift dazu* (mit der rechten Hand übertriebene Schreibbewegungen mit einem großen Stift machen)."

Trainer-Hinweis

Die Ursprungsversion klingt etwas eintönig, danach sind aber wirklich alle fit.

URL/Quelle

- Link zum Video: https://youtu.be/spkUQuOrivo
- In seiner ursprünglichen Präsenzform veröffentlicht in: Zamyat M. Klein (2015): Das tanzende Kamel. managerSeminare, 2. Aufl.

Huhn und Ei

Ziel/Seminarphase	Energizer
Medien	Durchnummerierte Video-Kacheln
TN-Aktivität	Sprechen
Sozialform	Gesamtgruppe bis 20 Personen
Zeit	5 Minuten
Hybrid-Präsenz-Gruppe	Die Präsenzgruppe macht es parallel, der Monitor wird stumm geschaltet. Wenn die Gruppe im Stuhlkreis sitzt, zählen erst einmal alle TN durch und merken sich dann jeweils ihre Zahl.
Verzahnung Online-Hybrid	Präsenzvariante vor oder nach der Online-Gruppe. Es zu verzahnen wäre zu kompliziert.

Methode

Diese Methode ist online genauso großartig wie in Präsenzseminaren, sie erfordert Konzentration und lässt sich zudem gut mit dem Thema verbinden, wie wir mit Fehlern umgehen.

Verlauf

Zuerst werden alle Video-Kacheln durchnummeriert, indem jede Person vor ihren Namen eine Zahl schreibt. Dazu verschieben Sie als Host erst einmal eine Kachel, danach können Sie „Videoaufteilung des Host verfolgen" einstellen, was bewirkt, dass alle die Video-Kacheln in der gleichen Reihenfolge sehen (wenn sie über die App drin sind). Dann sagen Sie sicherheitshalber jedem TN die Zahl, die die Person vor ihren Namen schreibt, bis dann alle durchnummeriert sind, etwa von 1-15 oder 20.

Sie als Trainerin beginnen und sagen: „*Mein Huhn legt 7 Eier* (also irgendeine Zahl, die auf einer Video-Kachel steht)."
Dann muss Teilnehmender Nr 7 antworten: „*Wieso denn 7?*"
Sie antworten: „*Wie viel denn sonst?*"
Er antwortet: „*Na, 3!*"
Dann fragt Nummer 3: „*Wieso denn 3?*" Usw.

Trainer-Hinweise

- Ich sage den Teilnehmenden, dass sie sich nur drei kleine Sätze merken müssen und diese bitte NICHT aufschreiben sollen. Das Schöne ist, dass ich das durchaus sehe, vor allem, wenn sie dann während des Spiels auf ihre Notizen schauen. Dann greife ich sofort ein.
- Dadurch wird es nämlich nicht leichter, sondern die Übung verzögert sich. Außerdem geht es ja gerade darum, dass sie es sich merken sollen – und den Spaß, wenn wieder jemand auf dem Schlauch steht oder was völllig anderes sagt.
- Oft lehnen sich Teilnehmende nämlich entspannt zurück, wenn sie jemanden aufgerufen haben und vergessen, dass sie noch sagen müssen *„Wie viel denn sonst?"* Auch das *„Na"* wird oft vergessen, aber ich bestehe drauf. Oder sie erfinden eigene Sätze: *„Wieso denn nicht?"*
- Die Reaktionen sind sehr unterschiedlich. Viele lachen, wenn sie was völlig anderes sagen oder nicht reagieren, obwohl sie dran sind, anderen ist das wiederum peinlich. Dann können Sie auch das thematisieren.

URL/Quelle

- Link zum Video: https://vimeo.com/809342240/109cd7f38b
- In seiner ursprünglichen Präsenzform veröffentlicht in: Zamyat M. Klein (2015): Das tanzende Kamel. managerSeminare, 2. Aufl.

Ich sage Knie

Ziel/Seminarphase	Energizer
Medien	Video-Kacheln in der gleichen Reihenfolge oder durchnummeriert und in die gleiche Reihenfolge gebracht
TN-Aktivität	Bewegen, sprechen
Sozialform	Gesamtgruppe oder Paare
Zeit	5 Minuten
Hybrid-Präsenz-Gruppe	Parallel oder hintereinander
Verzahnung Online-Hybrid	Zu zweit möglich, wenn beide mit Laptop in einem Breakout Room sind.

Methode Eine Konzentrationsübung, die ich mir lange nur in Präsenzseminaren vorstellen konnte, wo sie im Kreis sitzend gespielt wird. Aber mit den Video-Kacheln in einer festen Reihenfolge, die für alle gleich sichtbar ist, ist es genauso möglich. Zu zweit geht die Übung ganz einfach in den Breakout Rooms.

Die Konzentrationsleistung besteht darin, dass man etwas anderes sagt als man gerade tut. Das ist nicht so einfach, trainiert somit die Konzentration und fördert gute Laune. Denn ohne Lachen wird es kaum gehen.

Verlauf Die Trainerin beginnt und nennt ein Körperteil: *„Ich sage Knie."* Dabei fasst sie sich aber an die Nase. Der nächste Teilnehmende sagt *„Ich sage Ohr"* und fasst sich ans Knie. Die Nächste *„Ich sage Ellenbogen"* und fasst sich dabei ans Ohr. Man berührt also das Körperteil, dass der Vorgänger genannt hat und sagt etwas Neues.

TN 1: *„Ich sage Knie"* und fasst sich an die Nase.
TN 2: *„Ich sage Ohr"* und fasst sich ans Knie.
TN 3: *„Ich sage Ellenbogen"* und fasst sich ans Ohr.

Umkehrung

Varianten

Es geht auch genau umgekehrt: Der Nächste greift in der Bewegung das auf, was die vorherige Person gesagt hat und sagt dann etwas Neues.

Beispiel:

- TN 1: *„Ich sage Knie"* und fasst sich an die Nase.
- TN 2: *„Ich sage Nase"* und fasst sich ans Knie.
- TN 3: *„Ich sage Ellenbogen"* und fasst sich an die Nase.

Diese Variante dürfte für die meisten etwas einfacher sein.

Zu zweit

Wie man im Video sieht, geht es auch prima zu zweit. Dazu gehen jeweils zwei in einen Breakout Room und machen es immer abwechselnd.

Trainer-Hinweis

Es ist online etwas schwieriger, weil man eben nicht den ganzen Körper sieht – das Knie zum Beispiel nicht. Es sei denn, man hebt es so hoch, dass man es in der Webcam sehen kann. Daher sollte man besser Körperteile nehmen, die alle sehen können.

URL/Quelle

- Link zum Video: https://youtu.be/EIaZ19J8YYg
- In seiner ursprünglichen Präsenzform veröffentlicht in: Zamyat M. Klein (2015): Das tanzende Kamel. managerSeminare, 2. Aufl.

Impro-Yoga

Ziel/Seminarphase	Energizer
Medien	Kamera an
TN-Aktivität	Bewegen, sprechen
Sozialform	Gesamtgruppe
Zeit	5 Minuten
Hybrid-Präsenz-Gruppe	Kann es parallel durchführen.
Verzahnung Online-Hybrid	Mal ein Präsenz-, mal ein Online-TN schlägt ein neues Tier vor. Hier geht also die Verzahnung der beiden Gruppen gut!

Methode

Viele Yoga-Übungen (Asanas) haben ja Tiernamen oder andere Bezeichnungen, die etwas bedeuten. Das nehmen wir zum Ausgangspunkt bei dieser Übung.

Verlauf

Die Trainerin beginnt und nennt eine Eigenschaft und ein Tier und denkt sich dazu spontan eine Haltung oder Bewegung aus. Im Video das Beispiel „Der gechillte Igel". Alle machen und sprechen es nach.

Die Nächste erfindet eine neue Haltung „Der alberne Affe". Dann kommt der Nächste dran „Das schüchterne Reh".

Die Spielregeln lauten jedoch ähnlich wie „Kofferpacken", d.h., es werden alle Tiere und Bewegungen immer von Anfang an wiederholt.

Variation

Man kann natürlich auch etwas anderes nehmen als Tiernamen. Zum Beispiel Küchengeräte:

- Der langsame Quirl (alle drehen sich umeinander)
- Die quietschende Salatschleuder (mit dem Oberkörper Kreisbewegungen machen)
- Der hüpfende Toaster (Hüpfbewegungen)
- Das hektische Nudelholz (Oberkörper hektisch vor- und zurückbewegen)

URL/Quelle

- Link zum Video: https://youtu.be/hRUTQRdCSu0
- Kennengelernt von Wiebke Wimmer.

Ja-Nein-Kreis

Ziel/Seminarphase	Energizer
Medien	Kamera an
TN-Aktivität	Stehen, bewegen, sprechen
Sozialform	Gesamtgruppe
Zeit	5 Minuten
Hybrid-Präsenz-Gruppe	Parallel, ohne den Ton der anderen zu hören
Verzahnung Online-Hybrid	Nacheinander (erst online, dann in Präsenz – oder umgekehrt)

Methode

In Präsenzseminaren wird diese Methode im Kreis stehend gespielt und jeweils der rechte und linke Nachbar sind einbezogen. Daher hatte ich es online lange nicht in Erwägung gezogen. Aber mit kleiner Veränderung geht es natürlich auch online. In Präsenz ist es eine sehr dynamische Übung, die manchem Teilnehmenden auch etwas Mut abfordert. Denn laut rufen und aufstampfen fällt nicht jedem so leicht.

Verlauf

Auch wenn wir online nicht im Kreis stehen können, so kann man bei Zoom die Kacheln als Host so verschieben, dass alle die gleiche Reihenfolge sehen. Falls das nicht funktioniert, können die Teilnehmenden durchnummeriert werden, die Zahl vor ihren Namen schreiben und selbst ihre Kachel an die richtige Stelle schieben. Ziel ist, dass am Ende alle die gleiche Ansicht haben.

Das „Ja" und das „Nein" werden im Kreis herumgegeben, im Online-Fall den Kacheln entlang und zwar möglichst zügig. Wir üben erst einmal alle das Ja, nacheinander in die eine Richtung, nach einer Weile mit dem anderen Arm in die andere Richtung.

Die Trainerin beginnt und gibt das Ja an ihren linken Nachbarn weiter (ihre Kachel ist immer oben links, links ist also der, der aus der Sicht von vorne auf die Video-Kacheln rechts von ihr zu sehen ist). Sie dreht sich dazu in seine Richtung, schleudert den linken Arm nach vorne, stampft dabei mit dem Fuß auf und ruft ganz laut „Ja". Dieser gibt es sofort an seine nächste Nachbarin auf die gleiche Art weiter.

Irgendwann ruft jemand „Nein" und reißt dabei beide Arme hoch (und bleibt nach vorne gewandt). Damit stoppt das „Ja" und die zuletzt aktive Person muss das „Ja" in die andere Richtung wieder zurückgeben, diesmal mit dem anderen Arm.

Variation

Ich habe mal eine dezentere Variante des Ja-Nein-Kreises kennengelernt (online aber noch nicht ausprobiert). Dort wird nur der Kopf nach rechts gedreht und „Ja" gesagt, so lange, bis einer den Kopf gerade nach vorne hält und nichts sagt. Das ist dann das Stopp. Nun wird das „Nein" zurückgegeben und die Köpfe dabei in die andere Richtung gedreht. Auch hier sollte man das Wort online wohl mit dem Namen verbinden, Ja Gisela, Ja Jürgen etc.

Trainer-Hinweise

- In Präsenzseminaren wird der linke Arm erhoben, wenn es links herum geht und der rechte Arm, wenn es rechts herum geht. Da ist noch eine zusätzliche Konzentrationsleistung erforderlich. Da die Übung mit den Video-Kacheln etwas komplizierter ist, können Sie diese Arm-Variante auch außer Acht lassen und sich nur auf die Richtung der Weitergabe konzentrieren.
- Manche Teilnehmenden haben ihre Video-Ansicht bei Zoom spiegelverkehrt eingestellt, sie sehen dann die rechte Kachel links und umgekehrt. Daher sollten Sie vorher alle die gleiche Einstellung vornehmen lassen, sonst wird es noch schwieriger.
- Wenn sich das nicht regeln lässt, ignorieren Sie es einfach. Es muss dann gleichzeitig mit dem Ja auch der Name des Nachbarn gerufen werden. Dass der Arm dann für manche in die falsche Richtung weist, muss dabei hingenommen werden und fördert und fordert noch mehr Konzentration.
- Fordern Sie die Teilnehmendenn auf, das Nein nicht zu früh zu bringen und nicht zu oft, damit auch die hinteren Spieler mal drankommen und es vor allem erst mal zu einem richtigen schnellen Fluss kommt. Nur dann entstehen Dynamik und Energie.

Quelle

- In seiner ursprünglichen Präsenzform veröffentlicht in: Zamyat M. Klein (2015): Das tanzende Kamel. managerSeminare, 2. Aufl.

Ja, Nein, Ich weiß nicht, Kommt darauf an

Ziel/Seminarphase	Energizer/Kennenlernen
Medien	Kamera an
TN-Aktivität	Sprechen und bewegen
Sozialform	Paare
Zeit	5-10 Minuten
Hybrid-Präsenz-Gruppe	Zu zweit
Verzahnung Online-Hybrid	Zu zweit möglich, wenn beide mit Laptop in einem Breakout Room sind

Methode

Diese Methode habe ich einfach mal so erfunden, wohl angeregt durch die diversen Spiele, die wir schon ausprobiert hatten.

Verlauf

Zunächst müssen die Bewegungen gelernt werden:

Ja: auf die Nasenspitze tippen und dabei den Kopf schütteln
Nein: an die Ohren fassen und nicken
Ich weiß nicht: den rechten Zeigefinger zwischen die Zähne nehmen
Kommt drauf an: die linke Hand auf den Kopf legen

A stellt diverse Fragen an B, die diese mit den vier Möglichkeiten nonverbal beantwortet, indem sie die entsprechende Bewegung macht. Anschließend wird getauscht.

Variation

Man kann die Übung auch zum realen Kennenlernen nehmen. Dann fasst die eine Person noch mal nach fünf Fragen zusammen, die sie behalten hat und die befragte Person erzählt dann noch kurz etwas dazu.

Trainer-Hinweis

Eine Rückmeldung war, dass durch das Nicken bei der Antwort „Nein" die andere Person sich trotzdem ermutigt fühlte, weiter zu fragen.

URL

- Schauen Sie sich das Video an, dann werden der Effekt und der Spaß deutlicher. Link zum Video: https://youtu.be/_jqw_V5KkUc

Keine Mutter ohne Kind

Ziel/Seminarphase	Energizer
Medien	Mikro und Kamera an
TN-Aktivität	Sprechen, Pantomime
Sozialform	Paare oder Gesamtgruppe
Zeit	5-10 Minuten
Hybrid-Präsenz-Gruppe	Zu zweit oder in der Gesamtgruppe reihum im Stuhlkreis
Verzahnung Online-Hybrid	In der Gesamtgruppe möglich, dass ein Präsenz-TN beginnt und ein Online-TN den Reim dazu findet und umgekehrt. Zu zweit möglich, wenn beide mit Laptop in einem Breakout Room sind.

Methode Bei dieser Methode geht es ums Reimen in einem festen Raster.

Verlauf A beginnt und sagt beispielsweise: „*Keine Mutter ohne Kind.*"
B antwortet: „*Keine Wiese ohne Rind.*" Oder auch: „*Kein Drache ohne Wind.*"
Dann startet B mit einem neuen Reim: „*Kein Bier ohne Schaum.*"
A: „*Kein Schlaf ohne Traum.*"

Variationen Das Reimwort wird nur pantomimisch dargestellt, die andere Person antwortet dann mit einem Reim.

Beispiel:
- „*Kein Meer ohne* (macht dann einen Fischmund – soll also einen Fisch darstellen)."
- Antwort: „*Kein Essen ohne Tisch.*"
- „*Kein Himmel ohne* (Flügelbewegungen = Engel)."
- Antwort: „*Keine Blume ohne Stengel.*"

Variante Gesamtgruppe: Sie können diese Übung auch in der ganzen Gruppe spielen lassen. Eine Person startet mit einem Reim und alle anderen antworten im Chat. Oder auch mündlich. Sie können auch noch Punkte vergeben für die, die als Erstes einen Reim finden.

Trainer-Hinweis

Es geht eindeutig leichter mit einsilbigen Wörtern. Die Teilnehmenden sollten auch schon darauf achten, dass sie ein Wort nehmen, zu dem man leicht einen Reim finden kann.

URL

- Link zum Video: https://youtu.be/OObgq5eFams

Klack, versetzt

Ziel/Seminarphase	Energizer
Medien	Kamera und Mikro an
TN-Aktivität	Bewegung und Klack sagen
Sozialform	Paare oder Gesamtgruppe
Zeit	5 Minuten
Hybrid-Präsenz-Gruppe	Parallel ebenso in Paaren oder in der Gruppe
Verzahnung Online-Hybrid	Wäre theoretisch möglich als Paare (1 online, 1 Präsenz), ist aber eher kompliziert, weil der Präsenz-TN viel mehr Möglichkeiten hat.

Methode

Eine Konzentrationsübung vom Feinsten.

Verlauf

Sie erläutern, dass das „Klack“ den Rhythmus vorgibt, wie bei einem Metronom. Sie können auch erst einmal einen Beispiel-Lauf durchführen, wie im Video dargestellt.

Person A beginnt, sagt *„Klack“* und hält dabei beispielsweise die rechte Hand hoch. Dann sagt sie wieder *„Klack“* und legt dabei die linke Hand auf den Kopf.

Gleichzeitig zu ihrem zweiten Klack macht B die erste Geste nach, hebt also ihre rechte Hand. Das heißt, die zweite Person macht immer die vorherige Geste der ersten, parallel zur neuen Geste von A. Nach einer Weile wird getauscht, dann führt B und A macht es nach.

Variation

Variante in Gruppen

Wenn man die Teilnehmenden vorher alle in die gleiche Reihenfolge bringt (Video-Aufteilung des Host verfolgen) oder sie sich auf ihren Video-Kacheln durchnummerieren, kann man die Übung auch in der Gruppe durchführen.

Dann läuft es einmal so durch:

- A beginnt mit Geste 1 (Hand hochheben)
- A macht Geste 2 (Hand auf den Kopf), gleichzeitig hebt B die Hand hoch
- A macht Geste 3 (Finger auf die Nasenspitze), B legt die Hand auf den Kopf, C hebt die Hand hoch
- A macht Geste 4 (Hand auf linke Schulter), B legt Finger auf die Nasenspitze, C legt die Hand auf den Kopf, D hebt die Hand hoch

Und so weiter ...

Trainer-Hinweise

- Beim Ausprobieren fiel mir auf, dass es nicht immer gelingt, dass man beide Hände sieht. Also die erste Geste (rechte Hand angehoben) einfriert, während man die zweite Geste (linke Hand auf den Kopf legen) macht. Diese Variante ist auf jeden Fall auch schwieriger. Spätestens, wenn bei einer Geste beide Hände gebraucht werden, funktioniert das nicht mehr.
- Es ist auch einfacher, wenn man immer nur die vorherige Gesten eine Runde später nachmacht, ohne noch die vorvorige Geste halten zu müssen.

URL/Quelle

- Link zum Video: https://youtu.be/GdCnU4NkJaU
- Kennengelernt von Wiebke Wimmer.

Knallerlinge

Ziel/Seminarphase	Energizer
Medien	Papier und Stifte oder Whiteboard
TN-Aktivität	Zeichnen, Geschichten erfinden
Sozialform	Paare oder Kleingruppen
Zeit	10-15 Minuten
Hybrid-Präsenz-Gruppe	Auf Papier zeichnen
Verzahnung Online-Hybrid	Zu zweit möglich, wenn beide mit Laptop in einem Breakout Room sind. Dann können beide auf dem Whiteboard zeichnen oder auf Papier und es vor die Webcam halten.

Methode

Diese Idee habe ich (mit Erlaubnis) aus einem ganz anderen Zusammenhang geklaut. Ich habe an einem Online-Malkurs („KreaSphäre" von Andrea Gunkler ins Leben gerufen) teilgenommen, wo unterschiedliche Menschen unterschiedliche Tutorials gaben. Eines davon war von Silvia Eichoff und nannte sich „Knallerlinge". Ziemlich schnell kam ich auf eine Beziehung zu meinen Seminaren, wo ich ja auch immer wieder gerne mal kreative Anregungen gebe, die helfen, aus den gewohnten Kreisen herauszukommen.

Verlauf

Die Teilnehmenden können die Übung gerne auf Papier mit Farbstiften oder Filszstiften gestalten, das ist mal eine nette Abwechslung. Es geht aber auch mit den Zeichenwerkzeugen bei Zoom auf einem Whiteboard.

1. Jeder zeichnet einen Kreis und darin einige schwungvolle Kritzel, ohne abzusetzen und vor allem, ohne nachzudenken.
2. Danach schaut jeder, welche Figur man darin sieht und verstärkt das. Indem man zum Beispiel Augen reinzeichnet oder Flügel dranmalt.
3. Danach schaut jeder, welcher Name oder welche Beschreibung einem spontan dazu einfallen.
4. Das Ergebnis wird bunt ausgemalt.

Vor meinem geistigen Auge taucht oft schon ein Name auf, bevor ich in die Figur Augen hineinmale oder ihr einen Namen gebe. So entstand beispielsweise Lisa, die Leselampe, weil ich da einen Lampensockel bemerkte. Oder Frieda, die Flinke, weil das Motiv so bewegt aussah. Das Ziel ist also, komplett spielerisch etwas im Motiv sehen und es zu benennen.

Abb.: Aus absichtslosem Herumkritzeln wird eine Figur in Aktion ...

Variationen

1. Variante

Jeder zeigt seinen „Knallerling" vor der Webcam oder mit einer Dokumentenkamera. Und erzählt dazu eine Geschichte. Einfach drauflos erzählen und während des Erzählens erfinden.

2. Variante

Zu zweit wird eine Geschichte erzählt, immer abwechselnd ein Satz, der skizziert, wo sich die beiden begegnen und etwas gemeinsam erleben.

Trainer-Hinweise

- Sie können auch anregen, dass die Teilnehmenden Beziehungen zum Seminarthema herstellen. Aber am besten erst, nachdem sie schon die ersten zwei Schritte gezeichnet haben, damit sie sich nicht doch schon beeinflussen.
- Versuche auf dem Whiteboard:

Abb.: Furchtsame Nonne bei der Begutachtung ihres Kräutergartens

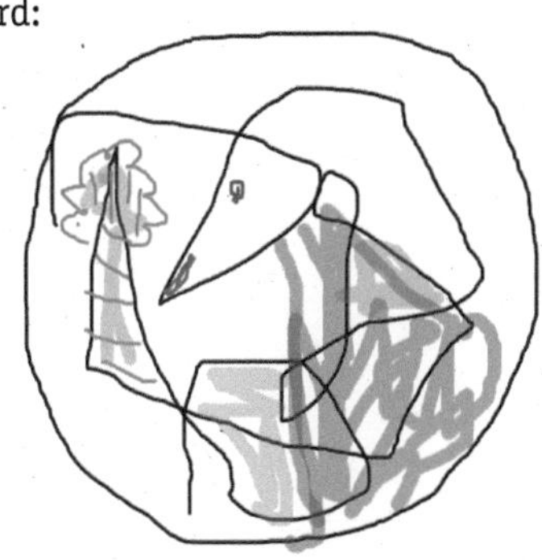

Weitere Motive als Anregung in den Download-Ressourcen

Leipziger Messe

Ziel/Seminarphase	Energizer
Medien	Kamera und Mikro an
TN-Aktivität	Bewegen, sprechen und lachen
Sozialform	Gesamtgruppe
Zeit	5 Minuten
Hybrid-Präsenz-Gruppe	Die Präsenzgruppe könnte die Übung parallel im Präsenzraum machen, dies wäre aber etwas schade für die Online-Gruppe!
Verzahnung Online-Hybrid	Alle zusammen, online und in Präsenz

Methode

Nach wie vor einer meiner Lieblings-Energizer, extrem albern und bewegt. Danach sind alle Teilnehmenden wach und munter.

Verlauf

Sie können die ersten fünf Teilnehmenden in die gleiche Reihenfolge bringen oder durchnummerieren. Falls das nicht geht, ist die Übung auch ohne diese Vorbereitung möglich.

Sie beginnen und sprechen die erste Teilnehmerin an, die neben Ihnen platziert ist: *„Du, Sabine, ich war gestern auf der Leipziger Messe."*

Sabine fragt nach: *„Und, hast du mir was mitgebracht?"* – Sie: *„Ja, eine ‚Säge'."* – Sie beginnen, mit der einen Hand Sägebewegungen zu machen.

Alle rufen dann gleichzeitig: *„Oh eine Säge"* – und beginnen, ebenfalls die Sägebewegungen zu machen. Diese Bewegung behalten sie das ganze Spiel über bei!

Dann sprechen Sie den zweiten Teilnehmer an: *„Du, Herbert, ich war noch mal auf der Leipziger Messe."*

Herbert: *„Und, hast du mir auch was mitgebracht?"* - Sie: *„Na klar, einen Fächer"* – und fangen an, mit der anderen Hand Fächerbewegungen vor dem Gesicht zu machen.

Das ist schon ganz schön schwierig (eine Bewegung nach vorn und hinten, die andere Bewegung seitlich) und sieht schon entsprechend bescheuert aus.

Das dritte Mal auf der Leipziger Messe: Sie bringen eine alte Tretnähmaschine mit – dabei stampfen Sie immer mit einem Fuß hoch und runter, was von allen wiederholt wird, auch wenn man das online nicht sieht.

Das vierte Mal auf der Leipziger Messe: ein Schaukelstuhl – dabei schaukeln Sie mit dem Oberkörper vor und zurück.

Das fünfte und letzte Mal auf der Leipziger Messe: ein Papagei – alle rufen laut krächzend „Lore, Lore".

Spätestens da brechen alle zusammen.

Trainer-Hinweis

Vielleicht denken Sie, so etwas macht doch niemand mit? Ich kann nur sagen, ich habe es schon in unendlich vielen Seminaren und auch bei großen Kongressen durchgeführt – und die Teilnehmenden hatten einen Höllenspaß! Außerdem ist es ein tolles Training für das Gehirn, unterschiedliche Bewegungen auszuführen.

URL/Quelle

- Links zu den Videos:
  - zu zweit mit Wiebke: https://youtu.be/-Cv0-F9zB6Y;
  - mit einer Gruppe: https://youtu.be/ap2YJKhE3pA
- In seiner ursprünglichen Präsenzform veröffentlicht in: Zamyat M. Klein (2015): Das tanzende Kamel. managerSeminare, 2. Aufl.

Lippenlesen

Ziel/Seminarphase	Energizer
Medien	Mikrofon ausschalten
TN-Aktivität	Sprechen und raten
Sozialform	Paare oder Gesamtgruppe
Zeit	5 Minuten
Hybrid-Präsenz-Gruppe	Nur in Präsenz macht es keinen Sinn – oder sie sprechen ohne Ton :)
Verzahnung Online-Hybrid	TN raten mit, was online vorgemacht wird.

Methode Eine Methode, die Sie sofort und ohne Vorbereitung in einem Seminar einbauen können, wenn es Zeit ist für einen Energizer, der die Konzentration aller Teilnehmenden schnell wiederherstellt.

Verlauf Jeder sammelt erst einmal Begriffe oder Sätze zum Thema des Seminars.

Eine Person beginnt, schaltet ihr Mikro aus und sagt einen der Begriffe oder einen Satz. Die andere Person reagiert dann sofort, auch wenn sie keinen Schimmer hat: *„Ich weiß genau, was du gesagt hast!"* Und benennt ein Wort, das sie meint, entziffert zu haben. Und wenn sie gar nichts erkannt hat, nennt sie irgendein Wort.

Abb.: Die Teilnehmerin bleibt stumm – in diesem Fall ist das gewollt!

Wenn es stimmt, nickt die Stumme und die Rollen werden gewechselt. Wenn es nicht stimmt, schüttelt sie den Kopf und sagt das Wort noch einmal mit ausgeschaltetem Mikro. Die andere Person darf noch mal raten. Bis zu drei Mal, danach wird das Wort dann verraten.

In der Gruppe

Variation

Es können sich einzelne Teilnehmende melden, die ein Wort oder einen Satz sprechen möchten. Sie kommen dann in die Sprecheransicht, alle anderen schreiben in den Chat, was sie verstanden haben.

Trainer-Hinweise

- Man sollte vorher mitteilen, ob ein Wort oder ein Satz entziffert werden soll.
- Ansonsten lebt das Spiel davon, dass auch wirklich blödsinnige Sachen gesagt werden, dass die Teilnehmenden sich trauen, irgendetwas zu sagen, auch wenn sie nichts verstanden haben. Das macht das Spiel lebendiger und interessanter.

URL/Quelle

- Link zum Video: https://youtu.be/ryNeFHZCBv8
- Kennengelernt von Wiebke Wimmer.

Märchenhafte Dinge

Ziel/Seminarphase	Energizer
Medien	6 Gegenstände (jeder)
TN-Aktivität	Sprechen, Geschichte erfinden
Sozialform	Zu zweit
Zeit	10 Minuten
Hybrid-Präsenz-Gruppe	Zu zweit
Verzahnung Online-Hybrid	Zu zweit möglich, wenn beide mit Laptop in einem Breakout Room sind

Methode

Eine Methode aus dem Impro- Theater, die die Kreativität und Fantasie der Teilnehmenden fördert.

Verlauf

Jeder benötigt sechs Gegenstände.

A beginnt und erzählt ein Märchen: *„Es war einmal …"* Nach und nach hält B einen ihrer Gegenstände in die Webcam, die A dann in ihr Märchen einbauen muss. Nach dem sechsten Gegenstand bringt sie das Märchen zu einem Ende.

A kann auch zuerst noch nach einer Märchenfigur fragen, die darin vorkommen soll. In unserem Video-Beispiel (Video-Link am Beitragsende) ist es eine Fee.

Variation

Man kann auch andere Genres wählen, Krimi, Science Fiction oder anderes.

Trainer-Hinweis

Es geht darum, direkt die Dinge in die Geschichte einzubauen, ohne darüber nachzudenken, wie das Ende ausfällt. Man muss in dem Moment in der Gegenwart sein, ein gutes Mittel, um nicht zu viel vorauszuplanen und mit Veränderungen umzugehen. Und auch zu akzeptieren, dass es nie perfekt ist, sondern einfach das anzunehmen, was da ist, das einzubauen und daran Freude zu finden.

- Link zum Video: https://youtu.be/mLg08nflRLg *URL/Quelle*
- Kennengelernt von Wiebke Wimmer.

Meine Biber haben Fieber

Ziel/Seminarphase	Energizer
Medien	Kamera an
TN-Aktivität	Singen und bewegen
Sozialform	Gesamtgruppe
Zeit	5 Minuten
Hybrid-Präsenz-Gruppe	Parallele Bearbeitung möglich
Verzahnung Online-Hybrid	Das ist im Zusammenspiel wegen des Delays schwierig.

Methode Ein altes Kinderlied, zu dem ich noch Bewegungen für eine Gruppe gelernt habe. Im Netz finden sich die verrücktesten Texte, das hat uns inspiriert, weitere zu entwickeln.

Verlauf Zunächst sollte der Orignaltext gelernt werden und dann dazu die verschiedenen Bewegungen. Diese sollten Sie nach und nach im Spiel direkt einbauen. (Die Melodie können Sie sich im Video anhören.)

Meine Biber haben Fieber, diese Armen
Kann sich keiner dieser Biber denn erbarmen?
Meine Biber haben Fieber, sprach der alte Meister Sieber,
Hätte ich selber lieber Fieber oder Alkohol im Haus?

Im ersten Durchgang klatscht jeder abwechselnd in die Hände und auf die Oberschenkel (auch für die Bewegungen hilft es, sich das Video anzusehen).

Im zweiten Durchgang in die Hände, auf die eigenen Oberschenkel, in die Hände, dann nach links (als ob man im Stuhlkreis sitzend dem linken Nachbarn auf die Oberschenkel schlägt), dann wieder in die Hände und nach rechts.

Dritter Durchgang: Näschen-Öhrchen, was man noch von Dick und Doof kennt. Also mit einer Hand an die Nase fassen und mit der anderen Hand überkreuz ans Ohr. Und das immer im Wechsel.

Variationen

Brückenschlag zum Thema Online-Seminare

Mein Computer ist kein Guter, dieser Arme
Mein Computer ist kein Guter, hängt wohl nicht an einem Router
Hätt ich gerne den Computer oder lieber ein Papier?
Meine Gruppen sind wie Puppen, diese Armen
Meine Gruppen sind wie Puppen, bis es es regnet bunte Schuppen
Hätt ich gerne solche Gruppen oder lieber viel Rabatz?

Zum Thema Online-Arbeiten

Unsere Webcams sind am Flackern, diese Armen
Unsere Webcams sind am Flackern, kann ich noch so emsig rackern
Hätte ich gerne so ne Webcam oder mach ich sie doch aus?
Die Verbindung ist bescheiden, diese Arme
Die Verbindung ist bescheiden, will ich mich dadurch beschneiden?
Hätt ich gerne so'n Schlamassel oder schalt ich lieber ab?

Trainer-Hinweis

Sie können natürlich eigene Bewegungen dazuerfinden und vor allem gerne auch eigene Texte, die vielleicht sogar mit Ihrem Seminarthema zu tun haben.

URL/Quelle

- Link zum Video: https://youtu.be/5SQW-qjVCe0
- In seiner ursprünglichen Präsenzform veröffentlicht in: Zamyat M. Klein (2015): Das tanzende Kamel. managerSeminare, 2. Aufl.

Messer und Gabel

Ziel/Seminarphase	Energizer
Medien	Gruppenräume, Video-Kachel angepinnt
TN-Aktivität	Pantomime
Sozialform	Paare oder Gesamtgruppe
Zeit	5 Minuten
Hybrid-Präsenz-Gruppe	Jeweils zu zweit
Verzahnung Online-Hybrid	Keine

Methode Eine Pantomime-Übung in Verbindung mit schneller Reaktion.

Verlauf Zuerst werden Begriffspaare gesammelt. Beispiele:

Messer und Gabel
Kaffee und Kuchen
Ross und Reiter
Spaghetti und Klößchen

Variationen

Übung zu zweit

Die eine Person nennt ein Paar und beide stellen sofort pantomimisch einen Teil des Paares dar. Wenn beide den selben Bestandteil darstellen, muss eine schnell umswitchen. Das Ziel ist, dass beide Paar-Bestandteile dargestellt werden und nicht beide Teilnehmenden das Gleiche darstellen.

Übung im Plenum

Die Teilnehmenden werden für zwei Sekunden paarweise in Gruppenräume geschickt, nur damit sie wissen, wer ihre Partnerin ist. Dann kommen alle wieder ins Plenum zurück und pinnen ihre jeweilige Partnerin an, sodass sie dann nur die Partnerin groß im Video sehen, die anderen sind nur als kleine Kacheln oben drüber zu sehen.

Die Trainerin nennt das Begriffspaar und alle Teilnehmerpaare setzen es sofort in Pantomime um. Da sich nur die jeweiligen Paare sehen, können sie direkt feststellen, ob sie das Gleiche darstellen oder beide Paar-Bestandteile.

Trainer-Hinweis

Wenn die Teilnehmenden sich anschließend wieder ent-pinnen, müssen sie noch zur Galerie-Ansicht wechseln.

URL/Quelle

- Link zum Video: https://youtu.be/Zg4MPPSY9Yo
- Kennengelernt von Wiebke Wimmer.

Montagsmaler

Ziel/Seminarphase	Energizer
Medien	Whiteboard
TN-Aktivität	Zeichnen und raten
Sozialform	Gesamtgruppe
Zeit	5-10 Minuten
Hybrid-Präsenz-Gruppe	Auf Flipchart
Verzahnung Online-Hybrid	Die Präsenz-TN raten die Online-Variante mit oder umgekehrt.

Methode

Die Methode ist vielen Teilnehmenden noch aus dem Fernsehen bekannt, aber durchaus nicht allen. Eine Teilnehmerin hat es in der Ausbildung während ihrer Übungspräsentation mit uns getestet. Sie war in der Situation, an der Uni Online-Seminare zu geben, wo die Teilnehmenden oft keine Webcam anhatten und auch kein Mikro, wo die Kommunikation also nur über den Chat möglich war. Entsprechend hat sie diese Methode umgewandelt.

Verlauf

Eine Freiwillige meldet sich zum Start. Sie bekommt von der Trainerin im Privatchat einen Begriff genannt.

Die Trainerin öffnet ein Whiteboard und die Teilnehmerin beginnt zu zeichnen. Die anderen Teilnehmenden können sofort beginnen, im Chat ihre Ideen zu notieren, welches Motiv hier gezeichnet wird. Wer es als Erster richtig geraten hat, kommt als Nächster dran und darf malen.

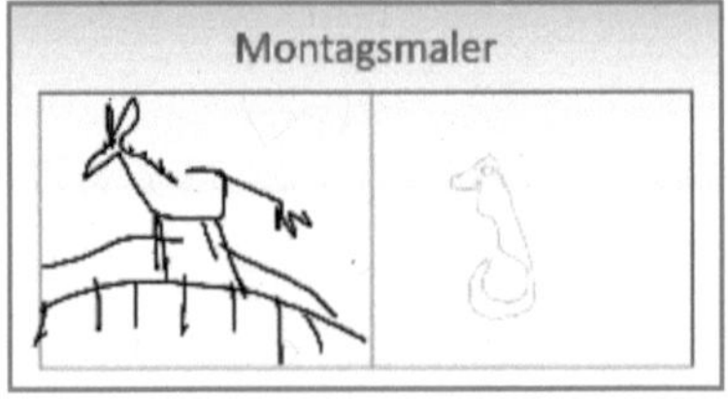

Abb.: Eselsbrücke und Seepferdchen

Variante mit Mikrofon

Variation

Sie können die Übung natürlich auch so gestalten, dass die Teilnehmenden ihre Vermutungen laut rufen können. Die Variante mit Chat ist hier die nettere, weil dabei etwas mehr Zeit zum Zeichnen bleibt und, was ja gerade witzig ist, um zuzuschauen.

Trainer-Hinweis

Sie können Begriffe angeben, die zu Ihrem Seminarthema passen. Achten Sie darauf, dass die Begriffe auch irgendwie darstellbar sind und nicht zu kompliziert.

Nenne mir drei Dinge

Ziel/Seminarphase	Aktivierung; positive Verstärkung
Medien	Mikro an
TN-Aktivität	Aufstehen, zählen, sprechen
Sozialform	Gesamtgruppe
Zeit	5 Minuten
Hybrid-Präsenz-Gruppe	Präsenzgruppe macht die Übung für sich parallel zur Online-Gruppe, wenn sie einen eigenen Trainer dabei hat und man den Monitor-Ton abstellen kann.
Verzahnung Online-Hybrid	Kann auch zusammen und gemischt gespielt werden, wenn alle sich sehen und hören können.

Methode

Diese Methode können Sie einsetzen, um das Gehirn der Teilnehmenden auf Trab zu bringen und Bewegung und Energie in die Gruppe zu bringen. Sie können sie aber auch mit einem Thema verbinden, dann ist sie anspruchsvoller und enorm wirkungsvoll.

Verlauf

Eine Person denkt sich ein Thema aus und bittet eine andere, ihr dazu drei Dinge zu nennen. Das Ganze geht mit Tempo und Bewegung: Alle stehen auf und machen jeweils die Zählgesten mit den Händen mit. Und am Ende werfen alle die Arme hoch und jubeln laut.

Die Trainerin fängt an und sagt: *„Nina, nenne mir drei Dinge, die blau sind."*

Nina beginnt mit 1-2-3 und den entsprechenden Gesten. Danach sagt sie: *„1 - der Himmel, 2 - mein T-Shirt, 3 - ich abends in der Kneipe."*

Das Ganze in einem schnellen Tempo, ohne zu überlegen. Danach reißen alle die Arme hoch und jubeln. Nina stellt nun eine Frage an die nächste Person.

Variationen

Sie können die Fragestellung ganz offenlassen, aber auch zu einem konkreten Thema formulieren. Hier zwei Beispiele:

Positive Verstärkung

- Was findest du an Online-Seminaren besonders toll?
- Welche Methoden haben dir besonders gut gefallen?

Seminarauswertung

- Was nimmst du aus diesem Workshop mit?
- Was hat dir besondes gut gefallen?

Quelle

- Kennengelernt von Wiebke Wimmer.

Pferderennen

Ziel/Seminarphase	Energizer
Medien	Kamera und Mikro an
TN-Aktivität	Bewegen, rufen
Sozialform	Gesamtgruppe
Zeit	5 Minuten
Hybrid-Präsenz-Gruppe	Macht es alleine für sich
Verzahnung Online-Hybrid	Alle zusammen – online und Präsenz

Methode

Das ist auch eine der Uralt-Präsenzmethoden, die eben auch in Online-Seminaren möglich sind. Wenn auch nicht im Kreis, so doch in den Video-Kacheln.

Verlauf

Die Trainerin erzählt die Geschichte vom Pferderennen und gibt die entsprechenden Anweisungen. Alle Teilnehmenden machen die Bewegungen mit und rufen die entsprechenden Laute.

„Die Pferde tänzeln nervös an der Startlinie" – alle trommeln mit den Händen auf den Oberschenkeln und scharren leicht mit den Füßen.
„Startschuss – die Pferde rennen los" – alle trappeln auf der Stelle.
Da kommt eine Rechtskurve" – alle lehnen sich nach rechts.
„Und ein Wassergraben" – mit den Fingern an der Unterlippe Blubbergeräusche machen, gleichzeitig springen.
„Dann eine Linkskurve" – alle lehnen sich nach links.
„Und das nächste Hindernis" – alle springen hoch.
„Da rempelt ein Pferd ein anderes an" – die Zuschauer rufen „Buhh!".
Und weiter geht's mit Rechts-, Linkskurve, Wassergraben und Hindernis.
„Schließlich rennen alle durch das Ziel" – die Zuschauer jubeln: die Arme hochwerfen und jubeln.

Die Senioren-Variante

Variationen

Bei meinem Kollegen Stephan Rude habe ich eine Senioren-Variante kennengelernt – dabei ging es aber eher darum, dass die Pferde schon etwas altersschwach waren. Dabei wird das Ganze auf Stühlen sitzend gespielt – und in einem viel gemächlicheren Tempo. Auch die Zuschauer sind schon älter, fragen den Nachbarn, was passiert ist, legen die Hörrohre an, ohne Feldstecher sehen sie schon gar nichts ...

Online-Seminare

„Juhuu, endlich startet gleich ein Online-Seminar" (nervös mit den Hufen scharren).
„Ich bin schon ganz gespannt, jetzt wäre ich fast zu spät gekommen" (schnell auf der Stelle laufen).
„Es sind schon etliche Teilnehmende da, wir begrüßen uns erst einmal" (heftiges Winken).
„Doch einige haben mal wieder Probleme, ihr Mikro anzustellen" (leicht auf den Mund schlagen).
„Zwischendurch gibt es ja immer wieder mal Energizer" (mehrmals aufstehen und hinsetzen).
„Sogar Online-Tänze machen wir" (Arme in Schulterhöhe anheben und eine Art orientalischen Tanz imitieren).
„Bis schließlich alle ganz fertig sind" (Oberkörper mit lautem Ausatmen oder Stöhnen nach vorne sinken lassen).
„Und das Webinar schließlich zu Ende ist" (Handküsse zuwerfen).

Trainer-Hinweis

Am letzten Beispiel sehen Sie einen Brückenschlag zum Seminarthema, die Bewegungen sind völlig andere, aber die Grundidee ist geblieben.

URL/Quelle

- Link zum Video: https://youtu.be/1LElW_4PxVs
  Ab Minute 11:10
- In seiner ursprünglichen Präsenzform veröffentlicht in: Zamyat M. Klein (2015): Das tanzende Kamel. managerSeminare, 2. Aufl.

Redewendungen

Ziel/Seminarphase	Energizer
Medien	Kamera und Mikro an
TN-Aktivität	Pantomime und bewegen, raten
Sozialform	Gesamtgruppe
Zeit	5-10 Minuten/Paare
Hybrid-Präsenz-Gruppe	Die Präsenz-TN raten bei der Online-Variante mit und führen es anschließend in der Präsenzvariante durch (immer im Wechsel). So haben alle doppelt Spaß!
Verzahnung Online-Hybrid	Das ist ein Beispiel, wie durch die Verbindung von Online- und Präsenzvariante sogar noch mehr dabei herauskommt.

Methode

Online führe ich die Methode genau andersherum durch als in Präsenzseminaren. Dort liefen alle Teilnehmenden im Raum herum, ich nannte eine Redewendung, die sie dann pantomimisch nachmachten, auch unter Zuhilfenahme eines anderen Teilnehmenden, wie etwa „Jemanden aufs Kreuz legen" oder „Den Buckel runterrutschen". Diese Beispiele gehen online eher nicht, aber es bleiben noch genug übrig.

Verlauf

Sie machen pantomimisch eine Redewendung vor und die Teilnehmenden müssen raten – dabei dürfen sie entweder reinrufen oder sie sollen ihren Vorschlag in den Chat schreiben.

Beispiele, die auch online funktionieren:

Sich ins Fäustchen lachen.
Jemanden übers Ohr hauen.
Etwas auf die leichte Schulter nehmen.
Jemandem das Maul stopfen.
Jemandem auf den Zahn fühlen.
Jemanden an der Nase herumführen.
Steine in den Weg legen.

Jemandem in die Suppe spucken.
Jemandem die Zähne zeigen.
Jemanden anbeten.
An den Haaren herbeiziehen.
Jemandem die kalte Schulter zeigen.
Augenwischerei betreiben.
Jemanden mitreißen.
Jemanden breitschlagen.
Jemanden wachrütteln.
Jemandem unter die Arme greifen.

Sie können natürlich auch die Teilnehmenden selbst Redewendungen finden und darstellen lassen.

Variation

Sie können die Teilnehmenden auch zu zweit in Gruppenräume schicken, wo sie sich gegenseitig eine Redewendung vormachen – der andere muss raten. Sie geben ihnen dafür entweder eine Liste von Redewendungen mit oder sie müssen selbst welche suchen und darstellen.

URL

Link zum Video: https://youtu.be/hRUTQRdCSu0

Reise nach Jerusalem

Ziel/Seminarphase	Energizer
Medien	Gegenstände
TN-Aktivität	Gegenstände holen und in die Webcam halten
Sozialform	Gesamtgruppe, 10 TN
Zeit	12 Minuten
Hybrid-Präsenz-Gruppe	Können parallel das Originalspiel mit den Stühlen spielen ...
Verzahnung Online-Hybrid	... oder bei der Online-Variante mitmachen. Dann muss aber die Liste der Gegenstände an die Möglichkeiten beider Gruppen angepasst werden.

Methode

Mir gefällt vor allem, wie die Grundidee, die Essenz der Übung von Erich Ziegler in den Online-Rahmen hinübergerettet wurde. Nämlich, dass immer „ein Stuhl weniger da ist" und einer rausfliegt.

Verlauf

10 Teilnehmende können aktiv mitmachen, drei sind die Jury und behalten im Blick, wer in jeder Runde rausfliegt. Alle Teilnehmenden, die nicht aktiv mitmachen, machen ihre Webcam aus.

Sie geben nacheinander neun Anweisungen, was die Teilnehmenden holen und in die Webcam halten sollen. Das wird besonders lustig, wenn die Hälfte im Homeoffice sitzt und die andere Hälfte im Büro, wo sicher nicht alle Gegenstände zu finden sind.

Sie nennen also einen Gegenstand und alle laufen los, diesen zu besorgen und halten ihn in die Webcam. Wer als Letzter zurück ist und den Gegenstand in die Webcam hält, fliegt raus. Er macht die Webcam aus, sodass man sieht, wer noch übrig ist.

Dann kommt die nächste Anweisung.

Hier sind die neun Gegenstände aus Erichs Liste, Sie können natürlich auch andere wählen.

- Klorolle
- Bratpfanne
- Blumentopf
- Winterjacke (anziehen)
- Nagelschere
- Kopfkissen
- Kugelschreiber
- Stuhl (nicht der, auf dem man sitzt)
- Linken Socken ausziehen, verkehrt herum wieder anziehen und in die Webcam halten

Trainer-Hinweise

- Sie sehen an diesem Beispiel, dass es ruhig sehr abstruse Aufgaben sein können und die Gegenstände auch nicht ganz so einfach zu besorgen sind. Wenn es zu brav und einfach ist, macht es sicher nicht so viel Spaß.
- Vor allem die letzte Anweisung ist sicher eine Herausforderung :). Und ein toller Wettkampf der letzten beiden Spieler.

Quelle

- Diese grandiose Methode habe ich von Erich Ziegler kennengelernt.

Synapsen-Tango

Ziel/Seminarphase	Energizer
Medien	Kamera an
TN-Aktivität	Finger verknoten und ungewohnte Bewegungen machen
Sozialform	Gesamtgruppe
Zeit	5 Minuten
Hybrid-Präsenz-Gruppe	Parallel zur Online-Gruppe
Verzahnung Online-Hybrid	Alle können gleichzeitig mitmachen.

Methode Diese Methode kommt aus der Live-Kinetik und dazu werden Bewegungen gemacht, die die Synapsen „zum Schnackeln" bringen.

Verlauf Wir kneten zur Vorbereitung die Finger und reiben die Hände, sowohl die Innen- als auch die Außenflächen. Mit den warm gewordenen Händen streichen wir den Kiefer aus, um ihn locker zu machen.

Dann folgt der Bewegungsablauf:

- Hände hochhalten und nacheinander mit dem Daumen den Zeigefinger, den Mittelfinger, den Ringfinger und den kleinen Finger berühren. Und wieder rückwärts. Mehrmals hin und her.
- Mit der linken Hand starten wir mit Daumen und kleinem Finger, mit der rechten Hand mit Daumen und Zeigefinger, also gegenläufig.
- Arme nach vorne strecken, Hände nach außen drehen, überkreuz und miteinander verschränken und heranziehen. Dann die Finger nacheinander bewegen, in der Reihenfolge, wie sie liegen. Wenn Teilnehmende wie ich diese Übung aufgrund von Einschränkungen nicht durchführen können, können sie als Variante einfach die Hände verschränken. Im zweiten Durchgang werden die Hände andersherum verschränkt.

Zusätzlich können Sie nun konkrete Anweisungen geben, welcher Finger gehoben werden soll. Später können es auch zwei Finger werden.

Trainer-Hinweise

- Wenn wir ungewohnte Körperbewegungen und Koordinationen machen, werden neue neuronale Verbindungen hergestellt, in dem Moment lernen wir.
- Statt sich zu ärgern, „Oh, ich kann das nicht", lieber denken „Oh, ich lerne etwas Neues".

URL/Quelle

- Link zum Video: https://youtu.be/Kum2ZkLyYTA
- Kennengelernt von Wiebke Wimmer.

Taramtamtam

Ziel/Seminarphase	Energizer
Medien	Kamera an
TN-Aktivität	Sprechen und bewegen
Sozialform	Gesamtgruppe oder Paare
Zeit	5 Minuten
Hybrid-Präsenz-Gruppe	Zu zweit oder in der Gruppe
Verzahnung Online-Hybrid	Parallel

Methode

Ein Sprachspiel mit rhythmischer Bewegung, das am besten zu zweit gespielt wird. Sie können es in Abwandlung aber auch mit der Gesamtgruppe durchführen.

Verlauf

A beginnt und sagt den ersten Teil eines zusammengesetzten Wortes, B sagt spontan einen zweiten Teil:

- A: *„Baum"*
- B: *„Schule"*

A fasst dann beide zusammen und fügt am Ende: Taramtamtam an. Also: *„Baumschule – Taramtamtam"*

Beide bewegen sich die ganze Zeit rhythmisch von links nach rechts und wieder zurück, wie ein Metronom, und sprechen auch in diesem Rhythmus, sodass keine Pause entsteht. Die Bewegung hilft zusätzlich, nicht zu sehr im Kopf zu sein und einfach drausloszuspinnen.

Variationen

In der Gesamtgruppe

- In der Gesamtgruppe sollte man vorher die Kacheln in die gleiche Reihenfolge bringen oder durchnummerieren. Dann beginnen A und B, anschließend spielt B mit C, C mit D usw.

- Alle anderen können die Hin- und Her-Bewegung die ganze Zeit mitmachen und beispielsweise auch alle gemeinsam im dritten Part, der Zusammenfassung, das Wort *„Taramtamtam"* mitrufen.

Trainer-Hinweise

- Da es mit Tempo gespielt wird, bleibt keine Zeit zum Nachdenken und es entstehen auch unsinnige Worte, die es so zumindest bisher nicht gibt.
- Alle Worte sind richtig, alle sind gut!

URL/Quelle

- Link zum Video: https://youtu.be/ucn1PswdWFQ
- Kennengelernt von Wiebke Wimmer.

Turn-Rezept

Ziel/Seminarphase	Energizer
Medien	Gruppenräume
TN-Aktivität	Sprechen und bewegen
Sozialform	Paare
Zeit	5-10 Minuten
Hybrid-Präsenz-Gruppe	Zu zweit zueinander drehen
Verzahnung Online-Hybrid	Paare online im Breakout Room, wenn beide ein Laptop haben

Methode

Diese Methode ist sofort zu einem meiner Lieblinge geworden, die ich oft in meinen Online-Seminaren einsetze.

Verlauf

Die eine Teilnehmerin erzählt der anderen ein frei erfundenes Rezept zum Plätzchenbacken. Die zuhörende Teilnehmerin muss drei Bewegungen machen:

- Wenn eine Zahl höher als 1 genannt wird, muss sie beide Arme hochheben und mit den Händen wedeln.
- Wenn ein bestimmter Artikel genannt wird (der, die oder das) muss sie den linken Arm hochheben.
- Wird ein Plural genannt, muss sie sich umdrehen.

Nach einer Weile werden die Rollen getauscht.

Trainer-Hinweise

- Es geht überhaupt nicht darum, dass ein richtiges Rezept erzählt wird – ich habe beispielsweise in meinem Leben noch nie Plätzchen gebacken. Es wird frei erfunden und kann völliger Blödsinn sein.
- Für beide ist es eine Konzentrationsübung: Die Erzählende muss sehen, dass sie öfters Zahlen, Plural und einen Artikel nennt, die Zuhörende muss es erkennen und sofort mit der richtigen Bewegung reagieren.

- Bevor ich die Teilnehmenden in Gruppenräume schicke, mache ich die Übung beispielhaft mit einer Teilnehmerin erst einmal vor der ganzen Gruppe vor.

- Link zum Video: https://youtu.be/eMBctYzUgYo *URL/Quelle*
- Kennengelernt von Wiebke Wimmer.

Umrandung

Ziel/Seminarphase	Energizer
Medien	Folie
TN-Aktivität	Stempeln
Sozialform	Gesamtgruppe
Zeit	5 Minuten
Hybrid-Präsenz-Gruppe	Keine
Verzahnung Online-Hybrid	Keine

Methode

Ein kurzer witziger Energizer, der die Teilnehmenden schlagartig wieder wach macht. Ich habe sie von Jenison Thomkins, die diese Methoden in meiner Online-Trainer-Ausbildung mit uns gemacht hat. Ich fand sie gleich auf Anhieb köstlich und setze sie fast immer ein.

Verlauf

Sie teilen die Teilnehmenden in zwei Gruppen und weisen ihnen einen der Stempel bei Zoom zu. Die eine Gruppe bekommt das Herz, die andere den Stern.

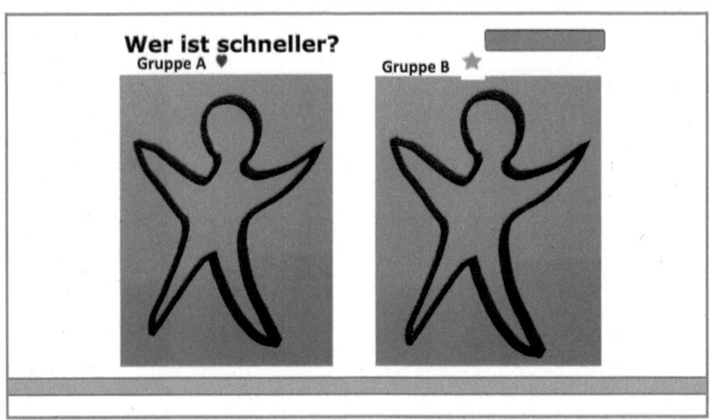

Abb.: Die beiden Gruppen haben dieselbe Aufgabe: …

Dazu bereiten Sie eine Folie mit den Namen vor. Damit alle den Stern und das Herz „in der Maus" haben, soll erst einmal jeder seinen Stempel hinter den eigenen Namen setzen.

Wenn Sie das Spiel auf einer anderen Plattform durchführen, nehmen Sie einfach zwei andere Symbole oder Zeichen, was da gerade zur Verfügung ist. Es können auch Kreuze und Häkchen sein oder Kreise und Vierecke.

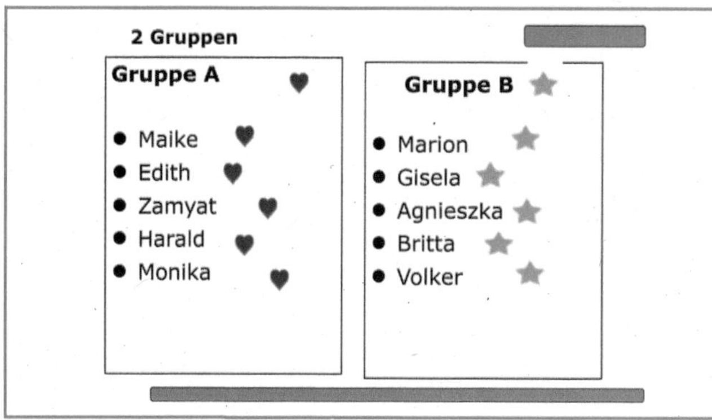

Sie zeigen nun die Folie mit den beiden Figuren, die mit dem entsprechenden Stempel umrandet werden sollen. Dazu zählen Sie laut: *„Achtung, fertig, los“* – auf Ihr Kommando stempeln alle wie wild und so schnell wie möglich die Umrandung.

Die Gruppe, die als Erste ihre Figur komplett umrandet hat, hat gewonnen! Oft geht es allerdings Kopf an Kopf aus.

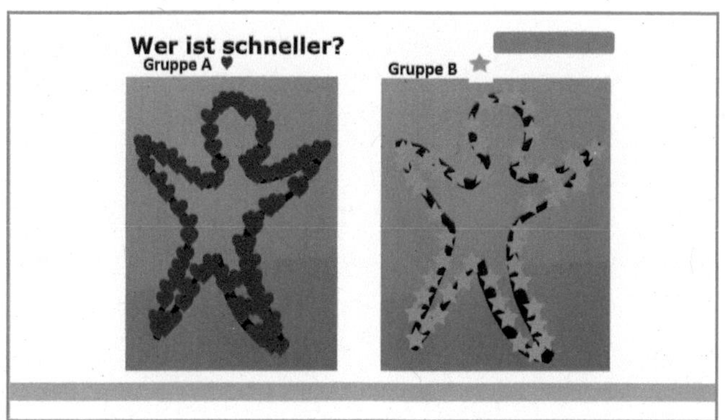

Abb.: ... Die Ränder der Figur müssen zugestempelt werden

Trainer-Hinweise

- Geben Sie vor dem Start den Tipp, dass die Teilnehmenden nicht alle an der gleichen Stelle anfangen sollen.
- Wenn Sie eine Gruppe haben, die größer ist, dann lassen Sie nur 10 Teilnehmende das Spiel durchführen, die anderen können als Schiedsrichter fungieren oder – wenn sie vorher auch einer Gruppe zugeordnet wurden – ihre Gruppe anfeuern. Die nächsten 10 können dann die zweite Runde spielen.

Quelle

- Kennengelernt von Jenison Thomkins.

Verrückte Gegenteile

Ziel/Seminarphase	Energizer
Medien	Kamera an
TN-Aktivität	Pantomime, raten, Wörter erfinden
Sozialform	Gesamtgruppe/Paare
Zeit	5-10 Minuten
Hybrid-Präsenz-Gruppe	Auf Arbeitsblättern oder auf einem Flipchart.
Verzahnung Online-Hybrid	Es arbeiten beide Gruppen parallel, ohne Kontakt miteinander (Lautsprecher aus!)

Methode Diese Methode kurbelt das kreative Denken an, indem man angeregt durch Vorgaben neue Wortschöpfungen entwickelt. Dabei ist es gleich, ob es die Wörter schon gibt oder ob sie gerade neu entstanden sind.

Verlauf Die Aufgabe ist folgende: Zu einem vorgegebenen Wort wird das wörtliche Gegenteil gesucht. Die Teilnehmenden bekommen eine fertige Liste mit zusammengesetzten Substantiven und sollen dazu das Gegenteil schreiben. Dabei geht es darum, dass es wörtlich das Gegenteil ist, es muss keinen Sinn machen. Das kann in Einzelarbeit geschehen oder auch in Kleingruppenarbeit.

Abb.: Beispiel-Vorlage in PowerPoint

Verrückte Gegenteile

Lustwandeln	Fruststehen
Zwergenmütze	
Eigenlob	
Tagedieb	
Glühbirne	
Habenichts	
Bettelarm	
Schwarz sehen	
Ruhestand	
Talfahrt	
Sonnenschein	

Die Liste steht auf einer Folie und die Teilnehmenden schreiben ihre Gegenteile daneben in die rechte Spalte. Wenn nicht genug Platz ist, können die restlichen es auch in den Chat schreiben. Dazu wäre es hilfreich, die linken Worte durchzunummerieren. Die Abbildung links zeigt das Beispiel einer solchen Liste:

Variationen

Die Teilnehmenden entwickeln selbst

Die Teilnehmenden notieren selbst auf einem Whiteboard zusammengesetzte Substantive und zu diesen versuchen die anderen dann, das Gegenteil zu formulieren.

Die Übung kann auch rein mündlich ablaufen, zu zweit oder in Gruppen. Es ist sogar als Wettspiel möglich: wer als Erster ein Wort findet oder wer das originellste Wort findet. Das erfordert dann vorher noch eine Abstimmung.

Pantomimische Darstellung

Ein Teilnehmender macht seinen Begriff nur pantomimisch vor, die anderen müssen raten, was es wohl ist. Ist der Begriff richtig, dann suchen die anderen das Gegenteil und müssen auch dieses pantomimisch darstellen und der erste Teilnehmende rät:

- A macht einen Begriff pantomimisch vor.
- B (oder eine Gruppe) muss raten, was es ist und nennt den Begriff. A bestätigt, wenn er richtig ist.
- Dann sucht B nach einem Gegenteil und stellt das pantomimisch vor.
- Nun muss A raten, wie der Begriff heißt.

Einsatz als Kreativtechnik

Als Variante der Reizwort-Methode nimmt man eines der vorher entwickelten Gegenteile und nutzt dieses als Reizwort.

Kurzfassung der Kreativtechnik: Sie haben eine Fragestellung und suchen dazu Ideen. Sie nehmen das Reizwort und bringen es mit der Fragestellung in Verbindung. Dazu machen Sie dann ein Brainstorming mit Ideen, die Ihnen durch diese Verbindung einfallen. Ein Beispiel:

Fragestellung: Wie kann ich mich zu regelmäßiger Buchhaltung motivieren?

Reizwort (verrücktes Gegenteil) „Augenstreichler": Was fällt mir dazu ein? (Brainstorming-Regel: ALLES aufschreiben, auch wenn es scheinbar kompletter Blödsinn ist, denn daraus kann eine weitere, brauchbare Idee entstehen)

- Vorher machen Sie eine Entspannungsübung.
- Sie entwickeln eine Fantasiereise und hören sie sich vorher an: In der erleben Sie, wie Ihnen das problematische Thema federleicht und schnell von der Hand geht.

- Sie halten sich gedanklich vor Augen, wie Sie dadurch ganz viel Geld bekommen. :)
- Sie sprechen zehnmal laut eine Affirmation: „Ich freue mich unsäglich, dass ich jetzt Buchhaltung machen darf."

Sie haben sicher gemerkt, dass das jetzt mit dem Begriff „Augenstreichler" nicht direkt zu tun hat, aber dieser hat mich in eine bestimmte Richtung denken lassen und ich erlebe, wie ich schon beim Aufschreiben dieser Lösungsideen ein Grinsen ins Gesicht bekomme und Buchhaltung gar nicht mehr so schrecklich finde …

Trainer-Hinweis

Diese Übung kann auch zur Reflexion über Sprache überhaupt anregen, sich noch einmal über die Bedeutung bestimmter Begriffe bewusst zu werden, über deren wörtlichen Sinn man durch Gewohnheit gar nicht mehr nachdenkt.

URL

- Link zum Video: https://youtu.be/-FNFBX2Cjtg

Verzögerte Antwort

Ziel/Seminarphase	Energizer
Medien	Mikro an
TN-Aktivität	Sprechen
Sozialform	Paare
Zeit	5 Minuten
Hybrid-Präsenz-Gruppe	Zu zweit
Verzahnung Online-Hybrid	1 Online- und 1 Präsenz-TN, online im Breakout Room, wenn beide ein Laptop haben

Methode

Eine herrliche Konzentrationsübung, die wirklich herausfordernd ist.

Verlauf

A beginnt und stellt B beim ersten Mal zwei Fragen. B antwortet nur auf die erste Frage.

Dann stellt A eine dritte Frage und B antwortet auf die zweite Frage. Also wird die Antwort immer um eine Frage versetzt. Das erfordert enorme Konzentration.

Beispiel:
A: „Wie heißt du?" – „Wo wohnst du?"
B: „Zamyat."
A: „Was isst du gerne?"
B: „Köln."
A: „Wohin fährst du gerne in Urlaub?"
B: „Spaghetti."
A: „Was ist dein Lieblingsfilm?"
B: „Türkei."

Und so weiter. Nach einer Weile wird getauscht, dann stellt B die Fragen.

Trainer-Hinweis Die Fragen sollten ganz einfach sein, sodass sie mit einem Wort zu beantworten sind.

URL/Quelle

- Link zum Video: https://youtu.be/EIaZ19J8YYg
- In ihrer ursprünglichen Präsenzform veröffentlicht in: Zamyat M. Klein (2015): Das tanzende Kamel. managerSeminare, 2. Aufl.

Was machst du da?

Ziel/Seminarphase	Energizer
Medien	Kamera und Mikro an
TN-Aktivität	Sprechen und Pantomime/Bewegung
Sozialform	Paare oder Gesamtgruppe
Zeit	5 Minuten
Hybrid-Präsenz-Gruppe	Zu zweit
Verzahnung Online-Hybrid	Keine

Methode

Bei dieser Methode geht es um Koordination, Bewegung, Sprache aus dem Impro.

Verlauf

Hier geht es um versetzte Tätigkeiten zu getroffenen Aussagen:

Anna fragt Berta: *„Was machst du da?“*
Berta antwortet: *„Ich gieße die Blumen.“*
Anna beginnt, pantomimisch Blumen zu gießen.
Berta fragt: *„Was machst du da?“*
Anna antwortet: *„Ich streiche die Wände* (während sie weiter pantomimisch die Blumen gießt).“
Berta fängt an, die Wände zu streichen.
Anna fragt: *„Was machst du da?“*
Berta antwortet: *„Ich trage den Kompost raus* (während sie weiter pantomimisch die Wände streicht).“
Anna hört auf, die Blumen zu gießen und trägt den stinkenden Kompost raus.
Berta fragt: *„Was machst du da?“*
Usw.

Variationen

Adjektive hinzufügen

Die Tätigkeiten werden noch mit einem Adjektiv verbunden. Durch merkwürdige Verbindungen wird das Ganze noch lustiger.

> Ich gieße begeistert die Blumen.
> Ich putze entfesselt meine Brille.

Mit der ganzen Gruppe

Der Reihe nach kommen immer zwei Teilnehmende dran, dabei machen alle anderen jeweils die letzte Tätigkeit, die sie gehört haben, mit. Dann sind auch die Unbeteiligten nicht nur passive Zaungäste, sondern kommen auch ein wenig in Bewegung – und auf dem Monitor ist etwas mehr Aktion.

Trainer-Hinweis

Das ist ganz schön verzwickt, wie man auch im Video sehen kann, wo ich ständig den Faden verliere und nicht weiß, was ich nun machen und wann ich fragen soll. Aber wie Wiebke meint: „Genau darum geht es. Einen in die komplette Verwirrung zu stürzen." Das ist gut gelungen! :)

URL/Quelle

- Link zum Video: https://youtu.be/5Tq85uftcv8
- Kennengelernt von Wiebke Wimmer.

Wo geh'n die Finger hin?

Ziel/Seminarphase	Energizer
Medien	Kamera an
TN-Aktivität	Bewegen, singen und Szene spielen
Sozialform	Paare/Gesamtgruppe
Zeit	5-10 Minuten
Hybrid-Präsenz-Gruppe	Zu zweit oder Gesamtgruppe parallel
Verzahnung Online-Hybrid	Präsenz-TN können mitmachen und einbezogen werden oder sie spielen zu zweit.

Methode

Eine Impro-Methode.

Verlauf

Zuerst werden Text des Refrains und Fingerbewegungen gelernt: Beide Zeigefinger werden nach oben in den Kameraausschnitt gehalten und bewegen sich zum Gesang: *„Wo geh'n die Finger hin, wo geh'n die Finger hin?"* (Diese Zeile wird gesungen, siehe Video)

Bei Paaren singen beide den Text und bewegen die Zeigefinger. Dann zeigt A mit beiden Händen auf B und sagt einen Ort, beispielsweise: *„B, deine Finger gehen in den Zoo."*

Dann hat B eine ganz kurze Szene mit ihren Fingern, die im Zoo spielt. Dazu sagt der eine Zeigefinger einen Satz und bewegt sich dabei, dann der andere Zeigefinger und zuletzt noch einmal der erste Zeigefinger.

Nun wird gewechselt: Es singen wieder beide Personen den Refrain und B zeigt nun mit beiden Zeigefingern auf A und sagt: *„A, deine Finger gehen in eine Einkaufsstraße."*

Variation

In der Gesamtgruppe

Alle singen und bewegen ihre Finger im Refrain, die Trainerin beginnt und zeigt auf einen Teilnehmenden bzw. nennt einen Namen: *„Klaus, deine Finger gehen auf den Mond."*

Klaus spielt zunächst die Szene, alle singen anschließend den Refrain und Klaus zeigt nun auf eine weitere Mitspielerin und nennt ihren Namen, zum Beispiel: *„Susanne, deine Finger gehen zum Zahnarzt."*

Trainer-Hinweis

Der Ort, wohin die Finger gehen, wird völlig frei gewählt. Die anschließend gespielte Szene ist dann ebenfalls völlig spontan und vor allem kurz und knapp.

URL/Quelle

- Link zum Video: https://youtu.be/YqlgPva8_pg
- Kennengelernt von Wiebke Wimmer.

Wo ist meine Bewegung?

Ziel/Seminarphase	Energizer
Medien	Kamera an
TN-Aktivität	Bewegen
Sozialform	Gesamtgruppe
Zeit	5 Minuten
Hybrid-Präsenz-Gruppe	Präsenzvariante: Alle laufen durch den Raum, jeder beginnt mit einer Bewegung und übernimmt dann hin und wieder eine Bewegung eines anderen. Bis die Trainerin Stopp ruft.
Verzahnung Online-Hybrid	Beide Gruppen arbeiten parallel, ohne Kontakt und Ton.

Methode

Diese Methode kannte ich vorher nur aus einer Beschreibung für Präsenzseminare. Hier nun eine Online-Variante.

Verlauf

Jeder Teilnehmende denkt sich eine Bewegung aus. Die Bewegungen sollen sehr unterschiedlich ausfallen, damit man sie besser auseinanderhalten kann. Sie sollten nach und nach in der Gesamtgruppe einmal vorgestellt werden, bevor es losgeht.

Alle Teilnehmenden beginnen gleichzeitig und machen ihre Bewegung. Dabei schauen sie sich gleichzeitig die anderen Bewegungen an und übernehmen dann eine Bewegung von einer anderen Person, die ihnen gut gefällt, die sie einmal ausprobieren wollen. Nach einer Weile suchen sie sich wieder eine neue. Und wieder eine ...

Irgendwann sagt die Trainerin „Stopp“ und alle fahren mit der Bewegung fort, die sie gerade gemacht haben. Nun wird geschaut, welche Bewegungen noch übrig geblieben und welche verschwunden sind.

Trainer-Hinweise

- Als Trainerin können Sie auch alle, die die gleiche Bewegung haben, mit ihrer Kachel nebeneinander schieben (Videoaufteilung des Host verfolgen), dann wird es noch deutlicher und sieht lustig aus.
- Die Teilnehmenden sollen auch einmal kontrollieren, ob ihre Bewegung überhaupt noch dabei ist. Die verschwundenen Bewegungen können die Teilnehmenden in den Chat schreiben (also ihre eigenen, die sie nicht mehr sehen).
- Sie könnten auch mitteilen, wer aktuell ihre Ursprungsbewegung macht.

Wort-Schlange

Ziel/Seminarphase	Energizer
Medien	Kamera oder Chat
TN-Aktivität	Bewegung, Konzentration
Sozialform	Paare oder Gesamtgruppe
Zeit	5 Minuten
Hybrid-Präsenz-Gruppe	Mündlich zu zweit oder in der Gesamtgruppe
Verzahnung Online-Hybrid	Zu zweit im Breakout Room, wenn beide ein Laptop haben

Methode

Ein kleines Sprachspiel für zwischendurch, was den Teilnehmenden erfahrungsgemäß Spaß macht.

Verlauf

Lassen Sie Paare bilden.

A sagt ein zusammengesetztes Wort: *„Haus-Tür"*
B bildet ein neues Wort, das nun mit Tür beginnt: *„Tür-Schloss"*
A: *„Schloss-Geist"* usw.

Die Begriffe werden zusätzlich mit einer Bewegung verbunden, die beide immer gemeinsam ausführen, egal wer spricht.

Haus – Schultern hochziehen
Tür – Schultern sinken lassen

Variationen

Schriftlich im Chat

Sie können diese Übung auch im Chat spielen lassen. Damit es nicht zu chaotisch wird, können Sie vorher Paare festlegen, die sich aufeinander beziehen. Die gehen dann in Gruppenräume und schreiben dort im Chat, damit es nicht zu unübersichtlich wird.

Mit dem Whiteboard

Im Video sehen Sie auch noch eine Variante auf dem Whiteboard, weil man den Chat nachher im Video nicht sieht.

Mündlich in Gruppen

Die Teilnehmenden werden durchnummeriert oder alle Video-Kacheln in die gleiche Reihenfolge geschoben. Dann führen immer zwei die Übung durch und es geht reihum weiter: A und B, B und C etc.

Schriftlich in Gruppen

Ein TN beginnt und schreibt ein Wort auf das Whiteboard. Hier können ruhig mehrere dann eine neue Fortführung schreiben.

Für die gleiche Übung im Chat geben Sie ein Wort vor und alle schreiben eine Kombination in den Chat. Dann Stopp und eine Kombination wird ausgewählt (vielleicht die, die am häufigsten auftaucht). An dieser wird dann weitergearbeitet. Das hat natürlich längst nicht die Dynamik wie die mündliche Varianten oder auch die schriftliche Übung zu zweit.

URL

- Link zum Video: https://youtu.be/vKAxg-FwIqs.
  Ab Minute 7:39 zeigen wir die erstbeschriebene Variante.

Wo sind wir gerade?

Ziel/Seminarphase	Energizer
Medien	Kamera an/aus
TN-Aktivität	Geräusche oder Pantomime
Sozialform	Kleingruppen oder Gesamtgruppe
Zeit	10 Minuten
Hybrid-Präsenz-Gruppe	Können noch mehr Gestik und Mimik und Pantomime mit einbauen als online
Verzahnung Online-Hybrid	Keine

Methode

Um auch einmal andere Elemente miteinzubeziehen, nämlich Töne und Geräusche, habe ich diese Methode aus Präsenzseminaren aufgegriffen.

Verlauf

Es werden zunächst Kleingruppen gebildet und kurz in Gruppenräume geschickt. Dort überlegen sie, an welchem Ort sie gedanklich sind und entwickeln dazu passende Töne und Geräusche (Beispiele: Bahnsteig, Kirmes, Kinderspielplatz).

Die Gruppen kommen ins Plenum zurück, am besten werden die Kacheln der Gruppen zusammengeschoben. Alle machen ihre Webcam aus bis auf die Gruppe, die nun ihre Geräusche vorträgt.

Anschließend dürfen die anderen den fraglichen Ort raten. Sie können dafür entweder ihre Ideen in den Chat schreiben oder mündlich mitteilen. In diesem Fall ist der Chat ergiebiger, weil so mehr Ideen zusammenkommen.

Variation

Pantomime

Die Übung kann man auch statt mit Geräuschen mit Pantomime durchführen. Die Teilnehmenden können etwa eine Pantomime der Situation oder auch ein berühmtes Wahrzeichen oder Gebäude darstellen. Beispiel: den Louvre, die Pyramiden von Gizeh, die chinesische Mauer.

Trainer-Hinweis Sie können den Gruppen auch entsprechende Vorschläge in den Privatchat (an ein Mitglied der Gruppe) schicken.

Quelle

- Diese Methode ist ursprünglich von Axel Rachow: Axel Rachow (2011): Ludus & Co. managerSeminare.

YAAY!

Ziel/Seminarphase	Energizer
Medien	Kamera an
TN-Aktivität	Zählen und bewegen
Sozialform	Paare
Zeit	5 Minuten
Hybrid-Präsenz-Gruppe	Zu zweit gegenüber sitzen oder stehen
Verzahnung Online-Hybrid	Keine

Methode

Eine Übung aus der Improvisation in Präsenz. Dort heißt es Danish Clapping Game.

Verlauf

Zwei Teilnehmende zählen immer 1-2. Auf die Eins schlagen die beiden Hände jeder Person auf ihre Oberschenkel – im Sitzen oder im Stehen. Für die Zwei haben alle drei verschiedene Bewegungsvarianten: entweder Arme überkeuzen, Arme nach vorne strecken oder Arme nach oben heben.

Sobald beide auf der Zwei das Gleiche machen, rufen sie nach der nächsten Eins „Yaay!“ und reißen dabei die Arme hoch. Danach geht es wieder von vorne los.

Trainer-Hinweis

Im Video ist zu hören, dass es teilweise zeitverzögert übertragen wird, das ist dann etwas schwierig, es mit Tempo zu spielen. Aber es ist trotzdem möglich, wie Sie sehen können.

URL/Quelle

- Link zum Video: https://youtu.be/iobcAxvdH0g
- Kennengelernt von Wiebke Wimmer.

Yaman taka ant fat

Ziel/Seminarphase	Energizer
Medien	Kamera an
TN-Aktivität	Sprechen und bewegen
Sozialform	Gesamtgruppe
Zeit	3 Minuten
Hybrid-Präsenz-Gruppe	Machen es parallel (Ton abstellen)
Verzahnung Online-Hybrid	Alle zusammen (online und in Präsenz)

Methode

Diese Methode kenne ich noch aus meiner Suggestopädie-Ausbildung vor vielen Jahren und habe sie nun in Online-Seminaren aufgegriffen. Es ist ein sehr kurzer, bewegter, knackiger Energizer.

Verlauf

Der Ursprungs-Satz lautet: *„Yaman taka ant fat."* Parallel zum Satz werden folgende Bewegungen gemacht:

Yaman – bücken und den Boden berühren
Taka – auf die Oberschenkel schlagen (und sich etwas aufrichten)
Ant – auf die Brust schlagen
Fat – die Arme nach oben reißen

Das Ganze wird schnell dreimal hintereinander ausgeführt, dann ist die Übung schon vorbei.

Variationen

Andere Sätze bilden

Sie können natürlich beliebig andere Sätze wählen, beispielsweise Sätze, die motivieren oder anfeuern sollen oder mit dem Seminarthema zu tun haben:

Ich bin topfit.
Ich schaff das gut.
Ich bin sehr froh
Wir le-gen los!
Das geht doch toll!
So viele Ide-en!

Zwei Personen bauen gemeinsam Sätze

Eine Person sagt das erste Wort, die zweite das zweite Wort, die erste das dritte Wort, die zweite das vierte Wort. Dabei können völlig blödsinnige Sätze herauskommen: *„Heute - ist - es - kalt."*

Jeder entwickelt einen Satz

Die Teilnehmenden können alternativ einzeln ganze Sätze entwickeln, entweder ohne Bezug oder direkt mit einer Verbindung zum Seminarthema:

Online ist ganz toll.
Technik ist so leicht.

URL/Quelle

- Link zum Video: https://youtu.be/wGIFhahKpMY
- In ihrer ursprünglichen Präsenzform veröffentlicht in: Zamyat M. Klein (2015): Das tanzende Kamel. managerSeminare, 2. Aufl.

Zwanzig Zwerge

Ziel/Seminarphase	Energizer
Medien	Kamera und Mikro an
TN-Aktivität	Sprechen und bewegen
Sozialform	Paare oder Gesamtgruppe
Zeit	5 Minuten
Hybrid-Präsenz-Gruppe	Übung wird parallel durchgeführt
Verzahnung Online-Hybrid	Präsenz- mit Online-Gruppe zusammen

Methode Ein ursprüngliches Kreis-Bewegungsspiel geht auch prima online. Es geht um Rhythmus, Bewegung und vor allem um Konzentration.

Verlauf Im ersten Schritt lernen die Teilnehmenden den schwierigen Satz. Die Bindestriche repräsentieren die rhythmischen Unterbrechungen im Sprachfluss:

Zwan-zig Zwer-ge ma-chen ei-nen Hand-stand,
zehn im Wand-Schrank und zehn am Sand-Strand.

Diesen Satz sprechen alle gemeinsam aus, nach und nach kommen verschiedene Bewegungen hinzu:

- **Der Grundschritt:** Im Rhythmus rechten Fuß nach rechts, den linken Fuß anstellen. Linken Fuß nach links, den rechten Fuß anstellen.
- **Klatschen:** Nun kommt die erste Variante mit Klatschen hinzu, es wird immer „im Beat" (eins, zwei, drei, vier) geklatscht (fett dargestellt):

Zwanzig **Zwer**ge **ma**chen einen **Hand**stand,
zehn im **Wand**schrank und **zehn** am **Sand**strand.

- **Fingerschnipsen:** Als zweite Variante wird nun das Schnipsen geübt. Es wird „im Offbeat" (eins **und**, zwei **und**, drei **und**, vier **und**) geschnipst (fett dargestellt):

> Zwan**zig** Zwer**ge** machen **ei**nen Hand**stand**,
> zehn **im** Wand**schrank** und zehn **am** Sand**strand**.

Und schließlich, als krönender Abschluss, wird Gehen, Klatschen und Schnipsen miteinander koordiniert.

- **Verteilte Rollen:** Wenn das funktioniert, teilen Sie die Gruppe in A und B auf. Gruppe A klatscht im Beat. Gruppe B schnipst im Off-Beat. Anschließend tauschen die Gruppen einmal, da den meisten Teilnehmenden die „A"-Rolle leichter fällt. Als Trainerin sollten Sie immer die B-Gruppe unterstützen.

Variationen

Noch mehr Bewegung

In die Hocke gehen und ...

- bei *„Zwanzig Zwerge"* mit den Händen Zwerge andeuten,
- bei *„machen einen Handstand"* beide Hände auf dem Boden aufstellen und Kopf nach unten hängen lassen,
- bei *„zehn im Wandschrank"* aufstehen, zur linken Seite drehen und mit den Händen einen Kasten zeichnen,
- bei *„zehn am Sandstrand"* nach rechts drehen und wieder zehn Zwerge andeuten, als ob man ihnen (sanft) auf den Kopf schlägt.

Stumme Übung

Da es bei Zoom nicht so synchron läuft, haben wir die Übung auch stumm durchgeführt, nur mit Lippenbewegung.

Trainer-Hinweise

- Da man die Füße nicht sehen kann, mache ich die Fußbwegungen mit den Händen vor.
- Bei der Ausführung mit verteilten Rollen wird es online ziemlich chaotisch, da es eben bei Zoom nie so ganz synchron läuft. Sie können die Übung trotzdem durchführen, es geht ja nur darum, dass sich die Teilnehmenden konzentrieren und bewegen.

URL/Quelle

- Link zum Video: https://youtu.be/rLqgMgraN6g
- In ihrer ursprünglichen Präsenzform als „20 Zwerge" veröffentlicht in: Zamyat M. Klein (2015): Das tanzende Kamel. managerSeminare, 2. Aufl.

Hier kommen Sie direkt zu den Miro-Vorlagen zu den in diesem Kapitel beschriebenen Methoden:

Methoden zum Einstieg

weitere Seminarmethoden
(Themenbearbeitung/Wiederholung/Energizer)

Kreativitätstechniken

Kapitel 4

Methoden und Übungen mit dem Online-Whiteboard Miro

Das Whiteboard als Online-Tool, in unserem Fall das von Miro, ist etwas ganz Besonderes. Hier können Online-Trainer viele Methoden und Übungen noch einmal ganz anders mit Teilnehmenden durchführen, als es bei Kollaborations-Tools wie Zoom möglich ist. Die Visualisierungs-Tools helfen in vielen Bereichen deutlich weiter. Oft so, dass die Methoden noch viel mehr an die Präsenzmethoden erinnern und die Teilnehmenden dabei noch sehr viel aktiver sein können.

Eines vorweg: Es gibt natürlich zahlreiche andere, ähnliche Whiteboard-Lösungen, bei denen das meiste, was ich in diesem Kapitel beschreibe, ebenso möglich ist. Dazu gehören beispielsweise Conceptboard und Collaboard, beide sind im Gegensatz zu Miro auch DSGVO-konform. Mir geht es vor allem darum, dass Sie ein Gefühl für die vielfältigen Anwendungsoptionen des kollaborativen Arbeitens entwickeln, die Visualisierungs-Tools ermöglichen.

Über den Umgang mit Miro

Ich bin über das Thema Kreativitätstechniken dazu übergegangen, Miro in meine Seminare zu integrieren, denn das war die beste Lösung für viele Methoden, wie etwa die Methode des Gruppen-Mind-Maps. Mein Kollege Harald Karrer, bei dem ich zum Thema Whiteboard-Nutzung eine Menge gelernt habe, hatte mir seinerzeit dazu eine geniale Lösung gezeigt – und seitdem habe ich auf dieser Plattform noch einiges mehr ausprobiert. Es ist wirklich sehr viel möglich.

Auch wenn ich bei meiner Online-Trainer-Ausbildung hauptsächlich mit Zoom arbeite, wechseln wir zwischendurch für bestimmte Methoden zu Miro bzw. arbeiten parallel mit beiden Tools. Beide Plattformen können Sie wunderbar miteinander verbinden, indem die Teilnehmenden bei Zoom in Gruppenräumen sind und dort miteinander kommunizieren können, während sie gemeinsam eine visuelle Übung auf Miro durchführen.

An dieser Stelle danke ich Harald Karrer, einerseits für die großartige Unterstützung und die vielen Lösungshinweise, wie ich meine Methoden auf Miro umsetzen kann (wie etwa beim Gruppen-Mind-Map, den ganzen Kreativitätstechniken und einigen anderen Seminarmethoden). Ich danke ihm ebenso für die Erlaubnis, viele seiner Methoden hier im Buch aufnehmen zu dürfen. Ich habe sie natürlich mit eigenen Worten dargestellt, oft auch Varianten dazu entwickelt und setze sie auch etwas anders ein. Dennoch habe ich eben die Grundidee seiner Methoden übernommen. Inzwischen geben wir zusammen Workshops zu „Kreativitätstechniken auf Miro", wo wir uns auch in der Vorbereitung schon gegenseitig inspirieren und unseren Teilnehmenenden das Beste vom Besten bieten.

Die restlichen Methoden sind aus dem eigenen Fundus oder frisch entwickelt.

Einige grundsätzliche Tipps vorweg, die für alle Methoden gelten

Bevor Sie Ihre Teilnehmenden auf die Plattform Miro schicken, sollten Sie vorher eine Onboarding-Hilfe anbieten.

Die größte Hilfe, die Sie Ihren Teilnehmenden bieten können, ist ein Video, in dem Sie die wichtigsten Tipps zur Orientierung auf dem Board geben. Denn das ist in der Regel das Hauptproblem des Tools, nämlich dass sich die Teilnehmenden auf dem Endlos-Whiteboard verirren und die Orientierung verlieren. Schauen Sie sich dazu mein Video an:

URL
- https://vimeo.com/745479844/1fc20fc2e4

Am besten schicken Sie Ihr Video schon vorher an Ihre Teilnehmenden oder erweitern Sie eine vorangestellte Pause um 5 Minuten, in denen sich alle den Film anschauen.

Bevor Sie eine konkrete Methode mit Ihren Teilnehmenden auf dem Miro-Board durchführen, zeigen Sie ihnen die wichtigsten Funktionen erst einmal nur per Bildschirmübertragung. Am besten sogar, bevor Sie den Link zum Miro-Board an Ihre Teilnehmenden weitergeben. Überlassen Sie Ihre Teilnehmenden sich selbst, führt das zu totaler Verwirrung, wenn diese ungeübt sind. Die Teilnehmenden versuchen dann oft, auf Ihrem Board, das sie ja nur per Bildschirmübertragung sehen, zu klicken und zu schreiben. Hinzu kommt: Nicht alle haben zwei Monitore vor sich, damit wird die Nutzung dann noch komplizierter.

Zeigen Sie jeweils nur die Funktionen, die für die jeweilige Methode gebraucht werden. Beim Gruppen-Mind-Map zum Beispiel sind das eben nur die Mind-Map- und die Text-Funktion.

Ganz gleich, um welche Methoden es geht, ist es sinnvoll, beim ersten Betreten des Miro-Whiteoboards erst einmal gemeinsam eine kleine Einstiegsmethode durchzuführen, bei der die Teilnehmenden spielerisch einige Funktionen kennenlernen, zum Beispiel:

- Wie verschiebe ich einen Avatar, ein Bild oder einen Text? (Indem die Teilnehmenden vorher auf den Mauszeiger klicken.)
- Wie füge ich ein Textfeld ein?
- Wie verschiebe ich das Board? (Indem sie erst wieder auf den Mauszeiger klicken, damit die Hand statt des Cursors erscheint. Mit dieser kann man verschieben.)

Methoden zum Einstieg

Wenn Sie Ihr ganzes Online-Seminar mit Miro durchführen – was im Grunde möglich ist –, bietet es sich an, gleich zu Seminarbeginn eine Methode zum Einstieg einzusetzen. Mit dieser können Sie die Teilnehmenden thematisch abholen und außerdem können alle gleichzeitig auch schon einige Grundfunktionen kennenlernen und ausprobieren.

Jedoch kann ich dieses Vorgehen nicht empfehlen, wenn Sie Miro nur zwischendurch mal im Seminar für eine konkrete Methode einsetzen. In diesem Fall würde ich auf der vertrauten Plattform mit dem Seminareinstieg beginnen und erst später bedarfsweise auf Miro wechseln. Sonst ist es für alle zu viel Neues auf einmal – die erste Orientierung auf Miro braucht einfach ein wenig Zeit.

Hochhaus auf Miro

Ziel/Seminarphase	Einstieg
Medien	Online-Whiteboard Miro
TN-Aktivität	Schreiben, zeichnen, sprechen
Sozialform	Einzelarbeit oder Gesamtgruppe
Zeit	10 Minuten

Methode Die Ursprungsvariante finden Sie in Kapitel 2, ab Seite 100. Die Aufgabenstellung ist zunächst die gleiche wie in der Ursprungsvariante, nur kommt noch eine kleine Gestaltung hinzu.

Verlauf Wir haben alle im gleichen Hochhaus eine Etage für unser Geschäft oder Unternehmen gemietet und stellen uns nacheinander vor. Dazu sagen wir unseren Namen, nennen unsere Etage und beschreiben die Art des Unternehmens oder Geschäfts. Die kreative Aufgabe besteht darin, dass das Geschäft mit dem gleichen Anfangsbuchstaben beginnt wie der eigene Name. Es ist somit auch eine Gedächtnishilfe. Das Geschäft muss nichts mit dem zu tun haben, was wir wirklich machen, sondern darf ruhig fantasievoll und verrückt sein.

Jeder Teilnehmende sucht sich ein Stockwerk und schreibt dort den eigenen Namen hinein. Danach überlegt er ein passendes Geschäft mit seinem Anfangsbuchstaben und schreibt es dazu. Schließlich sucht sich jeder ein passendes Bild oder Icon aus, das er dort zur Visualisierung einfügt. Ganz Mutige können auch selber zeichnen.

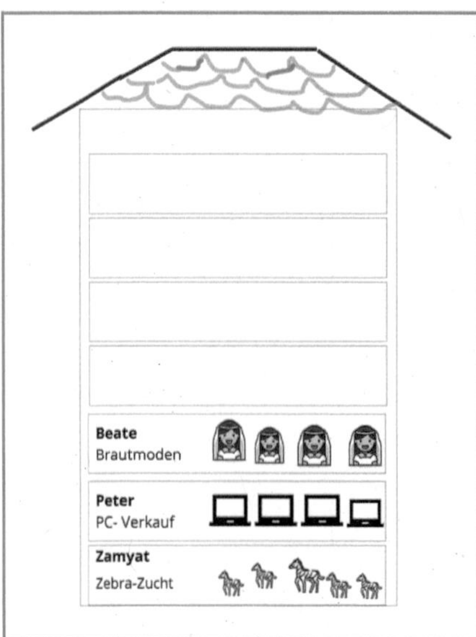

Abb.: Die Teilnehmenden belegen etagenweise das Geschäftshaus

Variationen

1. Variante

Die Teilnehmenden tragen nur ihren Namen und eine passende Visualisierung ein. Die anderen Teilnehmenden raten, was es für ein Geschäft sein kann.

2. Variante

Die Teilnehmenden schreiben nur das Geschäft und visualisieren es. Die anderen müssen den Namen des Teilnehmenden raten. Danach kann man noch abstimmen und zusammenzählen: *„Wer ist für Petra, wer für Paul, wer für Patrizia ...?“*

Trainer-Hinweis

Diese Übung können Sie auch gleichzeitig dazu nutzen, den Teilnehmenden einige Funktionen von Miro näherzubringen, die sie ausprobieren, z.B.: Wie funktioniert Schreiben und ein Bild/Icon einfügen?

URL

- Zu dieser Einstiegsmethode gibt es eine Vorlage auf Miro, siehe Download-Hinweis auf Seite 8 und auf Seite 278.

Schneemann

Ziel/Seminarphase	Einstieg, jederzeit
Medien	Online-Whiteboard Miro
TN-Aktivität	Etwas zusammenbauen
Sozialform	Gruppenarbeit
Zeit	5-10 Minuten

Methode Diese Methode kann man zu Seminarbeginn als Einstieg nutzen, es geht aber auch um Zusammenarbeit im Team, in einer Gruppe. Daher ist die Methode auch an anderer Stelle einsetzbar, je nach der Zielsetzung, die Sie damit verfolgen.

Verlauf Sie bereiten einen Bereich vor, in dem die Einzelteile eines Schneemanns bereitliegen. Kunterbunt und ungeordnet.

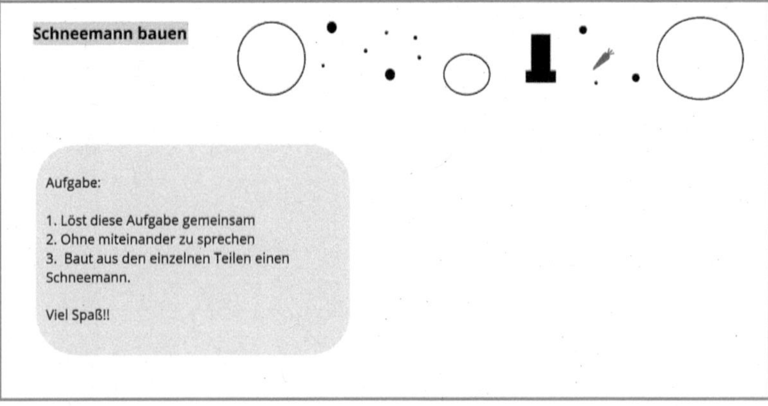

Abb.: Aus den Einzelteilen muss „ohne Worte" ein Schneemann entstehen

Die Aufgabe besteht darin, dass die Teilnehmenden einer Gruppe gemeinsam aus den einzelnen Teilen einen Schneemann bauen, ohne miteinander zu sprechen. Sie können dabei natürlich auch noch eigene Dinge einfügen, Äste als Arme einstecken etc.

Trainer-Hinweise

- Wenn es in Ihrem Seminar um das Thema Teambuilding oder Gruppenarbeiten geht, kann hier anschließend eine entsprechende Reflexion und Auswertung erfolgen: Wie lief das Ganze ab? Wer hat vielleicht die Führung übernommen, wer hat einfach losgelegt oder wie wurde aufeinander eingegangen?
- Ebenfalls ist es interessant, zu schauen, wo noch eigene Kreationen hinzugefügt wurden, wo etwas dazugemalt oder -geschrieben wurde.
- Sie können diese Methode zu Beginn auch dazu nutzen, einige Funktionen kennenzulernen und diese auszuprobieren.

URL/Quelle

- Link zum Video: https://vimeo.com/809323447/5c9ccb5d2d
  Zu dieser Einstiegsmethode gibt es eine Vorlage auf Miro, siehe Download-Hinweis auf Seite 8 und auf Seite 278.
- Kennengelernt bei Harald Karrer.

Soziometrische Übung: Landschaften stellen

Ziel/Seminarphase	Einstieg
Medien	Online-Whiteboard Miro
TN-Aktivität	Avatare zuordnen, schreiben, Fotos hochladen, evtl. erläutern
Sozialform	Einzelarbeit oder Gesamtgruppe
Zeit	10 Minuten

Methode

In Präsenzseminaren hatte die Methode bei mir den Namen „Landschaften stellen", sie ist aber auch bekannt als Soziometrische Übung. Es ist eine kurze, schnelle Einstiegsmethode, bei der ich als Trainerin und ebenso die Gruppe schon einige Informationen über die anderen erhalten.

Die Methode ist meine liebste Alternative zu endlosen öden Vorstellungsrunden. Den gleichen Effekt kann ich mit der Klebezettel-Methode erzielen (Seite 102).

Verlauf

Sie breiten auf einem Miro-Whiteboard Felder vor, auf denen sich die Teilnehmenden auf unterschiedliche Art positionieren können. Damit die Übung gleichzeitig eine kleine Einführung in die Bedienung der Tools von Miro ist, können Sie dort unterschiedliche Formen vorbereiten.

Im Verlauf gehen Sie mit den Teilnehmenden gemeinsam die einzelnen Punkte durch, damit sie sich live und alle gleichzeitig entsprechend positionieren können.

Sie können natürlich ganz andere Dinge abfragen, die Abbildung auf der rechten Seite zeigt nur einige Beispiele.

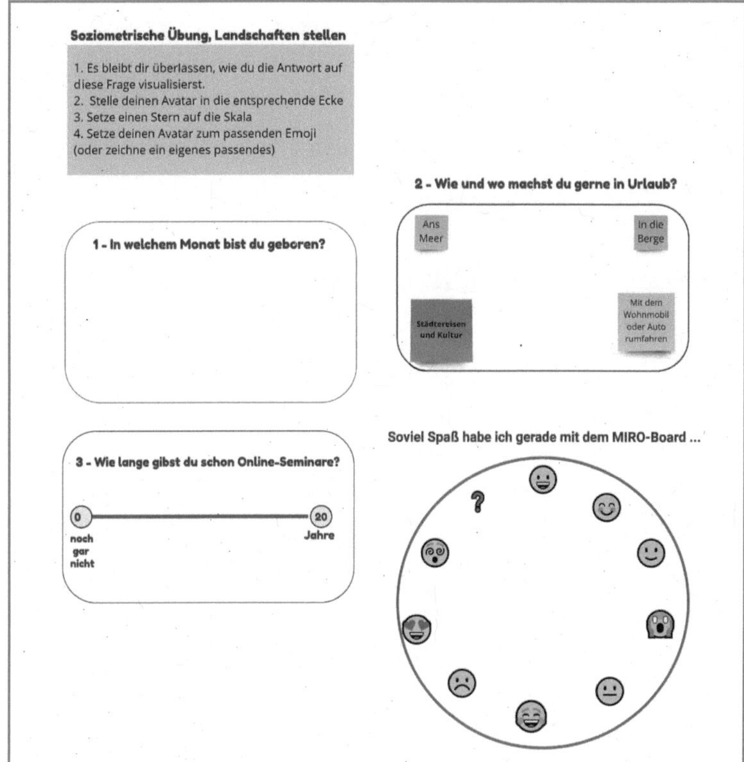

Abb.: Die Teilnehmenden platzieren Infos und/ oder ihren Avatar zu den unterschiedlichen Fragestellungen

1. In welchem Monat bist du geboren?

Hier bleibt es den Teilnehmenden ganz frei, ob sie einfach den Monat hineinschreiben, ein passendes Foto dazu aussuchen, etwas zeichnen oder was auch immer. Die Idee ist: Hier können sie herumspielen und ausprobieren. Sie sollten ihnen aber eine Zeitvorgabe geben.

Wenn die Teilnehmenden nur Bilder oder Zeichnungen einsetzen, könnte man im nächsten Schritt noch raten lassen, um welchen Monat es sich handelt.

Alternativ können die Teilnehmenden nur einen Farbkreis einsetzen mit einer Farbe, der ihrer Meinung nach zu diesem Monat passt. Anschließend wird geraten und erläutert, warum beispielsweise die Farbe Rot zum Juli passt.

2. Wie und wo machst du gerne Urlaub?

Da können die Teilnehmenden entweder ihren Avatar aus der Startübung nehmen (es gibt einen Avatar-Parkplatz, wo die Avatare zwischen den

Übungen abgelegt werden) oder ihren Namen in die entsprechende Ecke schreiben.

3. Wie lange gibst du schon Online-Seminare?

Hier sollen sie einen Stern auf einer Skala setzen.

4. So viel Spaß habe ich gerade mit dem Miro-Board.

Hier ordnen sie ihren Avatar einem Emoji zu oder schreiben ihren Namen daneben.

Trainer-Hinweise

- Je nach Länge und Intensität des Seminars können Sie es einfach bei den kurzen Zuordnungen belassen oder Sie bitten die Teilnehmenden, einen erläuternden Satz dazu zu sagen. Die Ergebnisse können Sie später ins Handout stellen, sodass sich die Teilnehmenden alles anschließend noch einmal anschauen können.
- Falls Sie Ihren Teilnehmenden einen längeren Zugang zum Miro-Board einräumen, können diese es sich dort später noch mal anschauen.

URL/Quelle

- Zu dieser Einstiegsmethode gibt es eine Vorlage auf Miro, siehe Download-Hinweis auf Seite 8 und auf Seite 278.
- Kennengelernt von Harald Karrer

Start-Avatare

Ziel/Seminarphase	Einstieg
Medien	Online-Whiteboard Miro
TN-Aktivität	Namen schreiben und Avatare verschieben
Sozialform	Gesamtgruppe
Zeit	5 Minuten

Methode

Mit der Methode gehen die Teilnehmenden erste Schritte bei Miro und lernen, Elemente zu verschieben und zu schreiben. Außerdem lernen sie alle Namen kennen.

Verlauf

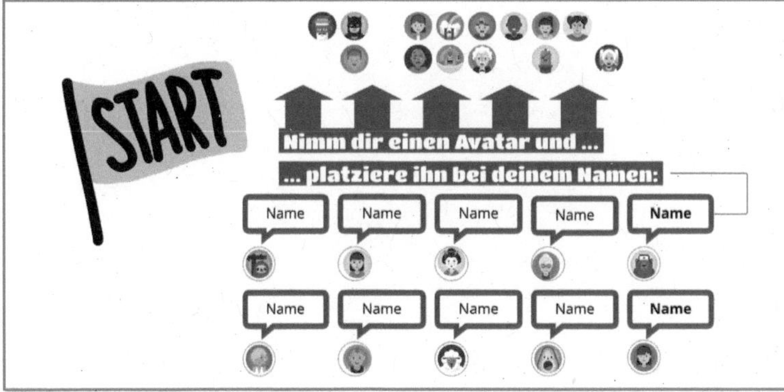

Abb.: Ein Einstieg, um Teilnehmende mit Miro vertraut zu machen

Sie bereiten einen entsprechenden Frame (Rahmen) vor, mit einer großen Auswahl an Avataren und leeren Namensfeldern.

Nach einem kurzen Onboarding, bei dem die Teilnehmenden mit einigen Funktionen und vor allem mit der Orientierung auf Miro vertraut gemacht werden, beginnen alle mit dieser Einstiegsmethode.

Dazu wählt jeder einen Avatar aus. Dieser kann bei späteren Methoden im Seminar immer wieder eingesetzt werden. Jeder schreibt den eigenen Namen in eines der Felder und zieht den Avatar darunter.

Trainer-Hinweis

Super ist es natürlich auch, wenn die Teilnehmenden statt der Avatare reale Fotos von sich einsetzen. In meiner Online-Trainer-Ausbildung treffen wir uns ja über Monate hinweg. Dort hat jeder ein Foto von sich hochgeladen, das ich beispielsweise für den schriftlichen Austausch einsetzen kann.

URL/Quelle

- Zu dieser Einstiegsmethode gibt es eine Vorlage auf Miro, siehe Download-Hinweis auf Seite 8 und auf Seite 278.
- Von Harald Karrer.

Symbol und Eigenschaften

Ziel/Seminarphase	Einstieg; Kennenlernen
Medien	Online-Whiteboard Miro, Symbole
TN-Aktivität	Symbole schieben, schreiben, sprechen
Sozialform	Gesamtgruppe
Zeit	15 Minuten

Methode

Mit dieser Methode lernen sich Teilnehmende zu Beginn eines Seminars kennen und können gleichzeitig schon einige Funktionen von Miro ausprobieren.

Ich hatte sie mir frisch ausgedacht für unser erstes Seminar „Kreativitätstechniken auf Miro" und auch schon bei Miro hergestellt, Harald Karrer hat dazu noch eine weitere Variante entwickelt.

Verlauf

Wenn Sie im Seminar Zeit sparen wollen und früh genug alle Namen und Mail-Adressen der Teilnehmenden haben, können Sie diese bitten, Ihnen vor dem Seminar per Mail ein Symbol zuzuschicken, das irgendetwas mit ihnen zu tun hat. Es muss für andere nicht sofort erkennbar sein, was es bedeutet.

Daher ist es auch besser, wenn die Teilnehmenden ihr Icon vorher an Sie schicken, weil sonst alle sehen können, wer welches Symbol herunterlädt und einfügt, dann würde es mit dem Raten nicht mehr funktionieren.

Vorbereitung auf Miro

Sie haben auf Miro schon einen Bereich vorbereitet. Ganz links sind Kästchen mit den Symbolen. Darüber sind Felder mit den Namen der Teilnehmenden, die durchnummeriert sind. Rechts daneben ist ein großer Bereich, ein Kreis oder Oval, wo leere Felder vorbereitet sind für die Symbole, die Namen und Eigenschaften.

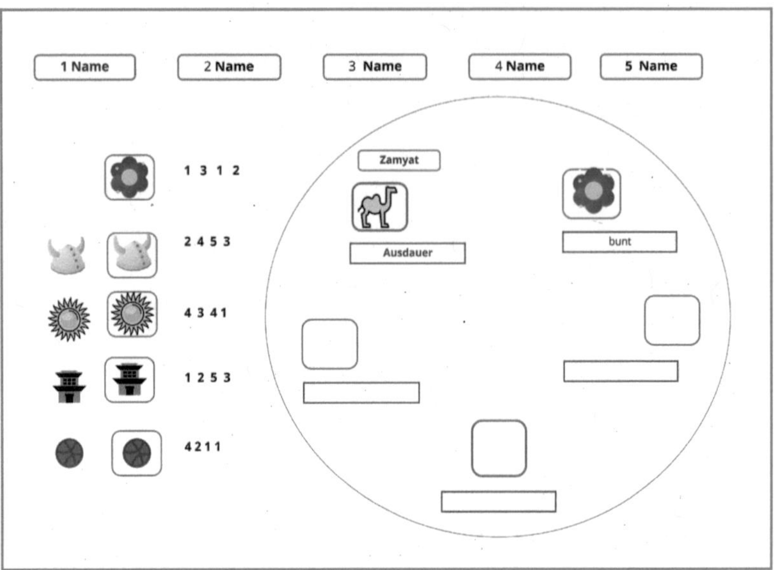

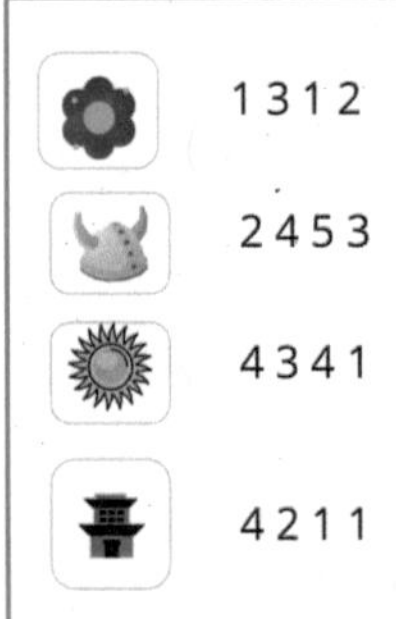

Abb.: Welches Symbol gehört zu welchem Teilnehmenden? Und wofür steht es?

Die Durchführung

Zunächst bitten Sie die Teilnehmenden, sich die Symbole anzuschauen und zu raten, welches Symbol zu wem gehört. Sie schreiben dann die entsprechende Zahl der jeweiligen Teilnehmenden hinter das Symbol.

Wenn das alle erledigt haben, nimmt sich jeder sein Symbol und schiebt es in den Kreis in ein leeres Feld. Darüber schreibt er den eigenen Namen. Darunter fügt er eine Eigenschaft oder Fähigkeit zu seinem Symbol hinzu.

Tipp: Am besten duplizieren Sie die Symbole vorher und stellen sie nebeneinander. Dann kann ein Symbol in das große Feld gezogen werden und das andere bleibt bei der Einschätzungs-Skala, sodass man noch mal nachschauen kann, wie wer eingeschätzt wurde.

Jeder erklärt mit einem Satz sein Symbol und was es mit einem zu tun hat. Dann in einem zweiten Satz, wie ihm diese Eigenschaft oder das Merkmal bei Kreativität helfen kann. Wenn Sie ein anderes Seminarthema haben, wählen Sie natürlich eine entsprechend andere Fragestellung, die eine Verbindung zum Thema herstellt.

Diese Verbindung zwischen Fähigkeit/Eigenschaft und dem Seminarthema herzustellen, erfordert schon ein wenig kreatives Denken. Denn diese Fragestellung war ja vorher bewusst nicht bekannt. Es ist auch eine Basis für Kreativitätstechniken, Dinge miteinander in Verbindung zu bringen, die erst einmal nichts miteinander zu tun haben.

Variation

Harald hatte eine Variante mit einer Matrix entwickelt, die wir dann auch ausprobiert hatten. So eine Matrix ist offensichtlich nicht nur für mich immer eine Herausforderung. Daher bin ich zu meiner schlichteren Variante mit den Zahlen zurückgekehrt.

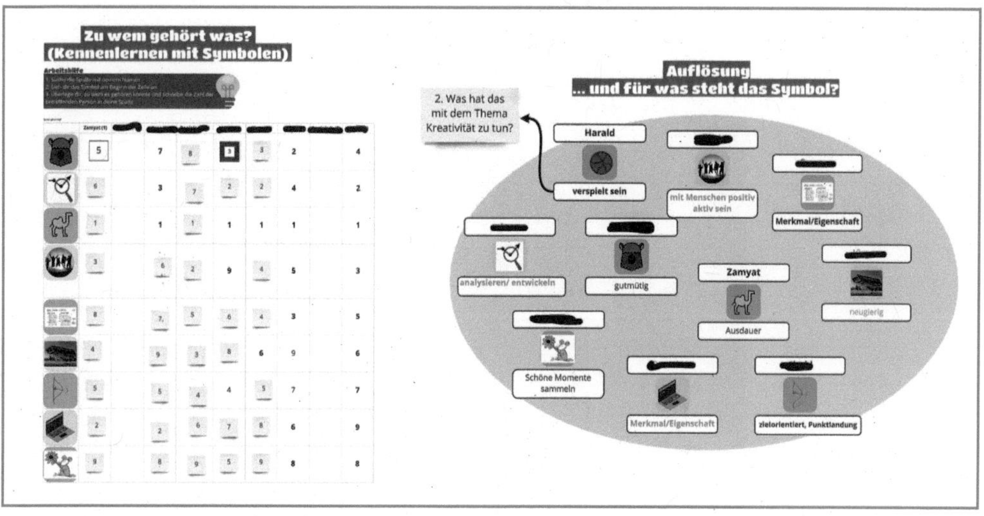

Trainer-Hinweise

- Ich habe festgestellt, dass die Matrix auch für andere verwirrend ist und die Teilnehmenden gar nicht dazu kamen, bei den anderen zu schauen und zu raten, weil alle damit beschäftigt waren, das richtige Kästchen zu suchen. Daher werde ich das nächste Mal meine Variante einsetzen, wo jeder nur die Zahl eines Teilnehmenden hinter das Symbol schreibt. So hat man auch schneller den Überblick, wo viele gleich geraten haben und wo nicht.
- Der Unterschied zwischen beiden Varianten ist auch, dass man bei der Matrix sehen kann, wer was geraten hat. Das sieht man bei der schlichteren Variante nicht.

URL

- Link zum Video: https://vimeo.com/809323570/3896f97cee
- Zu dieser Einstiegsmethode gibt es eine Vorlage auf Miro, siehe Download-Hinweis auf Seite 8 und auf Seite 278.

Wahr – unwahr

Ziel/Seminarphase	Kennenlernen
Medien	Online-Whiteboard Miro, vorbereitete Folie mit einem Feld mit 3 Spalten pro TN-Name, Sticky Notes und Punkte
TN-Aktivität	Auf Folie Punkt setzen, sprechen
Sozialform	Gesamtgruppe
Zeit	15 Minuten

Methode Ein spannendes Spiel zum Kennenlernen, das auch gut bei Gruppen funktioniert, die sich schon kennen. Es eignet sich also auch für Inhouse-Seminare, wo Mitarbeitende einer Abteilung an einer Fortbildung teilnehmen, oder für eine Gruppe, die schon länger zusammenarbeitet.

Verlauf Jeder notiert drei Aussagen über die eigene Person, wovon jedoch zwei Aussagen falsch sind. Die anderen müssen nun raten, welche Aussage zutrifft. Es ist natürlich interessanter, wenn die Teilnehmenden hier etwas von sich verraten, was die meisten über sie noch nicht wissen oder auch nie vermuten würden.

Sie bereiten hierfür bei Miro ein Feld mit Namen für jeden Teilnehmenden vor, dazu einen Bereich mit Sticky Notes und Punkten sowie die Aufgabenbeschreibung.

Jeder sucht sich eine Farbe aus und schiebt drei Sticky Notes in dieser Farbe in das eigene Feld. Dort schreibt jeder drei Aussagen auf die Sticky Notes, von denen eine falsch ist.

Anschließend lesen sich alle die Aussagen durch und schieben einen Punkt unter die Aussage, von der sie meinen, dass es die richtige ist. Wenn alle Punkte geklebt sind, erläutert nacheinander jeder kurz, was zutrifft und was nicht.

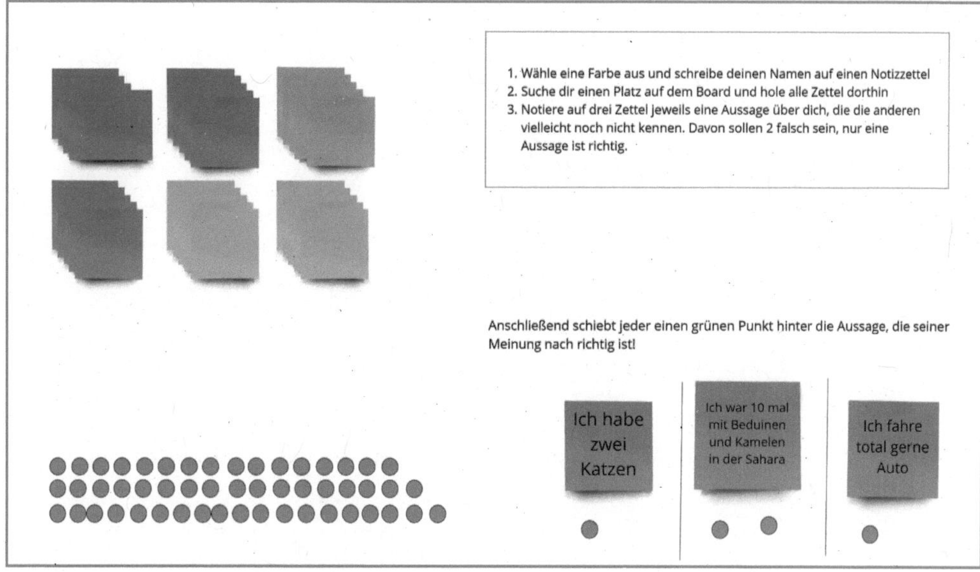

Abb.: Welche der drei Aussagen auf den Sticky Notes ist wahr?

Nachdem alle ihre Punkte gesetzt haben, berichten die Teilnehmenden reihum, welche Aussage richtig ist und wieso. Am besten nennen sie noch ein Beispiel dazu. Es ist durchaus interessant, auch kurz etwas zu den gelogenen Sätzen zu erwähnen, weil sie auch etwas über die Person verraten.

Wenn ich beispielsweise schreibe, „Ich reise gerne in die Wüste“, „Ich habe zwei Katzen“ und „Ich fahre gerne Auto“, kann ich im Anschluss kurz erläutern, dass ich keine Katzen habe, sondern eine Katzenhaarallergie. Außerdem bin ich noch nie gerne Auto gefahren und fahre seit einem schlimmen Autounfall nur noch höchst ungerne. Ich war aber tatsächlich zehnmal mit Beduinen und Kamelen in der Sahara.

Trainer-Hinweise

Je nach Zeitrahmen lassen Sie für diese Übung ruhig etwas mehr Zeit, so lernen die Teilnehmenden eine Menge voneinander kennen, was sie vorher noch nicht wussten. Auch unter Kolleg:innen gab es hier in der Vergangenhiet oft Überraschungen.

URL

- Link zum Video: https://vimeo.com/809323995/20902db7ec
- Zu dieser Einstiegsmethode gibt es eine Vorlage auf Miro, siehe Download-Hinweis auf Seite 8 und auf Seite 278.

Methoden der kreativen Ideenfindung und Methoden zur Themenbearbeitung

Beim Training von Kreativitätstechniken werden in der Regel bestimmte Phasen durchlaufen wie etwa die Themenklärung, evtl. die Neuformulierung der Fragestellung, der Einsatz kreativer Methoden zur Ideensammlung, die Bewertung und Auswahl der Ideen, die Planung und Umsetzung.

In diesem Abschnitt liegt der Schwerpunkt auf der Fragestellung, wie Sie solche Methoden auch online (hier speziell auf dem Miro-Whiteoboard) einsetzen können. Daher erspare ich Ihnen die Beschreibungen der ganzen Vor- und Nacharbeiten, die zu den Kreativitätstechniken gehören. Das finden Sie alles ausführlich in meinem Buch „Kreative Geister wecken". Konzentrieren wir uns also in der Hauptsache nur auf die Phase der kreativen Ideenfindung und ihre Umsetzung auf dem Miro-Whiteboard.

Im Anschluss an die Kreativmethoden stelle ich Ihnen noch drei Anwendungsoptionen auf Miro vor, die sich für die Bearbeitung von Themenschwerpunkten eignen.

6-3-5-Methode

Ziel/Seminarphase	Ideenfindung
Medien	Online-Whiteboard Miro
TN-Aktivität	Schreiben, anschließend austauschen
Sozialform	Kleingruppen
Zeit	30-50 Minuten

Methode

Das ist eine der Methoden, die online nur bei Miro und ähnlichen Whiteboards möglich sind, nicht aber über Zoom oder anderen kollaborativen Plattformen. Weshalb ich sie erst mal lange nicht online durchgeführt habe. Umso begeisterter war ich, als ich mit Harald zusammen nun auch eine Online-Variante entwickeln konnte.

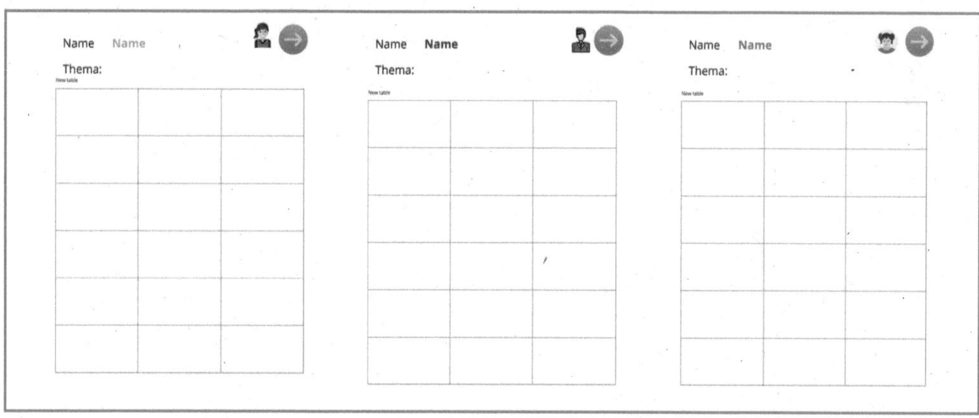

Abb.: Auf Miro vorbereiteter Aufbau für die 6-3-5-Methode

Verlauf

Normalerweise sind in einer Gruppe 6 Teilnehmende, die an einem gemeinsamen Thema arbeiten. Jeder beginnt mit einem Arbeitsblatt und schreibt 3 Ideen in die erste Spalte und für jede Runde gibt es 5 Minuten Zeit. Dann wird das Blatt an die nächste Person weitergereicht und jeder schreibt weitere 3 Ideen darunter.

Wenn es von der Teilnehmerzahl her nicht aufgeht, können Sie eine Gruppe mit 4 oder 5 Teilnehmenden bilden. Das geht genauso.

Die 6-3-5-Methode wird in der Regel für Themen wie etwa die Suche nach einem Seminartitel, einer Headline, dem Namen eines Produkts, einem Veranstaltungstitel, für einen Claim, Slogan oder einen Werbespruch eingesetzt. Sie funktioniert aber auch zu ganz anderen Themen, schränken Sie sich also nicht ein, seien Sie experimentierfreudig!

Variation

Sie stellen so viele Arbeitsblätter her, wie Sie Teilnehmende im Seminar haben. Auf jedes Blatt schreiben Sie den Namen eines Teilnehmenden oder Sie lassen diese im Seminar selbst ausfüllen. Wenn Sie beispielsweise verschiedene Gruppen zu unterschiedlichen Themen bilden, denn dann wissen Sie vorher nicht, welcher Name in welche Gruppe gehört.

Wie bei allen Kreativitätsmethoden wird zunächst einmal in der Gruppe die genaue Themenstellung oder Frage formuliert. Jeder trägt sein Thema oben auf seinem Arbeitsblatt ein und auch seinen Namen (falls nicht schon in der Vorbereitung geschehen).

Dann wird der Timer bei Miro auf 5 Minuten eingestellt. Jeder Teilnehmende beginnt und schreibt in die erste Zeile 3 Ideen – jeweils eine pro Spalte. Nach 5 Minuten klickt er auf den Pfeil rechts oben auf dem Arbeitsblatt und springt damit automatisch auf das nächste Blatt. So geht es alle 5 Minuten weiter, bis jeder wieder auf dem eigenen, nun vollständig ausgefüllten Blatt gelandet ist.

Da es ja um eine Gruppenarbeit geht, sollten sich nun alle Teilnehmenden noch einmal alle Arbeitsblätter anschauen.

Jetzt beginnt die Bewertungs-und Auswahlphase. Dazu können Sie beispielsweise Punkte zur Verfügung stellen, womit die Teilnehmenden die Ideen kennzeichnen, die ihnen besonders gut gefallen. Sie können auch verschiedene Farben einsetzen, die unterschiedliche Bedeutungen haben:

- Rot – damit sofort anfangen (also tolle Idee und direkt umzusetzen)
- Grün – auf jeden Fall eine gute Idee
- Gelb – kann etwas warten
- Blau – dazu habe ich eine Frage

Diese Ausgestaltung ist schon sehr differenziert. Sie können es auch viel einfacher halten: Jeder erhält drei Punkte und kann diese auf die drei besten Ideen verteilen. So haben Sie ein rasches mehrheitsfähiges Ergebnis.

Trainer-Hinweis

Ein Themen-Beispiel, bei dem wir nicht nach einem Titel oder einer Überschrift gesucht haben, war: „Wie kann ich die wichtigsten Funktionen kurz und knapp vorstellen?“ Es war also ein technisches Thema, bei dem ein bestimmtes System oder eine Software eingeführt werden sollte. Und siehe da, die Methode funktionierte auch dort wunderbar.

URL

- Link zum Video: https://vimeo.com/805920764/d30656e9b2
- Zu dieser Kreativitätstechnik gibt es zwei Gestaltungsvarianten, die Sie farblich nach ihren Wünschen verändern können. Siehe Download-Hinweis auf Seite 8 und auf Seite 278.

Gruppen-Mind-Map

Ziel/Seminarphase	Kreative Ideenfindung; Meetings; Teamsitzungen
Medien	Online-Whiteboard Miro
TN-Aktivität	Schreiben (stumm), anschl. Austausch
Sozialform	Gruppen von 3-4 TN
Zeit	20 Minuten Arbeit am Mind Map, anschl. Austausch

Methode Durch diese Methode habe ich Miro kennen- und lieben gelernt. Denn sie gehörte immer zu meinen Lieblingsmethoden bei Kreativitätsseminaren in Präsenz – und alle Versuche bei Zoom oder woanders waren ausgesprochen mühselig und zeitaufwendig, und sie verhinderten die schnelle, spontane Ideensuche. Nun habe ich zusammen mit Harald Karrer eine Variante gebaut, die einfach vortrefflich ist. Mit einem Klick hüpft man von einem Mind Map zum nächsten.

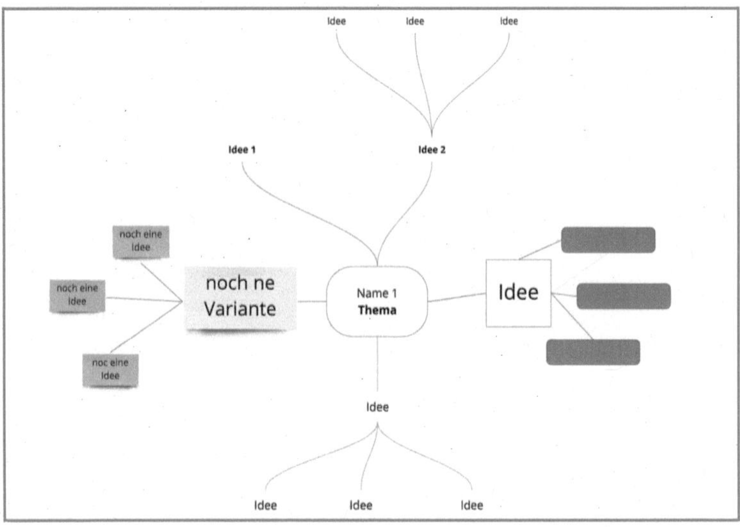

Verlauf Sie erstellen zuerst einen Gruppenkreis für 3-4 Teilnehmende mit einem Häuschen in der Mitte (das Symbol in der Mitte kann auch ein Kreis oder

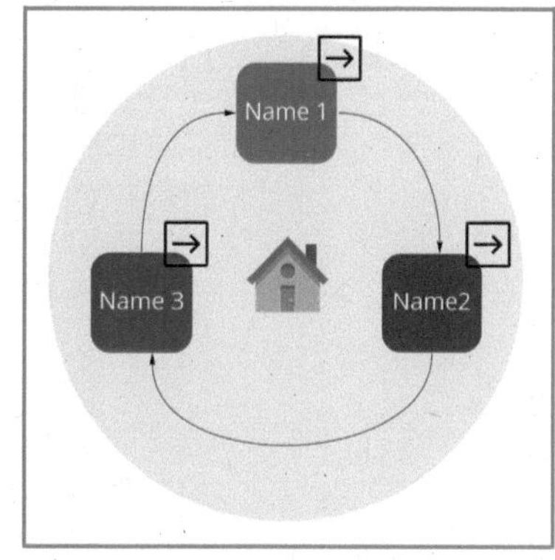

Quadrat sein, das Häuschen finde ich aber netter). In diesen Gruppenkreis fügen Sie drei bis vier Felder ein, in die die Namen der Teilnehmenden kommen. Dazu müssen Sie aber erst einmal klären, wer in welcher Gruppe zu welchem Thema arbeiten möchte. Daher schreiben Sie besser dort zunächst nur „Name" (siehe Abb. rechts oben).

Dann legen Sie für jeden Teilnehmenden aus der Gruppe ein Mind Map an, das Sie in der Menü-Leiste von Miro schon finden. Es reicht im Grunde nur das mittlere Feld, wo später das Thema (und vielleicht auch der Name des Teilnehmenden) eingetragen wird. Sie können auch bereits einen Ast anlegen, damit Ihre Teilnehmenden leichter erkennen, wie es geht (siehe Abb. rechts unten).

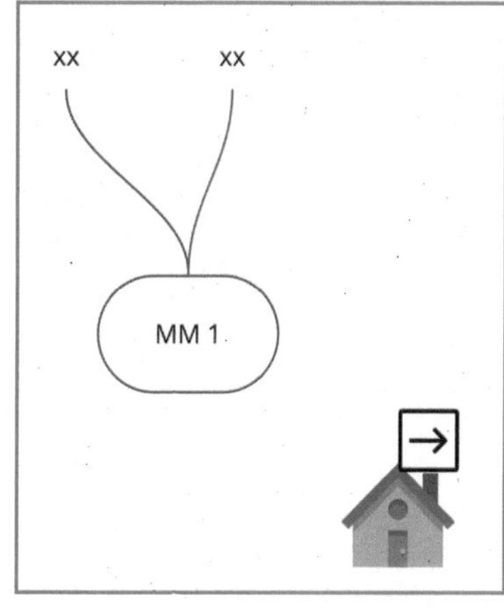

Abb.: Über die Pfeil-Taste hüpft man von einem Mind Map zum nächsten

Der Trick

Der geniale Trick bei dieser Methode besteht nun in der Verlinkung. In der Mitte des Gruppenkreises haben Sie ein Haus platziert, neben jedem Mind Map ist ebenfalls ein kleines Haus. Diese verlinken Sie miteinander (wie das geht, zeige ich im Video).

In dem Haus jedes Mind Maps befindet sich rechts oben ein kleiner Pfeil. Wenn eine Teilnehmerin von ihrem Mind Map aus auf diesen Pfeil klickt, landet sie zunächst wieder im Gruppenkreis. Dort sieht sie dann, zu welchem sie als Nächstes muss. Sie klickt auf den Pfeil des entprechenden Namens und landet damit auf dessen Mind Map.

Vorbereitung in der Gruppe

Zeigen Sie hier auf jeden Fall vorher in der Gesamtgruppe per Bildschirmübertragung, wie die Teilnehmenden in ihrem Mind Map schreiben können und vor allem, wie sie auf das nächste Feld kommen. Dazu ist es sinnvoll, die Ansicht sehr groß zu zoomen, damit man den kleinen Pfeil besser sehen und anklicken kann.

Verlauf

Kommen wir zu eigentlichen Methode: Die Gruppe klärt erst einmal auf Zoom, welche Themen mit dieser Methode bearbeitet werden sollen und wer in welche Gruppe gehen möchte. Die Kleingruppen klären dann, wie die genaue Formulierung der Frage sein soll und gehen dann zu ihrem Gruppenkreis.

Jeder schreibt die Fragestellung in die Mitte seines Mind Maps und am besten auch noch den eigenen Namen dazu. Dann beginnt jeder und schreibt in Mind-Map-Form alle seine Ideen zur gewählten Frage auf. Nach 5 Minuten hüpfen dann alle zum nächsten Mind Map. Hierfür können Sie den Timer einstellen, dann sehen und hören alle, wenn die 5 Minuten abgelaufen sind. Das geht so lange, bis jeder wieder bei seinem Ausgangs-Mind-Map landet.

Wichtig: Während der ganzen Methode wird nicht gesprochen! Erst beim anschließenden Austausch und der Auswahl der Ideen können die Teilnehmenden miteinander sprechen.

Alle lesen sich alle Mind Maps noch einmal durch, denn es sind ja überall noch neue Ideen hinzugekommen. Anschließend geht es in die Bewertungsphase. Die Ideen, mit denen sie weiterarbeiten wollen, werden ermittelt.

Trainer-Hinweise

- Wenn es kein Teamseminar ist, bei dem an einem gemeinsamen Thema gearbeitet werden soll, sondern einzelne Teilnehmende das Seminar individuell gebucht haben, erfolgt auch die Themenauswahl individuell. Das heißt, jede Person markiert sich die Ideen, die für sie brauchbar und hilfreich sind.
- Oft ist es auch so, dass eine Person Themengeber ist und die anderen nur als Ideengeber mitarbeiten, sie selbst aber gar nicht diese Fragestellung haben. Dann liegt die Auswahl beim Themengeber. Trotzdem können sich auch die anderen aus der Gruppe an der Auswahl beteiligen und sich darüber austauschen.

URL

- Link zum Video: https://vimeo.com/809320265/1114beba38
- Zu dieser Kreativitätstechnik gibt es eine Vorlage auf Miro, siehe Download-Hinweis auf Seite 8 und auf Seite 278.

Kreatives Feedback mit Impuls-Karten

Ziel/Seminarphase	Abschluss; Feedback
Medien	Online-Whiteboard Miro, Bildkarten
TN-Aktivität	Avatar schieben, Feedback-Satz formulieren
Sozialform	Gesamtgruppe
Zeit	5-10 Minuten

Methode

Diese Methode hat Harald Karrer entwickelt, er hat auch die Bilder illustriert, ich habe nur die Beschriftung entsprechend unseres Seminarthemas „Kreativitätstechniken" verändert und angepasst. Mit der Methode können Sie relativ schnell ein Feedback am Ende eines Seminars einholen. Ich konnte es mir erst nicht so richtig vorstellen, aber wider Erwarten lief es super! Sie können die Optik variieren und eigene Illustrationen anfertigen, ganz wie Sie wollen.

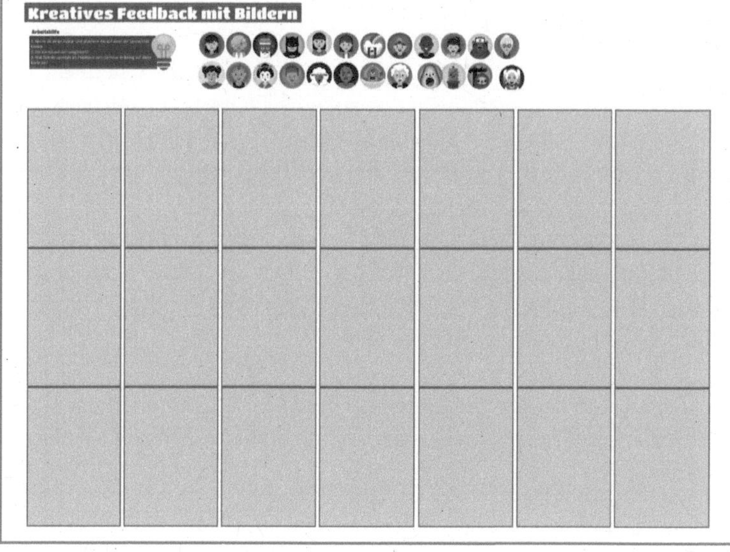

Abb.: TN-Feedback mit vorbereiteten Motiv-Karten

Verlauf

Sie stellen das Feedback-Feld her, in dem in der untersten Lage Bilder platziert sind (selbst gezeichnet, Fotos, was auch immer). Darüber legen Sie Abdeck-Karten, die die Teilnehmenden oder Sie selber zur Seite schieben können.

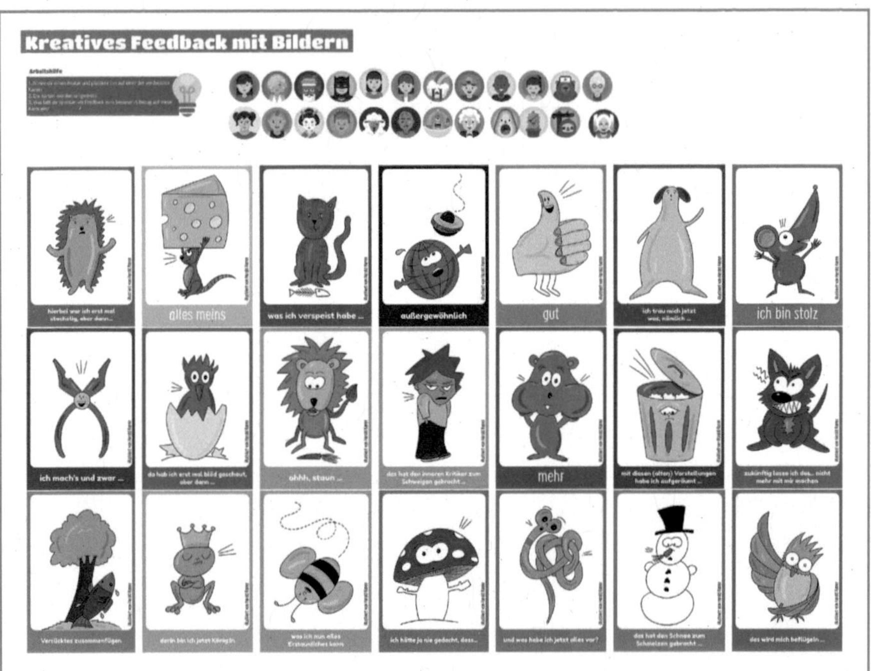

Trainer-Hinweis

Sie können, wie im Beispiel dargestellt, Avatare oberhalb der Kartenreihen einstellen oder Zahlen oder Buchstaben auf die Karten schreiben. Jeder zieht seinen ausgewählten Avatar auf eine der Karten. Dann beginnt eine Person. Sie schiebt die Abdeck-Karte zur Seite und nimmt das darunter erscheinende Bild als Impuls für einen Feedback-Satz zum Seminar.

Beispiele aus unserem Seminar: *„Ich bin stolz ..., dass ich trotz der Technik-Probleme geduldig dabeigeblieben bin."* Oder: *„Mit diesen alten Vorstellungen habe ich aufgeräumt ..., dass man Kreativitätstechniken nicht mit großen Gruppen online durchführen kann."*

Sie können statt der Avatare Zahlen auf die Abdeck-Karten schreiben. Die Teilnehmenden nennen jeweils eine Zahl, deren Karte Sie dann zur Seite schieben.

URL

- Zu dieser Kreativitätstechnik gibt es eine Vorlage auf Miro, siehe Download-Hinweis auf Seite 8 und auf Seite 278.

Kreativwanderung online

Ziel/Seminarphase	Kreative Ideenfindung
Medien	Online-Whiteboard Miro
TN-Aktivität	Schreiben (stumm), bewegen, anschl. austauschen und auswählen
Sozialform	Gruppen
Zeit	15-20 Minuten

Methode

Eine Moderationsmethode, die unter dem (geschützten) Namen „Brainwalk" bekannt wurde. Die Variante aus dem Präsenzbereich geht so: Sie verteilen 3-4 Pinnwände im Raum. Die Teilnehmenden bewegen sich zur Musik im Raum und immer, wenn ihnen etwas zur vorher festgelegten Fragestellung einfällt, schreiben sie es auf die Pinnwand, die gerade in der Nähe ist.

Bei Miro können Sie auch online ähnlich agieren – und ich kann nur berichten, dass diese Methode bisher in jedem Seminar einen ungeheuren Anklang fand. Sie kostet zudem auch nicht allzu viel Zeit und man kann sie ganz entspannt sogar gegen Ende des Tages durchführen.

Verlauf

Sie bereiten vier „Pinnwände" auf dem Board vor, ich habe zuletzt dafür immer einfach Sticky Notes genommen, die man auch in der Form verändern kann. Auf den Notes können die Teilnehmenden auch am einfachsten schreiben, ein Klick reicht – und los geht es. Die vier Pinnwände (Sticky Notes) verteilen Sie in die vier Ecken des entsprechenden Bereichs.

Die Fragestellung und die Themenformulierung können die Gruppen erst einmal auf Zoom in der Gesamtgruppe oder in Breakout Rooms klären.

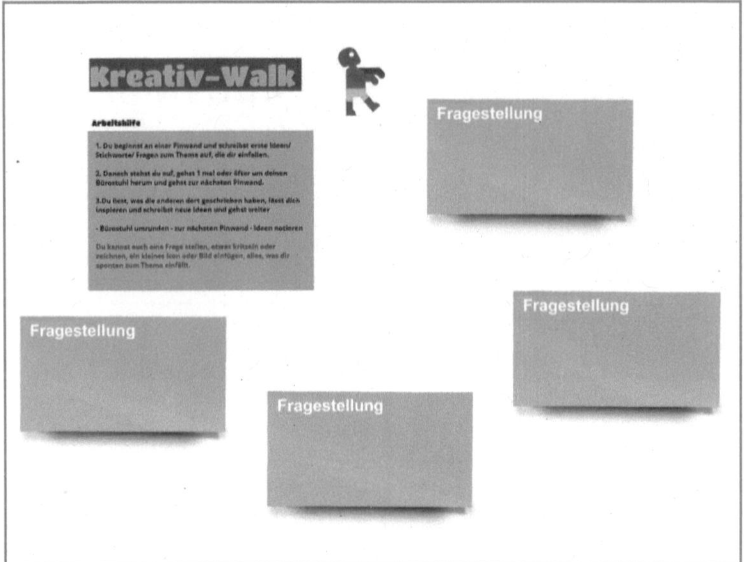

Abb.: Ein „Brainwalk" mit vier „Pinnwänden" wird auf dem Online-Whiteboard vorbereitet

Danach geht jeder in seinen Gruppenbereich zu seinem Thema. In der Zwischenzeit können Sie als Trainerin die Themen über die Bereiche schreiben oder auch schon als Stichwort auf die einzelnen Pinnwände notieren. Die genaue Formulierung können die Gruppen dann zu Beginn selbst dort eintragen.

Dann geht es los. Weisen Sie darauf hin, dass nicht alle an der gleichen Pinnwand beginnen sollen, sondern sich von vorneherein verteilen. Die Teilnehmenden können eine oder mehrere Ideen notieren, was ihnen gerade einfällt. Und dann zur nächsten Pinnwand gehen. Dort lesen sie erst einmal, was schon von anderen notiert wurde. Dadurch kommen sie auf neue Ideen, die sie niederschreiben.

Es sollen dabei nicht nur Stichworte oder Sätze auf die Pinnwände geschrieben werden, sondern auch Zeichnungen, Bilder, Icons sind erlaubt – alles Kreative lockert auf und bietet Ansatzpunkte für neue Gedanken. Wichtig: Während der ganzen Methode wird nicht gesprochen! Erst beim anschließenden Austausch und der Auswahl der Ideen ist Kommunikation wieder erlaubt.

Als Einstieg in diese Methode zeige ich immer ein Schild: „Die Bewegung des Körpers fördert die Bewegung des Geistes." Dazu verkünde ich den Auftrag: *„Jedesmal, wenn ihr an die nächste Pinnwand geht, steht auf und geht einmal um den eigenen Stuhl oder Tisch herum."* Der Auftrag ist eigentlich eher eine Anregung, kontrollieren können Sie natürlich nicht, ob sich alle daran halten.

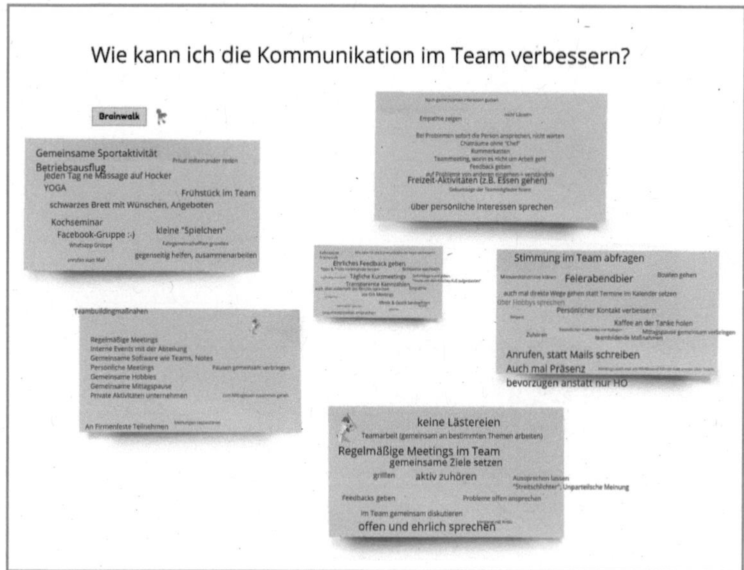

Abb.: Die Teilnehmenden notieren rundum ihre Ideen

Nach 10-15 Minuten wird gestoppt. Anschließend schauen sich die Gruppen ihre Pinnwände noch einmal an und können sich austauschen. Hier kann im Anschluss eine Auswahl stattfinden, welche der Ideen in welcher Reihenfolge wie umgesetzt werden sollen. Dazu können Sie Punkte vergeben oder eine andere Bewertungsmethode einsetzen.

Variation

Sie können – analog zu den Präsenzseminaren – im Hintergrund Musik laufen lassen, dazu müssen aber alle im Gesamtraum von Zoom sein, um die Musik hören zu können. Oder Sie binden bei Miro ein Video ein und lassen darüber Musik laufen. Ich habe mich gegen diese Variante entschieden. Mir ist das letztendlich zu aufwendig in der Vorbereitung und zu störanfällig. Bei Musik ist die Tonübertragung nicht immer einwandfrei, das kann ruckelig ausfallen.

Trainer-Hinweis

Es ist wirklich hilfreich, auf jede Pinwand gut lesbar die konkrete Fragestellung zu notieren, damit die Teilnehmenden zwischendurch immer wieder mal dorthin schauen können und sich wieder auf die Fragestellung fokussieren. Sonst können die Ideen leicht schwammig ausfallen.

URL

- Link zum Video: https://vimeo.com/809320764/4a78b0ac50
- Zu dieser Kreativitätstechnik gibt es eine Vorlage auf Miro, siehe Download-Hinweis auf Seite 8 und auf Seite 278.

Matrix

Ziel/Seminarphase	Kreative Ideenfindung
Medien	Online-Whiteboard Miro
TN-Aktivität	Schreiben, sprechen
Sozialform	Kleingruppen
Zeit	15-30 Minuten

Methode

Diese Methode ist eine Vereinfachung des Morphologischen Kastens – und auf Anhieb erschließt sich nicht so direkt, was das mit Kreativität zu tun hat. Mir ging es jedenfalls lange so, bis ich in Seminaren die verblüffendesten Ergebnisse unter den Teilnehmenden erlebte.

Es geht darum, zu einem Thema, einer Planung oder Fragestellung erst einmal Teilaspekte zu ermitteln, und zu diesen dann verschiedene Ausprägungen zu entwickeln. Am Ende können Sie aus der Fülle an Ideen und Möglichkeiten die auswählen, die Ihnen am besten gefallen. Es ist eine sehr strukturierte Methode, die zunächst sehr formal wirkt, aber dennoch zu sehr kreativen Lösungen führen kann.

Abb.: Vorbereitete Matrix auf Miro

Verlauf

Sie erstellen eine Matrix auf Miro und kopieren diese für weitere Gruppen so oft, wie erforderlich. Sie können sie so gestalten, dass die Teilnehmenden dort mit einem Textfeld in die einzelnen Spalten schreiben.

Noch leichter geht es mit dem Schreiben, wenn Sie in jedes Feld ein Sticky Note platzieren. Dann reicht ein Klick und man kann losschreiben.

Die Gruppe sammelt zunächst die Bestandteile eines Themas und schreibt diese untereinander in die linke Spalte unter „Parameter“. Anschließend überlegen die Teilnehmenden sich zu jedem Bestandteil verschiedene Erscheinungsformen oder Ausprägungen.

Wenn es beispielsweise um die Entwicklung einer Teekanne geht, können links unter „Parameter“ die Anforderungen stehen und rechts daneben die verschiedene Ausprägungen. Hier ein Präsenzbeispiel, das man auf Sticky Notes übertragen kann.

Abb. links: Beispiel zur Entwicklung einer Teekanne

Beispiel: Eine neue Teekanne

Parameter	Parameter-Ausprägungen		
Material	Glas	Porzellan	Metall
Form	Kugelig	eckig	schlank
Größe	Klein (<1,0 l)	mittel (1,0–1,5 l)	groß (>1,5 l)
Einsatz	ohne	Metall Sieb	wie Material

Wohin fahren wir in Urlaub?

Ziel / Ort	Berge	Meer	Stadt	Natur	Wüste	See	
Anreise	Flugzeug			Fahrrad	zu Fuß	Trampen	
Unterkunft	Ferienhaus-wohnung	Hotel		Bauernhof	Wohnwagen	im Freien	
mit wem?		mit Familie	mit Freunden	Gruppen-Reisen	Rotel		
Verpflegung	VP	HP	F	Selbstverpflegung	Fasten		
Aktivitäten	Wandern	Besichtigung	Schifffahrt	Sportliche	Meditieren	Malen	Yoga

Wenn die Matrix voll ist, geht es an die Auswahl. Dazu können die Teilnehmenden die Vorschläge und Ideen markieren, die sie besonders gut finden und anschließend gemeinsam an die Planung der Umsetzung herangehen. Diese Matrix kann auch zur Entscheidungsfindung dienen.

Abb. rechts: Matrix zur Entscheidungsfindung

Trainer-Hinweise

- Ich habe oft erlebt, dass die Teilnehmenden nicht erst alle Parameter sammeln und danach die Eigenschaften und Ausprägungen, vielmehr schreiben manche sofort die Ausprägungen dahinter und wechseln dann erst zum nächsten Parameter. Grundsätzlich halte ich es für sinnvoller, für einen ersten Überblick zunächst wenigstens die wichtigsten Parameter zu sammeln, andererseits funktioniert es auch mit den anderen Varianten, daher lasse ich die Teilnehmenden einfach machen …
- Tipp: Meines Erachtens müssen hinter den Parametern nicht immer gleich viele Ausprägungen stehen.

URL

- Link zum Video: https://vimeo.com/809320824/5ea6ffca3a
- Zu dieser Kreativitätstechnik gibt es Vorlagen und Hinweise zur Erstellung der Matrix, siehe Download-Hinweis auf Seite 8 und auf Seite 278.

Meer der (Un-)Möglichkeiten

Ziel/Seminarphase	Einstieg und während des ganzen Seminars
Medien	Online-Whiteboard Miro
TN-Aktivität	Insel auswählen, beschriften, Themen auf Kärtchen schreiben
Sozialform	Gesamtgruppe
Zeit	Durchgängig im Seminar bei jeder Methode 5-10 Minuten

Methode

Eine sehr kreative Methode, sozusagen eine bewegte und wachsende Agenda, insbesondere für Kreativseminare. In diesen Seminaren stelle ich nicht einfach bloß Kreativitätstechniken vor, vielmehr werden die erlernten Methoden direkt sinnvoll an Teilnehmeranliegen ausprobiert. Mithilfe der Techniken können die Teilnehmenden ihre aktuellen Themen und Fragestellungen bearbeiten. Aus diesem Grund bringen sie ihre konkreten Themen mit ins Seminar, um bereits nach kreativen Ideen und Lösungen zu suchen.

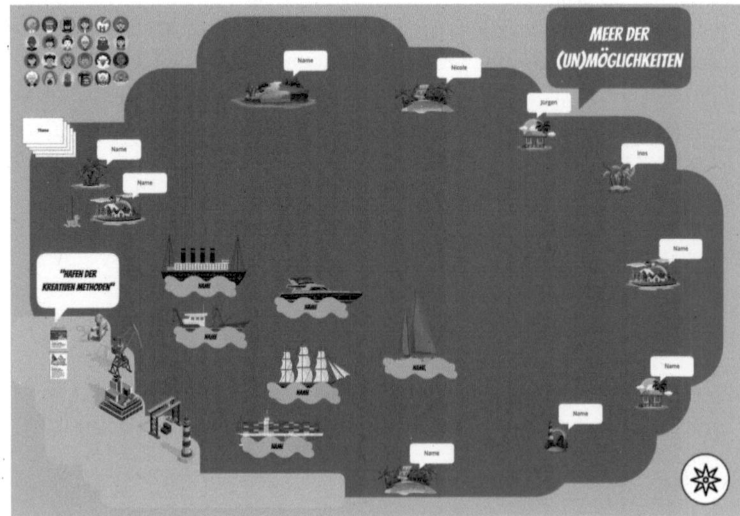

Abb.: Agenda und bewegter Überblick über das Seminargeschehen

Mit dieser Übersicht (dem Meer und den Schiffen) nehmen wir jeweils gemeinsam die Zuordnung der Themen zu den einzelnen Methoden vor.

Verlauf

Sie basteln ein Meer mit Inseln und Schiffen und bereiten Kärtchen vor, auf die später die Teilnehmenden ihre Themen schreiben.

Nach dem Einstieg ins Seminar und einigen Grundlagen zum Thema Kreativität bringen die Teilnehmenden eigene Themen ein. Dazu werden sie bereits vor dem Seminarstart von der Trainerin mit einer Info-Mail vorbereitet, außerdem vermittelt die Trainerin im Seminar noch einige konkrete Tipps, etwa, dass die Themen sehr konkret und möglichst als Frage formuliert sein sollen.

Per Bildschirmübertragung werden zunächst das Meer und die Inseln geteilt und die Aufgabe erklärt. Danach wechseln die Teilnehmenden auf das Miro-Board. Dort sucht sich jeder Teilnehmende eine Insel aus und schreibt den eigenen Namen auf eine der Karten oder zieht seinen Avatar dorthin, falls Sie mit Avataren arbeiten. Anschließend nimmt jeder einen Stapel Kärtchen oder stellt sie selbst her und notiert darauf seine Themen. Diese werden um die eigene Insel herum gruppiert.

Exkurs: Zuordnung der Themen zu den Methoden

Die Zuordnung ist ein sehr spezielles Thema: Welche Themen passen zu welchen Methoden?

Erklären Sie zuerst über Zoom jeweils eine konkrete Kreativitätstechnik und geben Sie auch immer konkrete Themenbeispiele aus früheren Seminaren mit, die dazu passen. Danach sollen die Teilnehmenden aus ihren eigenen Themen auswählen, welches wohl zu der neu erlernten Technik passt.

Parallel dazu haben Sie bereits in einer kurzen Pause nach der Themensammlung alle Themen auch niedergeschrieben, die nun Grundlage sind für die Erstellung von zwei Mind Maps:

- Erstes Mind Map: Dort werden die Namen der Teilnehmenden und ihre mitgebrachten Themen und Fragestellungen zusammengestellt.
- Zweites Mind-Map: Hier bilden die Kreativtechniken die Oberbegriffe: Dort kopieren Sie die Themen hin, die Ihnen geeignet für die jeweilige Technik erscheinen. Dies zusammen mit dem Namen der jeweiligen Teilnehmerin/des Teilnehmers.

Mit der Zeit entwickeln Sie ein Gefühl dafür, welches Thema zu welcher Methode passt, aber Kreativität ist immer auch ein Experiment. Alle Forscher wissen, dass sie erst einmal diverse Fehlversuche durchführen müssen, um die richtige Lösung zu finden.

Daher kann es auch durchaus einmal passieren, dass Sie ein Thema mit einer Kreativtechnik bearbeiten und anschließend feststellen müssen, dass es nicht die richtige war. Dann müssen Sie es entweder mit einer anderen Technik erneut probieren oder Sie führen die Bearbeitung einfach mit einer weiteren Technik fort. Dann war die erste nicht ganz umsonst gewesen, sondern hat schon eine gewisse Vorarbeit geleistet.

Das Thema kann nun mit der passenderen Technik bis zur Lösung weiterbearbeitet werden. Dass solche Umwege zu einem Kreativprozess dazugehören, können Sie bereits zu Beginn eines Seminars vermitteln. Dann sind die Teilnehmenden nicht frustriert, wenn ein solcher Fall eintritt.

Im nächsten Schritt wird geprüft, welche Technik zu den einzelnen Themen passen könnte. Auf dem Meer der (Un-)Möglichkeiten schwimmen dazu Schiffe. Jedes einzelne repräsentiert eine einzelne Kreativitätstechnik. Auf oder an den Schiffen sind Kreise mit Visualisierungskürzeln der Technik angebracht. Aus diesen kann sich jeder Teilnehmende einen Kreis nehmen und auf das eigene Thema schieben, das seiner Meinung nach mit dieser Technik bearbeitet werden kann.

Dann schaut die Gruppe gemeinsam, welches der ausgewählten Themen die Teilnehmenden bearbeiten wollen und wie viele Gruppen dafür gebildet werden. Das entsprechende Technik-Schiff wird in die Mitte gefahren, dahinter kommen die kleinen Enten, die wiederum die ausgewählten Themen hinter sich herziehen.

Trainer-Hinweis

Sie können das Ganze natürlich auch schlichter gestalten, aber eine Übersichtsvisualisierung, welche Themen mit welcher Methode bearbeitet werden, halte ich schon für sehr sinnvoll.

URL/Quelle

- Zu dieser Kreativitätstechnik gibt es eine Vorlage auf Miro, siehe Download-Hinweis auf Seite 8 und auf Seite 278.
- Kennengelernt von Harald Karrer.

Mind Map

Ziel/Seminarphase	Kreative Ideenfindung; Planung
Medien	Mind Map auf Miro
TN-Aktivität	Schreiben, planen
Sozialform	Einzelarbeit
Zeit	15 Minuten

Methode

Es gibt immer noch Menschen, die die Mind-Map-Methode nicht oder aber nur sehr flüchtig kennen. Daher frage ich die Kenntnis am Anfang auch immer mit einer Mini-Umfrage ab und unterteile den Kenntnisstand in vier Felder: *Ich kenne sie nicht / Ich habe mal davon gehört oder gelesen / Ich habe sie in einer Fortbildung kennengelernt / Ich wende sie an.*

Wenn ich dann meine Einführung gegeben und die Teilnehmenden ein eigenes Mind Map erstellt haben, kommt oft die Rückmeldung, dass sie nun doch ganz neue Erfahrungen damit gemacht haben und ihnen bestimmte Aspekte vorher nicht klar waren.

Wie ich die Methode im Seminar genau einführe (zuerst mit einem Mind Map, wo ich den Aufbau und die Struktur und die Herangehensweise erkläre, dann ein Mind Map mit den verschiedenen Anwendungsbereichen), können Sie in meinem Buch „Kreative Geister wecken" nachlesen. In dieser Beschreibung geht es nur um die Variante bei Miro.

Verlauf

Sie selbst müssen vorher nichts vorbereiten, Sie sollten aber eine kleine Vorübungsphase mit Ihren Teilnehmenden einplanen. Die dauert nicht länger als 5 Minuten, wenn alle schon mal auf Miro gearbeitet haben. Sie zeigen zuerst per Bildschirmübertragung, wie bei Miro ein Mind Map angelegt wird. Das ist extrem einfach, weil es schon ein Mind-Map-Tool in der Bedienleiste gibt. Das klicken Sie an und fügen es im Whiteboard ein. Ich mache diese kleine Einführung auch als Vorbereitung für das Gruppen-Mind-Map (Seite 302).

Die Teilnehmenden wählen sich ein Thema aus, das sie mit einem Mind Map bearbeiten wollen. Ich schlage dazu als Einstieg immer eine konkrete Planung vor: ein konkretes Thema oder etwas ganz Praktisches, wie Umzug oder Urlaub planen, Garage aufräumen oder Garten anlegen. Manche wählen aber auch schon berufliche Themen und planen mit dem Mind Map ein Meeting oder ein Projekt, zumindest in den ersten Schritten.

Die Teilnehmenden bekommen dafür 10-15 Minuten Zeit. Sie sehen ja, wie weit sie auf dem Board mit ihrem Mind Map fortgeschritten sind und laden sie auch ein, Bescheid zu geben, sobald sie fertig sind. Aber egal, ob fertig oder nicht, nach 15 Minuten rufen Sie alle zurück – sie können ihr Mind Map ja später vollenden.

Es folgt ein Austausch. Weniger ein inhaltlicher, sondern Sie sollten vor allem fragen, wie die Teilnehmenden mit der Methode klargekommen sind, ob sie ihnen geholfen hat, welche Erlebnisse sie hatten, was anders war, als bei anderen Planungen und welche Fragen sie dazu noch haben. In der Regel kommen oft erfreuliche Erfahrungen und Erlebnisse und immer wieder auch der Kommentar: *„Das werde ich jetzt in Zukunft doch wieder öfter einsetzen."*

Variation

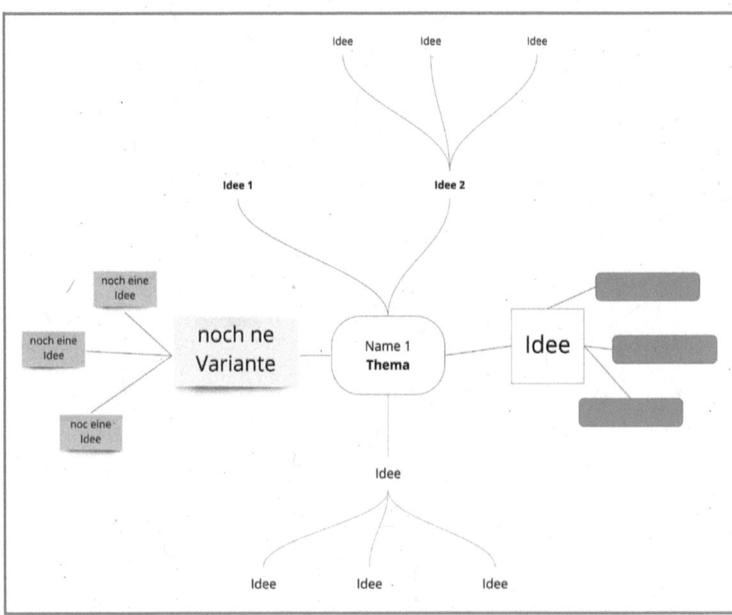

Abb.: Eine Mind Map ist mit Miro schnell angelegt

Das vorgegebene Mind Map auf Miro ist aus meiner Sicht nicht so elegant, ich persönlich mag lieber, wenn jedes Wort auch einen Rahmen hat. Das macht es übersichtlicher. Doch unterschiedliche Formatierungen sind mit dem Miro-Tool eher nicht möglich, nur per Hand. Daher zeige ich auch immer noch, wie man das Mind Map mit Textfeldern in einem Rahmen oder mit Sticky Notes ergänzen oder sogar ersetzen kann.

Trainer-Hinweise

- Das Miro-Mind-Map ufert schnell sehr aus, daher geben Sie Ihren Teilnehmenden auch den Tipp, die Äste möglichst kurz zu halten und zeigen Sie ihnen, wie sie diese auch verschieben können, sodass es etwas übersichtlicher bleibt.
- Ich persönlich finde die Mind Map-Methode ungeheuer vielfältig und hilfreich und plane so gut wie alles damit: Seminare, Bücher, Marketing, Videos, Erfolgsteams, Themenerarbeitung ... Ich bin überzeugt, dass es jedem den Alltag sehr erleichtern kann, da es nicht viel Aufwand braucht und einfach sehr schnell einen guten Überblick bietet. Bei mir bringt die Methode auch schnell viele Ideen hervor, die ich zudem sofort strukturiert unter einen entsprechenden Oberbegriff einordnen kann.

URL

- Zu dieser Kreativitätstechnik gibt es eine Vorlage mit einigen Varianten, siehe Download-Hinweis auf Seite 8 und auf Seite 278.

Reizwort-Methode

Ziel/Seminarphase	Kreative Ideenfindung
Medien	Online-Whiteboard Miro
TN-Aktivität	Schreiben, sprechen
Sozialform	Kleingruppen
Zeit	20-40 Minuten

Methode

Es gibt viele Varianten der Reizwort-Methode und sie gehört zu den alten Klassikern der Kreativitätstechniken. Sie ist nicht so ganz einfach, durchläuft aber die klassischen Phasen der Kreativität und daher setze ich sie gerne möglichst früh im Seminar ein, nachdem ich das Phasen-Modell vorgestellt habe.

Ich erlebe immer wieder, dass einige Teilnehmende sehr begeistert davon sind und am Ende des Seminars meinen, dass sie diese Methode auf jeden Fall weiter nutzen werden. Andere dagegen finden die Methode eher sperrig, was ich gut nachvollziehen kann.

Verlauf

Reizwort-Methode

1. Thema oder Frage formulieren (Flipchart 1)
2. Reizworte auswählen
3. Assoziationen zu den Reizworten sammeln (Flipchart 2)
4. Assoziationen in Verbindung zur Fragestellung bringen + daraus **konkrete Lösungsideen** entwickeln (Flipchart 3)
5. Bewertung und Auswahl
6. Konkrete Umsetzungsschritte planen und notieren
7. Tun!

Abb.: Schwierig wird es ab Punkt 4 …

Wichtig ist, dass alle bei den Lösungsideen ab Flipchart 3 wirklich konkrete Lösungsvorschläge benennen. Oft werden hier noch sehr abstrakte Ideen notiert, diese gilt es dann, auch mit Ihrer Hilfe als Trainerin, spätestens im nächsten Schritt konkret zu formulieren. Beispiel: *„Da steht ‚Prioritäten setzen'. Aber wie, wann, mit welcher Methode, wobei? Versuchen Sie, aus einem abstrakten Vorschlag fünf oder mehr konkrete Lösungsvorschläge zu entwickeln."*

Damit das Prinzip von den Teilnehmenden wirklich verstanden und in den Gruppen umgesetzt wird, führen Sie bei der Methode eine besondere Vorbereitung durch: Bevor die Teilnehmenden in Gruppen alleine mit der Methode arbeiten, sollten Sie den Prozess mithilfe eines Beispiels zu einem Thema mit ihnen zusammen bis einschließlich Punkt 4 durchgehen. Die ersten drei Punkte sind nicht so schwierig, das Assoziieren fällt allen leicht. Die Schwierigkeit und die Essenz der Methode besteht dann darin, eine Verbindung herzustellen zwischen Fragestellung und einem Reizwort bzw. dessen Assoziation. Welche Lösungsidee fällt mir ein, wenn die Frage lautet: *„Wie können wir den Austausch zwischen den Kollegen optimieren?"* Und das Reizwort heißt „Handschellen" oder „Misthaufen"?

Daraus könnte dann beispielsweise folgender konkreter Lösungsvorschlag entstehen:

- Buddys/Kollegen-Paare bilden, die sich täglich 10 Minuten austauschen.
- Eine gemeinsame Wanderung auf dem Lande durchführen, mit Einkehr in einem Bauernhof.

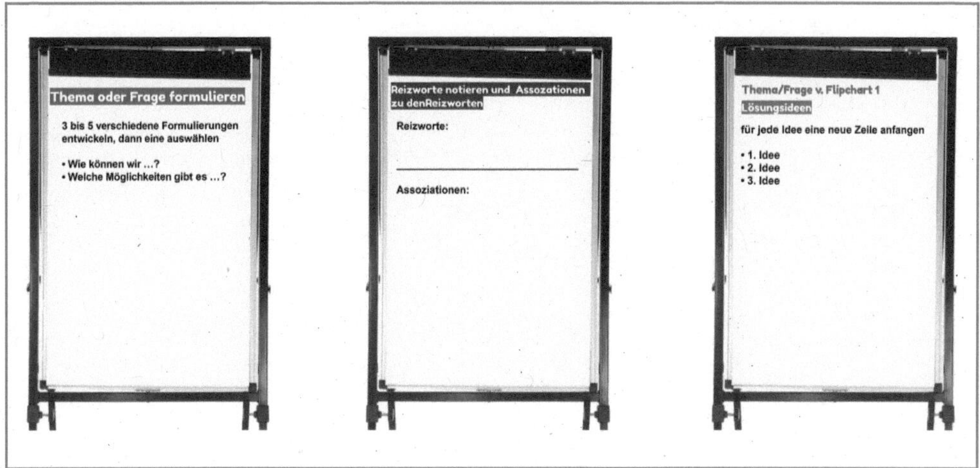

Sie können auf dem Miro-Board Bilder von Flipcharts einstellen, damit die Teilnehmenden dort wie im Präsenzseminar ihre Stichworte notieren. Dabei können Sie mit unterschiedlichen Farben arbeiten:

- Auf das erste Flipchart wird in Rot notiert: Thema oder Fragestellung.
- Auf das zweite Flipchart in Blau die Reizworte und die Assoziationen.
- Ab dem dritten Flipchart werden dann die Lösungsideen in Grün notiert, für jede Idee eine neue Zeile mit Spiegelstrich. Das ist für die Übersicht bei der anschließenden Auswahl wichtig.

Vom dritten Flipchart machen Sie am besten gleich mehrere Kopien, denn es sollten viele solcher Flipcharts voller Ideen gefüllt werden – mindestens 3-5.

Nachdem die Themen ausgewählt wurden und die Teilnehmenden sich einer Gruppe zugeordnet haben, gehen sie auf das Board von Miro und beginnen mit der Themenformulierung.

Lassen Sie die Gruppen dabei bewusst erst einmal alleine, damit sie die Methode wirklich üben und ein Gefühl dafür bekommen, welchen Unterschied verschiedene Formulierungen machen. Sie können Sie als Trainerin natürlich jederzeit ansprechen, wenn Fragen auftauchen.

Die Reizworte wählen die Gruppen schon vorher aus, wo Sie ihnen über Zoom ein Foto mit Gegenständen zur Auswahl einstellen können. Sie können die Reizworte aber auch ganz frei wählen, wichtig ist, dass sie nichts mit dem Thema zu tun haben und sehr unterschiedlich sind.

Nach der Themenformulierung notieren die Teilnehmenden dann Assoziationen zu den 3-4 Reizworten – und dann beginnt das eigentliche Brainstorming.

Ich empfehle, über jedes Flipchart für die Lösungsideen immer noch mal das Thema zu schreiben. Denn das geht sonst leicht verloren und man assoziiert einfach zu den vorherigen Ideen. Daher sollten die Teilnehmenden immer wieder die Frage lesen, bevor sie sich das nächste Reizwort bzw. eine Assoziation vornehmen.

Die Moderation: Meistens wählen die Gruppen eine Teilnehmerin aus, die auf Zuruf die Ideen auf das Flipchart notiert, denn wenn einfach alle drauflosschreiben, wird es chaotisch. Wichtig ist, dass sie die Ideen laut äußern und diese nacheinander notiert werden, sodass es überschaubar bleibt.

Wenn die vereinbarte Zeit um ist oder die Teilnehmenden das Gefühl haben, dass sie jetzt fertig sind und sie 3-5 Flipcharts voller Vorschläge haben, kommt die nächste Phase der Bewertung und Auswahl. Wenn es sich um ein Team handelt, das an einem gemeinsamen Thema gearbeitet hat, können die Teilnehmenden nun auch schon die ersten konkreten Umsetzungsschritte planen. In der Regel erfolgt dieser Schritt aber erst nach dem Seminar.

Trainer-Hinweise

- Bei allen Kreativitätstechniken sollten Sie anschließend noch einen Austausch über die Methode durchführen, darüber, wie die Teilnehmenden mit der Methode klargekommen sind, ob und wo sie diese für ihre Arbeit brauchen können. Denn in der Regel ist es ja immer Ziel eines solchen Seminars, dass die Teilnehmenden neue Techniken kennenlernen und deren Wert für die eigene Arbeit einschätzen lernen.
- Machen Sie deutlich, dass sich die Gruppe hier in der kreativen Brainstorming-Phase befindet, in der alles erlaubt ist, alles notiert wird, jede Idee geäußert wird, die einem durch den Kopf schießt. In dieser Phase wird nicht über Inhalte diskutiert oder nachgefragt. Denn nur so kann wirklich vieles schnell entstehen und der Ideenfluss wird nicht ständig unterbrochen. Genau dieses Vorgehen fällt vielen erst einmal schwer und muss daher auch immer wieder betont und geübt werden.

URL

- Link zum Video: https://vimeo.com/809323399/b02002b98c
- Zu dieser Kreativitätstechnik gibt es eine Vorlage auf Miro, siehe Download-Hinweis auf Seite 8 und auf Seite 278.

Motivations-Sonne

Ziel/Seminarphase	Themenbearbeitung: Motivation
Medien	Online-Whiteboard Miro
TN-Aktivität	Sprechen, Karten verschieben
Sozialform	Gesamtgruppe
Zeit	15-20 Minuten

Methode

Diese Methode lässt sich für ganz unterschiedliche Themen einsetzen. Sie können damit das Thema „Schwierige Teilnehmende, Schüler, Mitarbeitende, Kolleginnen etc." bearbeiten oder sie auch für den Abschluss eines Seminars einsetzen. Dann geben sich die Teilnehmenden gegenseitig ein positives Feedback.

In Präsenzseminaren lege ich vorbereitete Eigenschaftskarten im Kreis auf den Boden, bei Miro kann ich sie genau so auch auf dem Whiteboard anordnen.

Verlauf

Sie haben eine gewisse Anzahl an Eigenschaftskarten vorbereitet und auf dem Board kreisförmig ausgelegt. Sie können dabei Substantive, Verben und Adjektive kunterbunt mischen. (Eine Liste mit passenden Begriffen finden Sie in den Download-Ressourcen, siehe Beitragsende.)

Variationen

Wir befinden uns im Seminarabschluss: Sie bitten die Teilnehmenden, sich drei Karten für sich selbst auszuwählen und zwei Karten für ihre rechte Nachbarin/ihren rechten Nachbarn. Dazu empfiehlt es sich, dass Sie auch die Namen der Seminarteilnehmenden auf dem Board in einem Kreis anordnen, mit Namenskärtchen oder Avatar.

Die Teilnehmenden schieben mit der Maus ihre ausgewählten Karten zu ihrem Namensfeld und bilden zwei Stapel. Einen mit den drei Karten für sich selbst, einen zweiten Stapel für die Karten für den/die anderen Teilnehmenden. Erst wenn alle fünf Karten ausgewählt sind, verraten Sie, wie es weitergeht.

Jeder hat nun drei Karten für sich selbst und zwei für die rechte Nachbarin/den rechten Nachbarn ausgewählt. Nun gibt jeder die ausgewählten drei Karten, die an sich adressiert waren, an den linken Nachbarn. Das ist ein bisschen tricky, achten Sie darauf, dass alle es richtig machen.

Wenn sich alle an die richtige Platzierung gehalten haben, hat nun jeder fünf Karten, die alle mit dem rechten Nachbarn zu tun haben. Nun sagen alle nacheinander wortgetreu die folgenden Sätze:

„TN ‚X' sagt von sich, er/sie ist ..., ...,
er/sie macht ...,
er/sie hat ..."

Am besten schreiben Sie die Sätze auch deutlich auf das Whiteboard, damit die Teilnehmenden sie wortwörtlich formulieren.

Ein Beispiel: Sie haben die Karten für Ralf als Stapel neben sich liegen. Sie nehmen zuerst nacheinander die drei, die er selbst für sich gewählt hat, und lesen sie mit den folgenden Worten vor:

„Ralf sagt von sich, er ist kreativ,
er ist humorvoll
und er besitzt Flexibilität."

Danach verfahren Sie genauso mit den beiden Karten, die Sie selber als Eigenschaften für Ralf gewählt haben, mit den Worten:

„Ich sage außerdem, er ist ...
und er ist ..."

Im Beispiel:

„Ich sage außerdem, er gestaltet gerne und ist offen."

Dann schieben Sie alle fünf Karten zu Ralf, dieser sagt *„Dankeschön"* und fährt auf dieselbe Weise mit seiner Nachbarin zur Rechten fort.

Die Teilnehmenden sollen die Worte nur auf sich wirken lassen. Und sie können sich einen Screenshot von den fünf Karten machen oder sich die Begriffe notieren. Das hat dann noch mal eine nachhaltige Wirkung.

Verlauf Variante „Schwierige Schüler, Mitarbeitende ..."

Sie bitten Ihre Teilnehmenden, je nach Seminarthema, an einen schwierigen Kollegen, Mitarbeitenden oder eine Schülerin zu denken. Danach bitten Sie sie, sich zu dieser Person sechs Karten auszuwählen: Zwei Substantive, zwei Verben und zwei Adjektive.

Wegen des Themas kommt oft erst einmal ein empörter Aufschrei: „Die Begriffe sind ja alle positiv!" Sie gehen nicht weiter darauf ein, sondern lassen die Teilnehmenden weiter die Karten suchen.

Wenn dann alle ihre Karten gewählt haben, wird eine Runde gemacht. Jeder erzählt von der Person, nur mit den gewählten Begriffen. Er darf nur positiv formulieren.

Beispiel: Michael ist „kreativ" (ohne zu ergänzen: „im Erfinden von Entschuldigungen, warum er zu spät kommt"), er ist „kontaktfreudig" (ohne zu sagen, er stört oft den Unterricht, weil er ständig mit anderen quatscht), er kann „gestalten" und „sich freuen", er liebt „Abenteuer" und „Luxus".

Danach sollen die Teilnehmenden es erst einmal wirken lassen, wenn sie so von diesem Menschen reden. Was löst das in ihnen aus? Vielleicht sind die Eigenschaften Ankerpunkte für einen Perspektivwechsel. Möglicherweise kann man sich danach besser in die Motivlage der betreffenden Person hineinfühlen.

Sie können diese neue Beschreibung als Chance betrachten, ähnlich wie ein Angelhaken, mit dem sie diese Menschen dazu motivieren können, ihre Arbeit zu machen oder ihr Verhalten besser kennenzulernen, indem sie das Potenzial erkennen, das in ihnen stecken.

Trainer-Hinweise

- Klären Sie vorher, dass es nicht darum geht, alles hundertprozentig über den/die anderen zu wissen und richtig zu formulieren, sondern die Übung möglichst spontan und mit Schwung zu machen.

- Eine weitere wichtige Regel lautet, dass nichts kommentiert oder richtiggestellt wird. Die Angesprochenen sollen es einfach kommentarlos auf sich wirken lassen.
- Meist ist es sehr ergreifend und beglückend für die Teilnehmenden. Und auch verblüffend, denn es funktioniert auch, wenn man sich noch kaum kennt. Aber irgendeinen Eindruck hat man immer – und oft stimmt dieser auch. Da die Karten durchweg positiv formuliert sind, kann auch nichts „Schlimmes" passieren.
- Es herrscht meist eine sehr konzentrierte, feierliche und gespannte Atmosphäre. Es fällt nicht allen leicht, sich selbst positiv darzustellen oder sich anzuhören, wie andere einen positiv darstellen. Daher ist es wichtig, dass sich alle an die Vorgabe halten und wirklich nicht mehr sagen, als oben angeführt. Denn da kommen sonst Einschränkungen, Verlegenheitsdinge oder eben Interpretationen, die völlig falsch sein können. Schon ein kleines Wort, das jemand verändert oder hinzufügt, hat schon unter Umständen eine große (und meist ungewollt einschränkende) Wirkung. „Ich sage außerdem ..." stellt einfach die eigenen Begriffe als Ergänzung dazu. Wenn jedoch jemand sagt, „X meint von sich, er sei ...", klingt das schon zweifelnd, oft fügen Teilnehmende das Wort „sehr" hinzu, was dann merkwürdigerweise nicht bestärkend klingt, sondern verzerrt.
- Bei den Substantiven muss man allerdings eigene Vermutungen ins Spiel bringen – aber auch hier sollte die betreffende Person, die die Karten für sich gezogen hat, nichts korrigieren. Es ist natürlich ein Unterschied ob man vorträgt „Martin sagt von sich, er hat Lebensfreude" oder ob es heißt „Martin wünscht sich Lebensfreude" – oder „Für Martin ist Lebensfreude wichtig". Im Zweifelsfall würde ich immer „hat" sagen: Selbst wenn derjenige es sich mehr als Wunsch gezogen hat, so wirkt die Formulierung „hat" bestärkender im Sinne von „mentalem Training" und „positiver Suggestion". Einfach die nackten Worte äußern, anhören und wirken lassen – das hat den größten Effekt.

URL

- Link zum Video: https://vimeo.com/809321306/1f3b9d2ebc
- Zu dieser Seminarmethode gibt es eine Vorlage auf Miro, siehe Download-Hinweis auf Seite 8 und auf Seite 278.

Download-Ressource

- Eine Excel-Wortliste finden Sie zusätzlich in den Download-Ressourcen.

Spielend verändern – Online-Brettspiel

Ziel/Seminarphase	Themenbearbeitung: Austausch zum Thema „Veränderung" oder einem anderen Seminarthema
Medien	Breakout Rooms, Miro-Whiteboard
TN-Aktivität	Fragen-Karten beantworten, sich austauschen, Aktionen ausführen
Sozialform	Vierergruppen
Zeit	15-30 Minuten

Methode

Ein Online-Brettspiel, mit dem sich kleine Gruppen zum Thema „Veränderung" austauschen können.

Verlauf

Sie gestalten auf Miro ein „Spielbrett", Spielfiguren und Fragekarten sowie einen Würfel. Das Spielbrett besteht aus Spielfeldern in vier Farben, ebenso die Spielfiguren und die Fragen-Karten.

Auf den Fragen-Karten stehen Fragen, auf die ein Spieler, der eine Karte zieht, antworten soll. Es können auch Anregungen zum gemeinsamen Austausch sein.

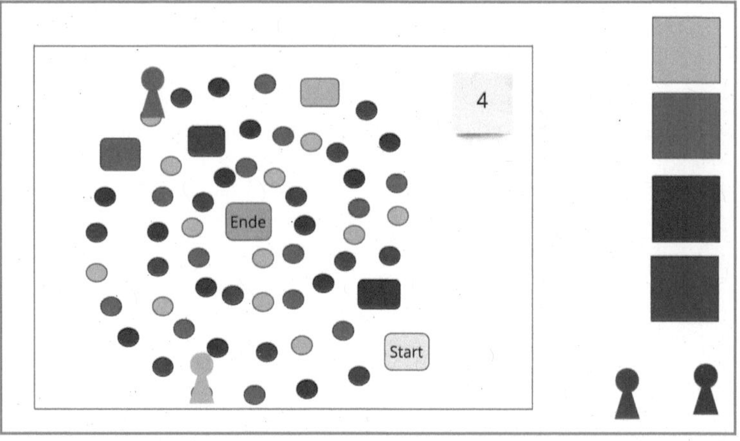

Abb.: Die verschiedenen Farben der Aktionskarten stehen für unterschiedliche Themenblöcke

In meinem Beispiel sind die Farben der Fragen-Karten thematisch zugeordnet (siehe Beispiel unten). Die technische Beschreibung der Herstellung zeige ich in einem Video, ebenso gibt es ein Video zum Spielverlauf.

Es werden Gruppen gebildet, die dann bei Zoom in die Breakout Rooms gehen, um miteinander sprechen zu können.

Jede Gruppe bekommt auf einem Miro-Whiteboard ein eigenes Spielbrett zugewiesen, dabei sucht sich dann jeder eine Spielfigur in der eigenen Lieblingsfarbe aus.

Eine Person beginnt und stellt sich in die Startposition. Dann wird gewürfelt und die Figur entsprechend viele Felder weitergesetzt. Kommt sie auf ein grünes Feld, zieht die Person die oberste grüne Karte, liest sie vor und beantwortet sie.

Die beantworteten Karten werden zur Seite gelegt.

Kommt ein Spieler auf eines der vier großen Felder, kann er nach dem nächsten Würfeln entscheiden, in welche Richtung er weitergeht. Damit kann er zwischen zwei Farben wählen.

Beispiele für Fragen-Karten zum Thema „Veränderung"

Fragen-Karten – Farben:

Blau – Technik
Grün – Verhalten
Gelb – Pläne
Rot – Aktion

Blaue Karten

- Welche technischen Veränderungen und Entwicklungen seit deiner Kindheit fallen dir spontan ein? Nenne mindestens fünf.
- Was hast du dir in diesem Jahr an neuem technischen Equipment für deine Online-Seminare zugelegt?
- Was hast du neues Technisches für deinen Haushalt zugelegt?
- Mit welchem (technischen) Gerät hast du immer Schwierigkeiten?
- Wie alt ist dein PC? (Also wie lange hast du ihn?) – In welchem Rhythmus kaufst du dir einen neuen?
- Wie alt ist dein Smartphone? In welchem Rhythmus kaufst du dir ein neues?

Grüne Karten

- Welche Verhaltensweise an dir findest du doof und würdest du gerne ändern?
- Welche Verhaltensweise an dir fandest du doof und hast du schon abgelegt?
- Welche Verhaltensweise im Kontakt mit anderen würdest du gerne ändern?
- Wo hat es bei dir eine Veränderung bei Gewohnheiten gegeben? Welche neue positive Gewohnheit hast du gut installiert?
- Welche Gewohnheit willst du noch besser einrichten?
- Welche Veränderung einer Gewohnheit strebst du als Nächstes an?
- Wie kannst du dir Hilfe holen beim Einüben neuer positiver Gewohnheiten? Tausche dich mit den anderen aus.
- Helfen dir Vorbilder beim Einrichten einer neuen Gewohnheit? Gerne ein Beispiel erzählen.

Gelbe Karten

- Wo planst du eine große Veränderung im nächsten Jahr?
- Welche kleine Veränderung planst du im nächsten Jahr?
- Was willst du auf jeden Fall hinter dir lassen, verabschieden?
- Was möchtest du auf jeden Fall neu in dein Leben hineinlassen?
- Welche konkrete Verhaltensweise möchtest du dir entweder abgewöhnen oder neu lernen?
- Einfach eine schöne Idee: Was würdest du gerne mal machen?
- Spontane Wunscherfüllung: Welchen deiner Wünsche beschließt du jetzt einfach, nächstes Jahr umzusetzen?
- Wie machst du deine Jahresplanung?

Rote Karten

- Plane eine ganz konkrete Veränderung in deiner Wohnung (was dich schon lange nervt oder du schon lange vorhast) und setze sie sofort oder nach unserem Treffen um. Poste dann ein Foto!
- Wenn du gerade sitzt, steh für die nächsten 5 Minuten auf – oder umgekehrt.
- Mache fünfmal den Hampelmann (mit Händen über dem Kopf zusammenschlagen und mit den Beinen auseinanderspringen).
- Lasse die Schultern kreisen – fünfmal rückwärts, fünfmal vorwärts.
- Leite selbst eine kleine Bewegung oder Dehnung für alle an.
- Starte ein imaginäres Boxen in Richtung Webcam, du darfst auch Töne dabei machen, aber richtig feste, das lockert den Schulterbereich. Trau dich!
- Jammere mal richtig laut: O weia, Neee, Boooh, Ach nee, wie furchtbar ... etc. 30 Sekunden lang!!

- Dreh deinen Kopf langsam mal nach links, nach rechts, lege den Kopf in den Nacken, neige den Kopf zur Brust.
- Sag jedem etwas Nettes.
- Wünsche jedem etwas Bestimmtes.

Variationen

- Die Grundstruktur dieses Brettspiels können Sie natürlich auf alle Seminarthemen übertragen. Auch die Bereiche und Farben können Sie frei wählen, je nachdem, was zu Ihrem Thema passt. Sie können die Farben nach Schwerpunkten ordnen oder nach der Art der Aufgabe.

Beispiel:

Gelb – eine Mini-Diskussion zum Thema anregen und moderieren
Grün – die Fragen einem anderen Teilnehmenden stellen
Blau – die Frage selbst beantworten
Rot – Aktionskarten, die eine Aufgabe formulieren

- Es ist auf jeden Fall zu empfehlen, Aktionskarten mit aufzunehmen, bei denen die Teilnehmenden aktiv werden müssen und die nicht unbedingt etwas mit dem Thema zu tun haben. Manchmal lassen sich diese Aktionen aber auch in einen thematischen Zusammenhang stellen. Hier ein Beispiel einer lebendigen Aufgabe mit etwas historischem Bezug: *„Stell dir vor, du trägst einen Krug Wasser auf dem Kopf vom Brunnen nach Hause. Lege dir fünf Bücher auf den Kopf und gehe bis zur Tür."*

Trainer-Hinweise

- Die Teilnehmenden sollten vorher schon etwas mit Miro vertraut sein, also eine Einführung erhalten oder schon darauf gearbeitet haben.
- Ansonsten ist es immer zu empfehlen, die wichtigsten Funktionen erst einmal allen per Bildschirmübertragung zu zeigen, bevor die Teilnehmenden selbst auf das Board gehen und dort womöglich orientierungslos herumirren.
- Oder Sie schicken vor der Veranstaltung einen Link zu einem Einführungsvideo, wo die Teilnehmenden erste Schritte in der Handhabung gezeigt bekommen und schon einmal die Tools selbst ausprobieren können.

URL

- Video zur Herstellung: https://youtu.be/e5G1XryLOsU
- Video zum Spiel: https://youtu.be/mupFWLAN67A
- Zu dieser Seminarmethode gibt es eine Vorlage auf Miro, siehe Download-Hinweis auf Seite 8 und auf Seite 278.

Städtebau

Ziel/Seminarphase	Themenbearbeitung: Klare Anweisungen geben, Teambuilding und Zusammenarbeit
Medien	Breakout Rooms, Online-Whiteboard Miro
TN-Aktivität	Nach Anweisung etwas bauen
Sozialform	Gruppenarbeit
Zeit	15-20 Minuten

Methode

Eine sehr anspruchsvolle und auch zeitaufwendige Übung, mit der man verschiedene Dinge thematisieren kann: Wie funktionieren gute Erklärungen? Was ist zu beachten?

Auch die Themen „Teambuildung" und „Zusammenarbeit" können damit beleuchtet werden. Vielleicht sogar auch, ob und wie Menschen in eine Stressbelastung kommen und wie sie damit umgehen.

Ziel der Übung ist es, dass die Städtebauer:innen anhand der ausschließlich verbalen Anweisungen der Architektin eine Stadt bauen.

Verlauf

Sie erstellen eine Fläche für den Baugrund, darüber stellen Sie 21 Gebäude. Ein Gebäude bildet schon das Startfeld mit einer Linie. Dieses Feld duplizieren Sie für die zwei Gruppen.

Sie erklären und zeigen erst einmal per Bildschirmübertragung, wie man die Gebäude auswählt und verschiebt und wie man die Straßen baut.

Außerdem erstellen Sie eine Fläche, auf der alle Gebäude schon richtig angeordnet sind, mit den entsprechenden Verbindungstraßen. Dieser Plan wird nur der Architektin gezeigt (siehe Abb. S. 331).

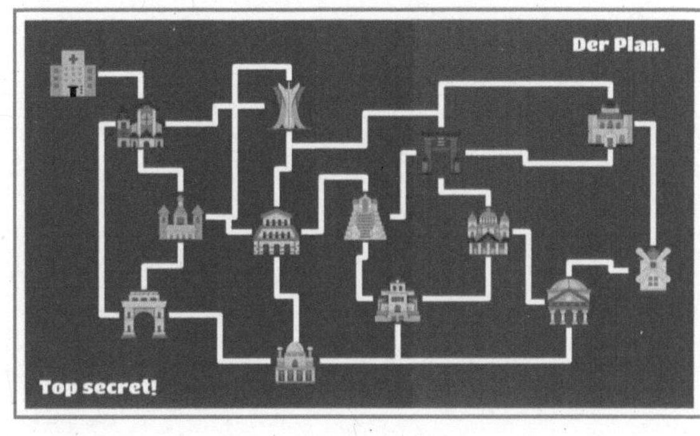

Vorbereitung in der Gruppe

Sie zeigen vorab den Städtebauern, wie sie die Gebäude auswählen und die Straßen bauen können.

Verlauf

Es werden zwei Teams gebildet. In jeder Gruppe gibt es eine Architektin, die anderen sind die Städtebauer. Die Architektin erhält vorher den fertigen Plan, den sie natürlich nicht den anderen zeigen und mit niemandem teilen darf.

Abb: Den fertigen Stadtplan kennt nur die Architektin

Die Gruppen werden in Breakout Rooms geschickt und sollen nun die Stadt bauen.

Regeln

- Die Archtektin darf nur verbale Anweisungen geben, was wohin gebaut werden soll.
- Nur die Städtebauer dürfen die Objekte bewegen und Straßen bauen
- oder auch wieder einreißen. Die Architektin darf hierbei nur verbal eingreifen.

Nach 10 Minuten kommen alle im Hauptraum wieder zusammen und präsentieren ihre Ergebnisse.

Variation

Wenn es komplexer werden soll, können Sie die Baujobs aufteilen: Die einen sind für die Gebäude zuständig, die anderen für den Straßenbau. Probieren Sie es aus oder erfinden Sie wie immer ruhig eigene Varianten.

URL/Quelle

- Zu dieser Seminarmethode gibt es eine Vorlage auf Miro, siehe Download-Hinweis auf Seite 8 und auf Seite 278.
- Diese Methode ist von Harald Karrer.

Wiederholungsmethoden

Wie bereits in Kapitel 2 erwähnt, ist eine Wiederholungsphase oft sinnvoll. Hier werden Methoden eingesetzt, die Ihren Teilnehmenden helfen, noch mal das Vergangene zu erinnern.

Dies gibt den Teilnehmenden auf spielerische Weise Sicherheit, zu prüfen, ob ihnen die frisch erlernten Inhalte bereits klar sind und ob sie sich an die wesentlichen Dinge erinnern, die sie bisher gelernt haben. Um dies zu erreichen, können die Übungen einen Wettbewerbscharakter haben, strategisch angelegt sein oder einfach nur Spaß machen.

Es ist eine der Stärken von Online-Whiteboards, einzelne Themen wirkungsvoll zu vertiefen und einzuüben. Einige gelungene Wiederholungsübungen auf Miro werden Sie nun kennenlernen.

Domino

Ziel/Seminarphase	Wiederholung
Medien	Online-Whiteboard Miro, Domino-Kärtchen
TN-Aktivität	Karten anlegen, evtl. erläutern und Bewegung
Sozialform	Gesamtgruppe oder Kleingruppen
Zeit	10 Minuten

Methode

Diese Methode kennen Sie vielleicht schon, möglicherweise in einer etwas umständlicheren Fassung. Dank Miro geht es ganz einfach und im Grunde genauso, wie in Präsenzseminaren. Daher habe ich die Übung hier noch einmal aufgegriffen.

Verlauf

Sie bereiten auf Miro ein Feld vor, wo später die Domino-Karten aneinander gelegt werden. Drumherum schreiben Sie die Namen der Teilnehmenden. Jedem Teilnehmenden ordnen Sie einige Domino-Karten zu.

Die Karten sind zweigeteilt: Auf der linken Seite steht eine Antwort, auf der rechten Seite eine Frage. Außer bei der ersten Karte, da steht links „Start" und rechts die erste Frage.

Sie bereiten ein Spiel bei Miro vor und können dann das gesamte Spiel als Frame mehrmals duplizieren. So erweitern Sie das Spiel ganz rasch für mehrere Gruppen, die dann gleichzeitig spielen können.

Dazu sind alle Teilnehmenden bei Zoom in Gruppenräumen und können dort miteinander sprechen. Sie agieren gleichzeitig in ihrem jeweiligen Miro-Bereich.

Nun geht es los: Die Teilnehmenden schieben ihre Karten in der richtigen Reihenfolge in das mittlere Feld, logischerweise fängt die Start-Karte an. Wer meint, die entsprechende Antwort-Karte zu haben, legt die eigene Karte an. Sollten zwei Personen der Meinung sein, dass ihre Karte passt, dann wird das ausdiskutiert. So wird ja auch noch einmal zusätzlich wiederholt. Wenn alle Karten richtig nebeneinanderliegen, ist der Durchgang beendet.

Aktivierungs-Karten und Aktionen

Sie können das Domino noch etwas aktiver durch Aktionsaufgaben gestalten: Auf manchen Karten befindet sich ein roter Punkt. Die Teilnehmenden, die auf ihrer Karte einen roten Punkt finden, müssen eine Aktionskarte ziehen.

Die Karten werden von der Trainerin gemischt, damit es Zufall ist, welche Karte zuoberst liegt. Was auf der Karte steht, muss der Teilnehmende dann ausführen, bevor er die eigene Karte anlegt. Um einen Kartenstapel mischen zu können, müssen Sie vorher die App „Totally Random" bei Miro installieren. Sie wird dort in einer Übersicht bei den Apps angeboten. Dann markieren Sie den Kartenstapel und klicken auf „Shuffle Stack Order".

Variationen

Sie können ganz unterschiedliche Varianten durchführen:

- Mit Fragen und Antworten, aber auch mit Bild und Text oder zusätzlich noch mit Aktivierungs-Aufgaben: Dass jemand einmal aufsteht und um den Stuhl herumgeht, drei Mal die Arme hoch und runter bewegt – oder was auch immer.
- Sie können auch offene Fragen stellen, die die Teilnehmenden dann zu einem Thema etwas genauer erläutern sollen, beispielsweise: Was ist deine Lieblingsmethode und warum?

Trainer-Hinweise

- In meinem Beispiel liegen alle Karten offen, sodass die Teilnehmenden auch bei den anderen schauen können, welche Karte wohl richtig ist. Dazu können Sie etwa die Regel vereinbaren, dass man auch helfen darf – oder eben nicht.
- Im Beispiel habe ich extra unterschiedliche Fragevarianten gewählt, offene Fragen, Frage und Antwort etc. Es sind Fragen, die sich auf unsere vorangegangenen Live-Online-Seminare beziehen, die sich für Sie daher vielleicht nicht sofort inhaltlich erschließen – aber das Prinzip wird wohl klar.

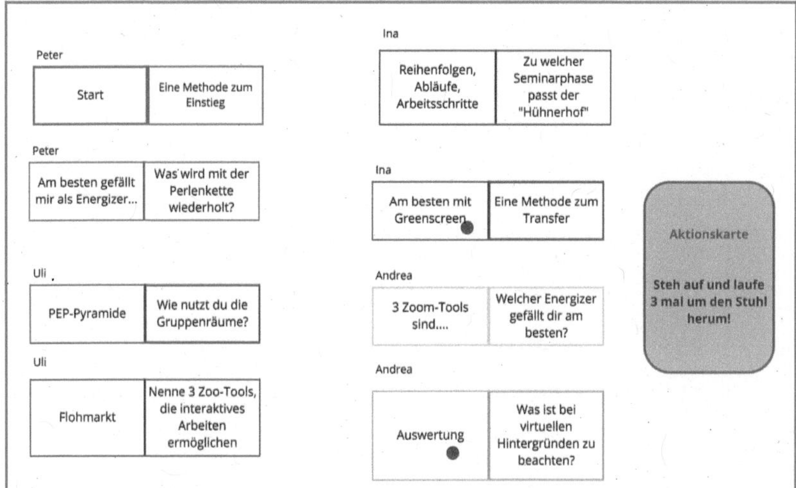

Abb.: Die Domino-Steine mit Begriffen und Fragen in die richtige Reihenfolge bringen

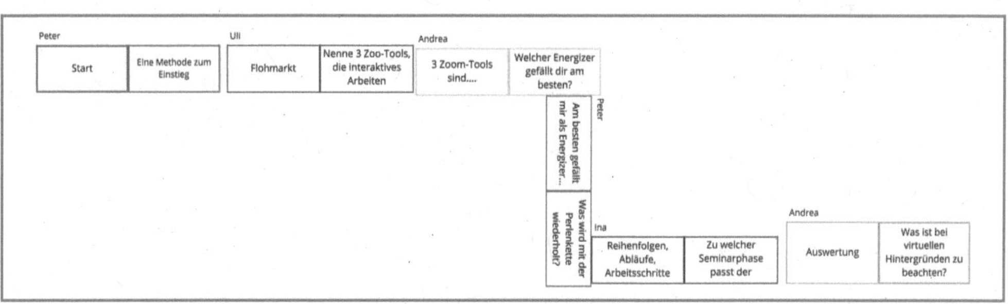

- Link zum Video: https://vimeo.com/809318447/22a45f015d *URL*
- Zu dieser Seminarmethode gibt es eine Vorlage auf Miro, siehe Download-Hinweis auf Seite 8 und auf Seite 278.

Früchtekorb

Ziel/Seminarphase	Wiederholung; Energizer
Medien	Online-Whiteboard Miro
TN-Aktivität	Kärtchen schieben
Sozialform	Gesamtgruppe bis 10 TN, sonst mehrere Gruppen
Zeit	5 Minuten

Methode

Der „Früchtekorb" ist eine der Methoden, bei der ich lange gar nicht erst in Erwägung zog, so etwas online durchführen zu können. Doch dank Miro ist auch das möglich geworden. Auch wenn dabei keine Stühle zu Bruch gehen – wie das schon mal in Präsenzseminaren vorkam – und auch wenn man niemandem auf dem Schoß sitzt, gibt es doch ein wenig mehr Action als bei vielen anderen Methoden.

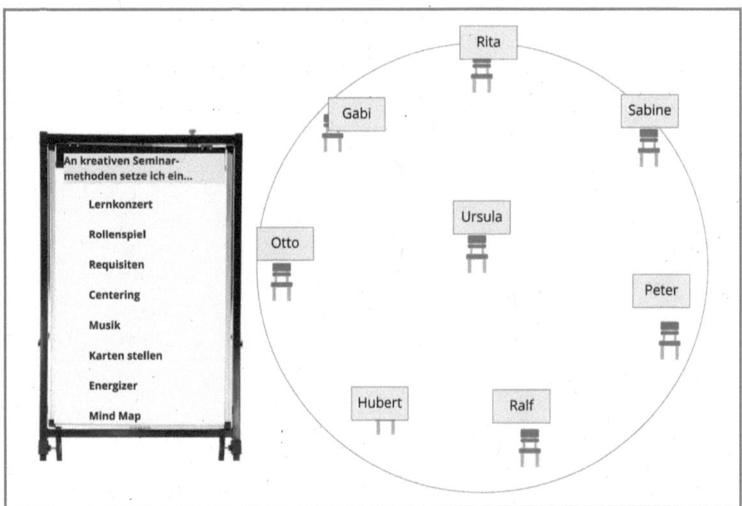

Abb.: Eine bewegte Online-Variante zur „Reise nach Jerusalem"

Verlauf

Sie bereiten einen Kreis vor, in dem beipielsweise Stühle-Icons mit leeren Namensschildern (Sticky Notes oder ein leeres Text-Feld) platziert sind. In der Mitte steht ebenfalls ein Stuhl. Die Fachbegriffe, die in der Übung genutzt werden, stehen daneben auf einem Flipchart und werden auf die Teilnehmenden verteilt. Alternativ wählt jede Person einen Begriff aus. Am besten laut und reihum, damit kein Begriff doppelt besetzt wird.

Es geht los: Die Teilnehmenden „setzen" sich jeweils auf einen Stuhl, indem sie dort ihren Namen eintragen.

Die Trainerin beginnt, indem sie in der Mitte steht und dann drei Fachbegriffe aufruft. Sie sagt beispielsweise: *„An kreativen Seminarmethoden setze ich ein …"* und nennt drei der Begriffe, die auf dem „Flipchart" stehen. *„Energizer, Lernkonzert und Mind Map. Das wär's!"*

Erst nachdem sie *„Das wärs!"* gesagt hat, rennen die Teilnehmenden los, die diese entsprechenden Fachbegriffe gewählt haben. Das heißt, sie bewegen das Sticky Note mit ihrem Namen mit der linken Maustaste so schnell sie können und versuchen, einen freien Platz von einem der beiden anderen zu ergattern, die ja ebenfalls loslaufen müssen. Die Person in der Mitte (hier die Trainerin) versucht ebenfalls, einen der freien Plätze zu erwischen.

Die Person, die übrig bleibt, geht nun in die Mitte und fährt fort …

Wenn die Person in der Mitte verkündet: *„An kreativen Seminarmethoden setze ich ALLE ein"*, dann müssen alle den Platz mit einer anderen Person wechseln – auch die Person in der Mitte. Wieder bleibt einer übrig, eine neue Spielrunde beginnt …

Steigern Sie den Schwierigkeitsgrad, indem die Teilnehmenden ihre Sticky Notes nicht mit der Maus bewegen dürfen, sondern nur mit der Pfeiltaste (ohne Shift).

Variationen

Bei der Präsenzvariante ist es so, dass es nicht ersichtlich ist, wer welches Fachwort zugeteilt bekommen hat, man muss es sich also teilweise merken oder eben schnell reagieren. Wenn die Fachbegriffe bei Miro sichtbar bei den Namen stehen, macht es das für die Person in der Mitte natürlich viel leichter, einen freien Platz zu ergattern, da sie vorher bereits weiß, wer gleich loslaufen muss. Ich habe mir daher mehrere Varianten überlegt, bin aber noch nicht mit allen hundertprozentig glücklich. Vielleicht fällt Ihnen noch eine weitere ein?

1. Variante

Sie schicken per Privatchat jedem seinen Fachbegriff zu, sodass kein Dritter mitbekommt, wer was repräsentiert. Dann sollten Sie als Trainerin sich das aber notieren, damit Sie es noch im Blick behalten, falls jemand nicht aufmerksam ist oder pfuschen möchte.

2. Variante

Sie bereiten den Stuhlkreis schon mit den Feldern mit Fachbegriffen vor, jeder schreibt seinen Namen auf ein Sticky Note und legt es über den gewählten Fachbegriff. Diesen muss er sich natürlich merken.

Wenn die drei Begriffe genannt sind, gibt es wieder zwei Varianten:

- Jeder „läuft" nur mit seinem Namen los und setzt sich dann auf einen neuen Fachbegriff (und muss sich diesen merken).
- Jeder schiebt zuerst seinen Namen zur Seite und läuft mit der Fachbegriffs-Karte auf einen neuen Stuhl und holt dann den Namen hinterher. Das dauert ein wenig länger und ist sicher ganz schön verzwickt.

3. Variante

Die Fachbegriffe stehen nur auf dem Flipchart, jeder wählt reihum einen aus (damit sie nicht doppelt besetzt werden) und merkt ihn sich. Die Person in der Mitte muss dann nur aufs Flipchart schauen und drei Begriffe nennen.

Trainer-Hinweise

- Sie können ja in unterschiedlichen Seminaren die verschiedenen Varianten testen und schauen, was am meisten Spaß macht.
- Vielleicht entstehen auf diese Weise direkt auch neue Spitznamen unter den Teilnehmenden: zum Beispiel Peter Energizer und Gabi Requisiten.

URL

- Link zum Video: https://vimeo.com/809318898/90d386ebbf
- Zu dieser Seminarmethode gibt es eine Vorlage auf Miro, siehe Download-Hinweis auf Seite 8 und auf Seite 278.

Glücksrad drehen

Ziel/Seminarphase	Wiederholung
Medien	Online-Whiteboard Miro, Zufallsrad
TN-Aktivität	Sprechen, erläutern
Sozialform	Gesamtgruppe
Zeit	10 Minuten

Methode

Auch erwachsene Lernende lieben Zufalls- und Glücksspiele, wie ich es immer wieder auch bei Quizzes und Ähnlichem erlebe. Diese Variante erinnert mich an Flaschendrehen auf Kindergeburtstagen, wo die gedrehte Flasche auf die Person zeigte, die dann etwas sagen oder machen musste.

Verlauf

Bei Miro gibt es eine Drehscheibe mit verschiedenen Feldern, die Sie beschriften können (Spinny Picker Wheel). In meinem Beispiel habe ich dort die Seminarphasen hineingeschrieben. Auf einer zweiten Drehscheibe habe ich die Namen der Teilnehmenden in ein weiteres Rad geschrieben.

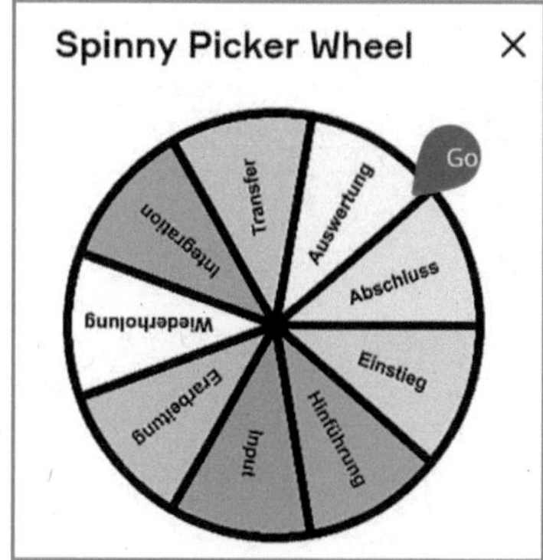

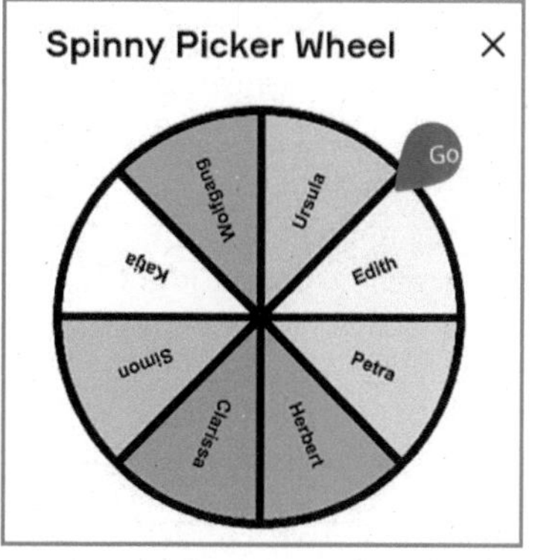

Abb.: Das Glücksrad kann individuell beschriftet werden

Sie beginnen mit dem Rad, in dem die Themen stehen, zu dem die Teilnehmenden etwas sagen sollen – hier die Seminarphasen – und klicken auf

„Go". Danach drehen Sie das Teilnehmer-Rad. Alternativ wählen Sie einen Teilnehmenden mit einer anderen Methode aus („Teilnehmer-Runde").

Wenn der Zeiger stoppt und auf ein Feld zeigt, lesen Sie es am besten laut vor, zum Beispiel „Wiederholung". Dann muss der entsprechende Teilnehmende eine Methode zur Seminarphase „Wiederholung" nennen. Oder, je nach Aufgabenstellung, diese Methode auch kurz beschreiben. Oder seine Aufgabe lautet, konkret zu erläutern, wo bei seinem Seminarthema auch eine Art Wiederholung sinnvoll sein könnte.

Die Fragestellung kann also ganz unterschiedlich anspruchsvoll ausfallen. Aber selbst wenn Sie sie als reine Abfrage-Übung durchführen, wird durch das Zufallsrad etwas zusätzliche Spannung erzeugt, wie beispielsweise auch bei der Übung „Wort und Bild" (Seite 355).

Variation

Teilnehmer-Runde

Bei der Methode sind die Teilnehmenden alle nach und nach an der Reihe. Das können Sie entweder wie oben beschrieben mit einem zweiten Rad regeln. Allerdings kann es dann passieren, dass einzelne Personen öfters drankommen. Alternativ haben Sie ein Mind Map vorbereitet, auf dem die Namen wie in einem Stuhlkreis angeordnet sind. In diesem Fall rufen Sie sie einzeln nach und nach auf.

Trainer-Hinweise

- Wenn Sie auch für die Namen ein Rad anlegen, lautet mein Tipp: Drehen Sie erst das Rad mit den Seminarphasen – dann fangen nämlich alle an zu überlegen – und erst danach drehen Sie das Namensrad. Wenn Sie die Reihenfolge umkehren, lehnen sich alle anderen entspannt zurück und machen sich gar keine Gedanken zur Frage.
- Leider kann man die Beschriftung eines Rades nicht abspeichern. Das bedeutet, dass Sie es für jede Übung neu beschriften müssen.
- Es empfiehlt sich auch, dafür ein eigenes Miro-Board zu öffnen, das sie dann während Ihres Seminars geöffnet lassen können. Ihre anderen Methoden führen Sie auf einem anderen Board durch.
- Die Teilnehmenden brauchen keinen extra Zugang zu dem Board mit dem Rad, das zeigen Sie per Bildschirmübertragung.

URL

- Link zum Video: https://youtu.be/eaYXmqy7EXI

Integrations-Mind-Map

Ziel/Seminarphase	Wiederholung
Medien	Online-Whiteboard Miro
TN-Aktivität	Sich austauschen, Karten schieben und zuordnen
Sozialform	Paare oder Gesamtgruppe
Zeit	10-15 Minuten

Methode

Auch hier hat mich die Nähe zur Präsenzmethode entzückt.

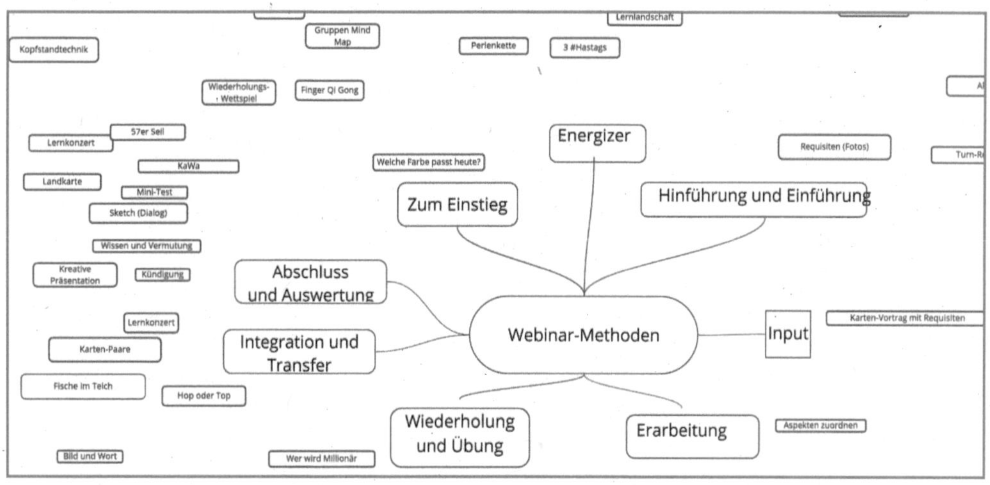

Abb. (Ausschnitt): Die einzelnen Begriffe müssen den richtigen Ästen zugordnet werden

Verlauf

Die Teilnehmenden werden bei Zoom zu zweit in Gruppenräume geschickt, damit sie miteinander sprechen können, während sie die Übung durchführen.

Auf dem Whiteboard ist ein Mind Map vorbereitet. In der Mitte steht das Thema und ggf. sind die Hauptäste auch schon angelegt, in meinem Beispiel sind es die Seminarphasen.

Die Teilnehmenden haben nun die Aufgabe, die Methoden-Karten zur richtigen Seminarphase zu schieben und an den richtigen Mind-Map-Ast zu platzieren. Das soll aber nicht jeder alleine machen, sondern sich immer erst mit jemand anderem absprechen. In diesem Fall ist es am einfachsten, wenn Sie als Trainerin die Paare per Zufall in die Gruppenräume schicken.

Wenn alle Karten zugeordnet sind, kommen Sie wieder als Gruppe bei Zoom zusammen, damit alle miteinander sprechen und sich hören können. Sie als Trainerin gehen dann die einzelnen Mind-Map-Äste durch und korrigieren, wenn etwas falsch liegt. Dabei ist es nicht wichtig, wer es dorthin gelegt hat. Sie erklären einfach, warum es dort hingehört, wo es hingehört. Dadurch werden die Methoden noch einmal erinnert und wiederholt.

Das ist der Sinn aller Wiederholungsübungen. Es geht nicht darum, dass irgendwelche Teilnehmenden bloßgestellt oder geprüft werden, sondern dass durch die Übung noch einmal wiederholt wird und Sie als Trainerin mitbekommen, wo vielleicht noch Lücken oder Unklarheiten sind, die Sie im Anschluss beheben können.

Variationen

- Sie können es den Teilnehmenden überlassen, wie viele Karten sie anlegen. Wer am schnellsten ist, erwischt die meisten.
- Sie können sagen, dass jedes Paar drei Karten legen soll.
- Sie können per Privatchat den jeweiligen Paaren drei Begriffe zuschicken, die sie dann zuordnen sollen. Bei so vielen Karten wie in meinem Beispiel ist das aber etwas umständlich und zeitaufwendig, es sei denn, Sie bereiten alles schon vor dem Webinar vor und kopieren dann immer nur drei Begriffe in den Privatchat. Aber eigentlich ist es nicht notwendig, die Übung so kompliziert zu gestalten.
- Sie haben alle Namen der Teilnehmenden auf dem Miro-Board und dort schon Paare gebildet. Jedem Paar werden beispielsweise drei Karten zugeordnet.

Trainer-Hinweis

Dadurch, dass immer zwei gemeinsam überlegen, ist die Peinlichkeit etwas reduziert, wenn etwas falsch sein sollte. Außerdem bekommt es ohnehin niemand mit, wer was wohin legt, weil ja alle gleichzeitig beschäftigt sind.

URL

- Zu dieser Seminarmethode gibt es eine Vorlage auf Miro, siehe Download-Hinweis auf Seite 8 und auf Seite 278.

Karten stellen

Ziel/Seminarphase	Wiederholung
Medien	Online-Whiteboard Miro
TN-Aktivität	Karten schieben und ggf. erläutern
Sozialform	Gesamtgruppe
Zeit	5-10 Minuten

Methode

In Präsenzseminaren sind Begriffe oder Arbeitsabläufe auf Moderationskarten geschrieben. Diese werden gemischt und an die Teilnehmenden verteilt. Ihre Aufgabe ist es nun, sich in der richtigen Reihenfolge aufzustellen. Dazu sollen sie die Karten für die anderen sichtbar vor sich halten.

Die Teilnehmenden diskutieren meist heftig miteinander und so wird gemeinsam der Stoff noch einmal wiederholt. Wenn alle in der (vermuteten) richtigen Reihenfolge stehen, liest jeder der Reihe nach noch einmal seine Karte vor. Danach die Frage: Ist das richtig?

Die Frage war nun: Kann ich das auch online machen – und wie? Im Laufe der Online-Jahre habe ich dazu etliche Varianten entwickelt, von holprig bis elegant, da ja auch immer neue Möglichkeiten entwickelt wurden. Ich stelle hier zwei Varianten vor, sodass Sie wählen können, je nach Plattform, die Sie nutzen.

Verlauf

1. Variante mit PowerPoint

Sie bereiten eine Folie vor, auf der die Karten mit Beschriftung verteilt sind. Darauf stehen dann die Begriffe, in meinem Beispiel „Seminarmethoden", die in die richtige Reihenfolge gebracht werden müssen. Über den Karten stehen die Namen der Teilnehmenden aus dem Seminar. Wenn Sie diese vorher nicht wissen, müssen Sie die Vorbereitung schnell in einer Pause erledigen oder eben kurz vor Einsatz der Methode.

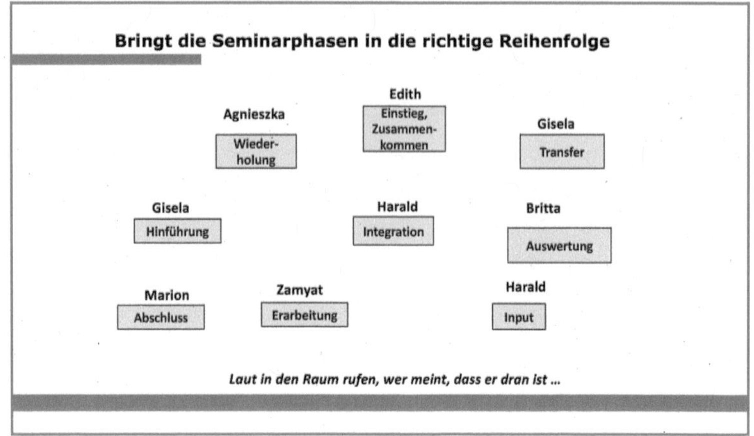

Abb.: Beispiel für die PowerPoint-Durchführung

Derjenige Teilnehmende, der meint, dass sein Begriff der Erste in der Reihenfolge ist, ruft ihn in den Raum. Dann ruft die Nächste ihren Begriff usw.

Wenn zwei gleichzeitig meinen, dass sie an der Reihe sind, können sie darüber diskutieren. Dabei können sich auch die anderen beteiligen und mitteilen, was ihrer Ansicht nach richtig ist und warum. In der Regel geht das sehr unkompliziert und es tritt eher ein Zögern auf als ein Durcheinander-Rufen.

2. Variante mit Miro

Sie bereiten auf dem Miro-Board verschiedene Felder vor. Oben schreiben Sie die Namen der Teilnehmenden rein und darunter ordnen Sie jedem Karten mit Begriffen zu. Je nach Menge der Inhalte sollte jeder Teilnehmende zwei bis drei Karten erhalten.

Abb.: Beispiel-Aufbau mit dem Miro-Board

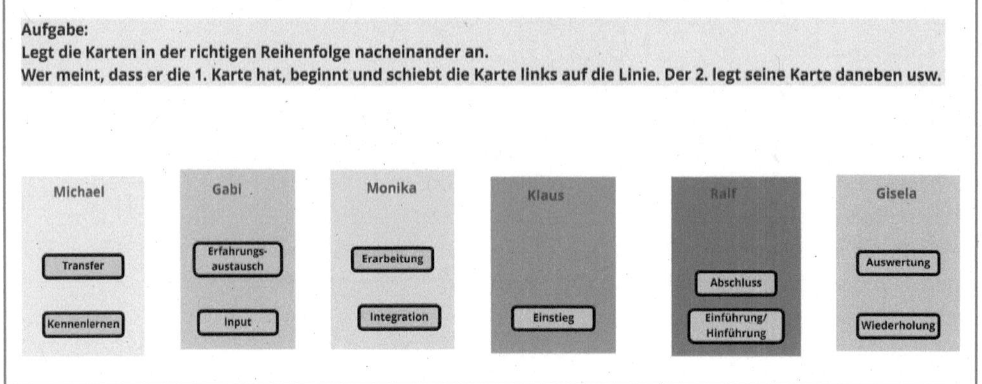

Die Aufgabe besteht auch hier einfach darin, die eigenen Karten in die richtige Reihenfolge zu legen. Dafür ist unter den Feldern eine Linie gezogen, auf der die Karten abgelegt werden.

Sie können als Regel vereinbaren, dass alle eingreifen dürfen, wenn sie meinen, dass jemand seine Karte falsch anlegt. Vor allem kann sich natürlich die Person mitteilen, die meint, dass ihre Karte dort hingehört. Doch auch die anderen dürfen kommentieren.

Variationen

- Eine größere Herausforderung ist es, wenn Sie diese Methode stumm durchführen lassen. Dann schiebt jeder seine Karte dorthin, wo er meint, dass sie richtig liegt. Doch ein anderer Teilnehmender kann sie dann auch wieder zur Seite schieben und die eigene Karte dort hinlegen. Vielleicht gibt es dann stumme Kämpfe auf der roten Linie? Vielleicht führt es aber auch dazu, dass beide noch einmal kurz überlegen: Liege ich richtig oder die andere?
- Sie können auch vereinbaren, dass jemand „Stopp" oder „Einspruch" rufen darf, wenn er meint, dass jemand fälschlicherweise seinen Platz einnimmt. Und muss es dann begründen, warum seine Karte dort liegen sollte.

Trainer-Hinweis

Wichtig ist, das Ganze spielerisch anzugehen, vor allem die Varianten. Sie als Trainer können auf diese Weise auch feststellen, wo noch Unklarheiten sind und diese dann eben beseitigen und die Lücken wiederholen und schließen.

URL

- Zu dieser Seminarmethode gibt es eine Vorlage auf Miro, siehe Download-Hinweis auf Seite 8 und auf Seite 278.

KaWa®

Ziel/Seminarphase	Einstieg; Wiederholung
Medien	Online-Whiteboard Miro, PPT oder Papier
TN-Aktivität	Schreiben, sich austauschen
Sozialform	Einzelarbeit oder Gruppen
Zeit	5 Minuten KaWa, ggf. 5-10 Minuten Austausch

Methode

Diese Methode von Vera F. Birkenbihl (KaWa® bedeutet „Kreative Analografie® Wort-Assoziationen") können Sie für ganz unterschiedliche Themen einsetzen. Ich nutze sie gerne entweder zum Einstieg, wo sich jeder Teilnehmende auf diese kreative Art vorstellt, oder als Hinführung zum Seminarthema.

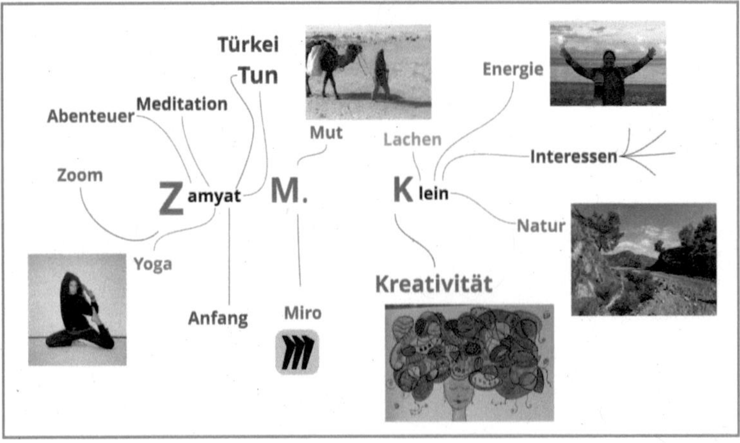

Abb.: Die Gestaltungsmöglichkeiten für ein KaWa® sind unbegrenzt

Verlauf

In der Regel zeige ich vorher ein Beispiel, wie so ein KaWa® aussehen kann (siehe Abbildung oben) und erläutere das Vorgehen. Bei einem KaWa® notieren die Teilnehmenden zu jedem Buchstaben des Begriffs eine Assoziation, die mit dem Thema zu tun hat. Sie können dazu ein Wort schreiben oder auch eine Zeichnung oder ein Symbol anfertigen. Diese werden mit dem Buchstaben durch eine Linie verbunden.

Es können Farben genutzt werden, Skizzen, Bilder, Fotos, Icons ... alles ist erlaubt.

Jeder Teilnehmende soll nun ein KaWa® zum vorgegebenen Thema erstellen. Das kann auf einer Folie, auf dem Whiteboard oder auch auf einem Blatt Papier geschehen, je nachdem, ob und wie Sie damit weiterarbeiten möchten.

Die Übung sollte möglichst spontan und schnell geschehen. Dabei darf wild und unsortiert „geschmiert" werden. Es geht nicht um Schönheit, sondern darum, möglichst an das unbewusste Denken heranzukommen, an die kreativen Ideen, die in einem schlummern und nicht immer auf der bewussten Ebene liegen.

Trainer-Hinweise

- Sie können das KaWa® auch in Gruppen erstellen lassen, wo die Teilnehmenden gemeinsam auf einem Whiteboard ihre Assoziationen sammeln. Das können Sie dann auch noch so erweitern, dass zu jedem Buchstaben mehrere Assoziationen geschrieben werden dürfen.
- Die Weiterarbeit hängt von der Zielsetzung ab, mit der Sie diese Methode einsetzen. Wenn es nur um die Hinführung zu einem Thema geht, eine Art geistiges Anwärmen, dann reicht es, wenn die Gruppe das KaWa® gemeinsam erstellt und nur das Ergebnis zur Verfügung stellt. Das fertige Bild kann dann in ein begleitendes Forum eingestellt oder ins Handout aufgenommen werden.
- Wenn Sie als Trainerin einen Einblick bekommen wollen, welche Assoziationen, Gefühle und vielleicht auch Vorerfahrungen die Teilnehmenden zu dem fraglichen Thema haben, können Sie sich die KaWas® anschauen, indem Sie durch die Gruppenräume gehen oder sich diese per Mail zuschicken oder im Chat hochladen lassen.
- Wenn alle gemeinsam noch einmal draufschauen und kommentieren sollen, dann geben Sie per Bildschirmübertragung das Whiteboard frei und besprechen gemeinsam die KaWas®. Diese Variante ist nur bei Gruppen-KaWas® möglich, bei einzelnen KaWas® aller Teilnehmenden wird das sonst zu umfangreich.

Memory mit Miro

Ziel/Seminarphase	Wiederholung
Medien	Karten auf Miro
TN-Aktivität	Je nach Variante unterschiedlich
Sozialform	Kleingruppen
Zeit	5-10 Minuten

Methode Hier können Gruppen miteinander spielen, wie auch ursprünglich in Präsenzseminaren.

Verlauf Sie bereiten ein Memory-Spiel auf Miro vor (wie das geht, können Sie in diesem Video anschauen: https://youtu.be/UY4e87LvR2o), das Sie anschließend so oft kopieren können, wie Sie Gruppen bilden wollen.

Sie können rund um das Spiel die Namen der Teilnehmenden schreiben und für jede Person ein Feld vorbereiten, in das sie ihre gewonnenen Kärtchen ablegen kann. So kann man nachher zählen, wer die meisten gewonnen hat.

Jede Gruppe trifft sich bei einem Memory – und dann geht es weiter wie im Original-Spiel. Ein Teilnehmender beginnt, zieht zwei Kärtchen zur Seite und schaut, ob die beiden Karten, die darunter dann sichtbar werden, zusammenpassen. Wenn ja, nimmt er die zwei Deck-Kärtchen mit in sein Feld und, je nach Regel, darf eine weitere Runde spielen – oder die nächste Person ist dran.

Abbildungen auf den Karten

- Im ursprünglichen Kinder-Spiel sind es Bilder. Es müssen immer die gleichen Bilderpärchen gefunden werden.
- Sie können auch ein Bild-Wort-Paar bilden, beispielsweise für den Sprachunterricht.

- Sie können auch ergänzende Wortpaare suchen lassen: Auf der einen Karte steht etwa eine Seminarmethode, auf der anderen die Seminarphase, zu der sie passt.
- Sie können auch Fragen und Antworten wählen.

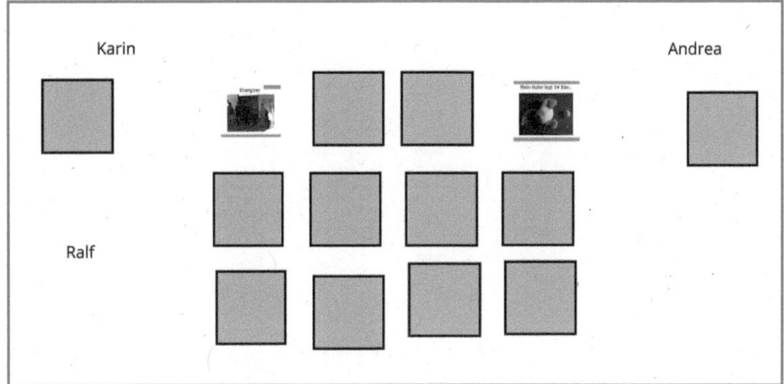

Abb.: Für das Memory können Motive, Begriffe, Satzergänzungen etc. genutzt werden

- In meinem Beispiel sind es Bilder mit Beschriftung. Auf dem einen steht etwa „Mein Huhn legt 14 Eier", auf dem anderen „Energizer". Es gibt auch Bilder ohne Beschriftung (die 2 Fische, eine Auswerungsmethode „Fischteich"), da müssen sich die Teilnehmenden zuerst erinnern, welche Methode das war. Und dann auch noch wissen, zu welcher Seminarphase diese gehört (Auswertung). Auf der zweiten Karte ist dann entweder eine Methode aus der gleichen Seminarphase (Auswertung) oder eine zweite Auswertungsmethode (Hand-Feedback). Eine solche Variante können nur Teilnehmende spielen, die die spezifischen Themen eines Seminars durchlaufen und daher die Folien und Bilder wiedererkennen können und in diesem Beispiel wissen, welche Methoden gemeint sind.
- In einer Verkaufsschulung hatten wir auf der einen Seite ein Produkt, auf der anderen Seite ein wichtiges Zubehör. Etwa Drucker und Kabel.

Variation

Wenn Sie es etwas anspruchsvoller mögen, können Sie noch weitere Aufgaben damit verbinden. Beispielsweise, dass die Teilnehmenden noch einen erläuternden Satz zu dem gefundenen Paar formulieren müssen. Bei meinem Beispiel der „Perlenkette" muss der Teilnehmende erläutern, wie die Methode funktioniert und wozu man sie einsetzt.

Trainer-Hinweise

- Sie können es ganz schlicht halten, sodass es wirklich ein einfaches Suchen und Finden ist, das nicht viel Denkleistung erfordert. Also beispielsweise Bild und Wort/Erklärung. Dann ist es eben eine Gedächtnisübung oder ein Energizer.

- Oder Sie können eine anspruchsvollere Variante entwickeln, wo die Teilnehmenden erst einmal nachdenken oder sich erinnern müssen: „Welche Methode ist das jetzt?“ Oder: „Zu welcher Seminarphase gehört das?“ Die Erinnerungsleistung, welche Karte wo gelegen hat, kommt dann noch hinzu.
- Sie können auch jeweils einen Satz zerschneiden, auf der ersten Karte steht dann der Satzanfang, auf der zweiten das Satzende.

URL

- Link zum Video: https://youtu.be/UY4e87LvR2o
- Zu dieser Seminarmethode gibt es eine Vorlage auf Miro, siehe Download-Hinweis auf Seite 8 und auf Seite 278.

Puzzle

Ziel/Seminarphase	Wiederholung
Medien	Online-Whiteboard Miro
TN-Aktivität	Puzzleteil anlegen und begründen
Sozialform	Kleingruppen
Zeit	5-10 Minuten

Methode

Es gibt viele Menschen, die gerne puzzeln. Hier wird das Puzzle in einer kleinen Gruppe gemeinsam erstellt. Sehen Sie hier ein simples Beispiel aus dem Sprach- oder Kreativbereich – dabei geht es um Gegensatz-Paare von Eigenschaften.

Sie können natürlich jedes andere Fachthema mit einem Puzzle wiederholen. Immer dort, wo es zusammengehörige Elemente gibt. Dadurch kann die Aufgabe an die Teilnehmenden durchaus anspruchsvoller werden, je nachdem, welche Verbindungen Sie herstellen. Bei einer Verkaufsschulung etwa können auch ein Gerät und das passende Zubehör gegenübergestellt werden.

Abb.: Beispiel für ein Puzzle, das sich aus Gegensatzpaaren zusammensetzt

Verlauf Sie stellen vorher das Gesamtpuzzle mit den einzelnen Teilen her. Das ist ein bisschen aufwendig, daher habe ich dazu ein Video gemacht. Wenn Sie ein Puzzle fertiggestellt haben, können Sie es so oft, wie Sie Gruppen einsetzen wollen, duplizieren. Anschließend holen Sie die einzelnen Puzzleteile aus dem Gesamtdreieck heraus und verteilen diese auf vier oder fünf Gruppen, je nachdem wie viele Teilnehmende an einem Puzzle arbeiten sollen. In der Mitte des Whiteboards befindet sich für alle sichtbar das große leere Dreieck.

Eine Teilnehmende beginnt und legt ein Puzzleteil in das Dreieck. Am besten diejenige, der die Karte oben aus der Spitze zugeteilt wurde. Dann legt der Nächste sein Puzzleteil an und begründet, wieso es da richtig liegt. In meinem Beispiel ist das recht einfach, aber je nach Thema muss die Begründung schon ausführlicher ausfallen.

URL

- Link zum Video: https://vimeo.com/809321359/ea877632ac
- Zu dieser Seminarmethode gibt es eine Vorlage auf Miro, siehe Download-Hinweis auf Seite 8 und auf Seite 278.

Wer passt zusammen? – Die Miro-Variante

Ziel/Seminarphase	Wiederholung
Medien	Online-Whiteboard Miro
TN-Aktivität	Sprechen, schnell reagieren, Beziehungen herstellen
Sozialform	Gesamtgruppe
Zeit	5-10 Minuten

Methode

Diese Miro-Variante ist der Präsenzvariante dieser Methode deutlich näher als das in Kapitel 2 (Seite 160) dargestellte Beispiel mithilfe von Zoom. Was aber nicht bedeutet, dass sie besser ist. Sie ist nur anders – und ich finde es gut, wenn ich als Trainerin mehrere Optionen derselben Methode in petto habe, insbesondere dann, wenn ich sie gerne einsetze. So habe ich mehr Vielfalt in den Einsatzmöglichkeiten.

Verlauf

Sie bereiten einen Teilnehmer-Kreis vor. Dazu können Sie einfach die Namen der Teilnehmenden aufs Whiteboard notieren, dazu noch einen Avatar oder, wenn Sie die Möglichkeit dazu haben, Fotos der Teilnehmenden.

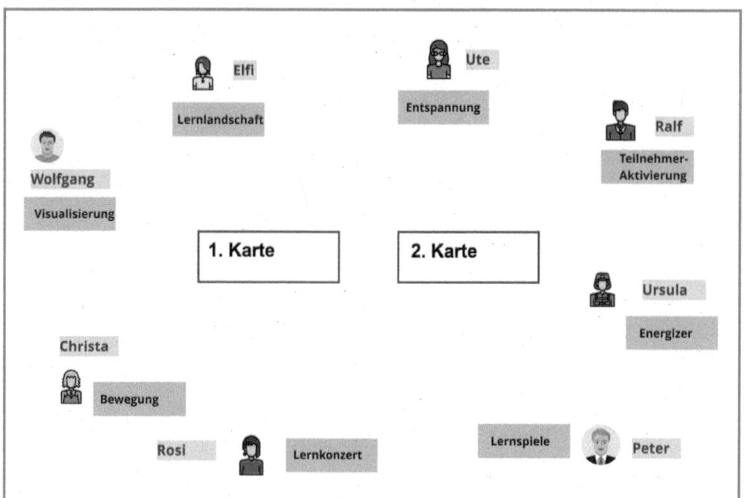

Abb.: Welche Begriffe passen zusammen?

Jedem Teilnehmenden ordnen Sie eine Karte mit einem Begriff aus Ihrem Seminarthema zu.

Sie bestimmen einen Teilnehmer A, der anfängt, dieser schiebt seine Karte in die Mitte in das Feld der „1. Karte" und ergänzt einen erläuternden Satz dazu: *„Bewegung ist auch in Online-Seminaren möglich, zumal sich die Teilnehmenden dort besser konzentrieren können."*

Eine Teilnehmerin B, die meint, dass ihre Karte dazu passt, schiebt diese schnell in die Mitte in das Feld der „2. Karte" und ruft *„Passt!"*. Beispielsweise die Karte „Energizer". „Teilnehmer-Aktivierung" wäre beispielsweise auch möglich gewesen.

Sie muss dann zwei Sätze ergänzen:

- Einen Satz, warum sie meint, dass ihr Begriff zum vorherigen passt: *„Einige Energizer beinhalten Bewegung, wie zum Beispiel die ‚Leipziger Messe'."* (Seite 230)
- Einen eigenen Satz zu ihrem Begriff: *„Energizer dienen dazu, die Konzentration der Teilnehmenden hochzuhalten, das können Spiele, Denkaufgaben oder auch Bewegungsübungen sein."*

Dann nimmt der erste Teilnehmende A seine Karte aus der Mitte, B schiebt ihre nach links und der nächste Spieler C schiebt seine Karte daneben und ruft *„Passt!"*.

Trainer-Hinweis

Neben dem schnellen gedanklichen Reagieren und „Passt!"-Rufen ist hier auch noch eine schnelle motorische Reaktion erforderlich. Von daher hat die Methode doppelt belebende Wirkung.

URL

- Link zum Video: https://vimeo.com/809344064/88793add0c
- Zu dieser Seminarmethode gibt es eine Vorlage auf Miro, siehe Download-Hinweis auf Seite 8 und auf Seite 278.

Wort und Bild

Ziel/Seminarphase	Wiederholung
Medien	Online-Whiteboard Miro
TN-Aktivität	Karten schieben und Erläuterungen
Sozialform	Gesamtgruppe
Zeit	10-15 Minuten

Methode

Eine Wiederholungsmethode, bei der die Teilnehmenden in der Ursprungsvariante nur einen Satz sagen müssen, was aber dennoch manchen schon in Wallung bringt. Diese Methode habe ich bereits als PowerPoint-Variante in „150 kreative Webinar-Methoden" veröffentlicht. Auf Miro lässt sich die Handhabung allerdings noch etwas eleganter durchführen als mit PowerPoint.

Verlauf

Sie bereiten Karten mit Stichworten zu Fachbegriffen vor, Karten für die Namen und Karten zum Zudecken. Wenn Sie vorher schon die Namen der Teilnehmenden wissen, können Sie die Namenskarten bereits beschriften, sonst macht das jeder im Seminar.

Für die Abdeck-Karten wählen Sie zwei verschiedene Farben. Über die Fachbegriffe legen Sie dann beispielsweise die blauen Karten, über die Namen die roten Karten.

Sie können auch auf die Abdeck-Karten irgendwelche Bilder und Motive packen, es geht nur darum, dass die beiden Stapel zu unterscheiden sind: die Fachbegriffe und die Namen der Teilnehmenden.

Eine beliebige Teilnehmerin beginnt und deckt zunächst eine blaue Karte auf, unter der ein Fachbegriff oder ein Stichwort zum Seminarthema steht. Danach deckt sie eine rote Karte auf, unter der ein Name eines Teilnehmenden steht.

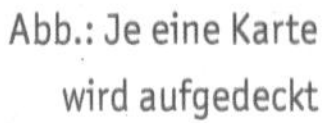

Abb.: Je eine Karte wird aufgedeckt

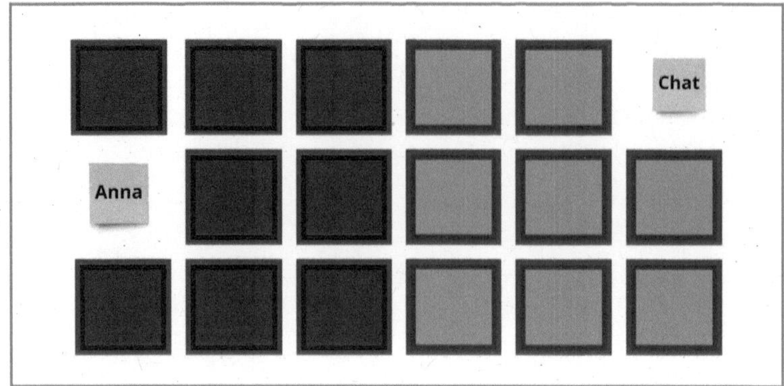

Dieser muss nun einen Satz zu dem aufgedeckten Fachbegriff sagen. Danach ist er an der Reihe, die nächsten zwei Karten aufzudecken. Usw.

Variation

Statt eines Fachbegriffs oder Stichworts können dort auch Fragen stehen. Diese Variante fällt den Teilnehmenden sogar meistens leichter. Zum Beispiel: *„Welche Transfer-Methode gefällt dir besonders gut?"* Wenn Sie die Aufgabe erweitern möchten, sorgen Sie dafür, dass zusätzlich noch erläutert wird, warum die Methode besonders gut gefällt und erklärt wird, wie die Methode funktioniert.

Trainer-Hinweis

Es ist wichtig, dass immer zuerst der Fachbegriff aufgedeckt wird und erst danach der Name, weil sich sonst alle sofort entspannt zurücklehnen und nicht mehr mitdenken :).

URL

- Link zum Video: https://vimeo.com/807584895
- Zu dieser Seminarmethode gibt es eine Vorlage auf Miro, siehe Download-Hinweis auf Seite 8 und auf Seite 278.

Würfelspiel auf dem Boden – online

Ziel/Seminarphase	Wiederholung
Medien	Online-Whiteboard Miro, vorbereitete Karten
TN-Aktivität	Sprechen
Sozialform	Gesamtgruppe
Zeit	10 Minuten

Methode

Ein Wiederholungsspiel, wobei die reine Abfrage durch das Würfeln ein wenig spielerisch gestaltet wird.

Verlauf

Präsenzvariante

Auf dem Boden liegen Karten mit Fragen zum Thema im Kreis. Auf der Rückseite stehen die Antworten.

Ein Teilnehmender beginnt und würfelt (mit großem Schaumstoffwürfel) und zählt entsprechend seiner Punktzahl die Karten ab. Man kann auch eine große Figur als Spielfigur nehmen. Der Teilnehmende liest die Karte vor und beantwortet sie. Dann schaut er auf der Rückseite nach und liest auch die offizielle Antwort vor. So hat er direkt eine Kontrolle, ob seine Antwort richtig ist. Die Karte wird dann mit der Antwort nach oben wieder auf den Boden gelegt. Kommt bei einem späteren Zug ein anderer Spieler auf diese Karte, so muss er anhand der Antwort die Frage herausfinden oder sich daran erinnern.

Variation

Online-Variante auf Miro

Miro enthält eine Würfelfunktion, mit dem Würfel können Sie dieses Zufallsprinzip auch in der Online-Variante abbilden. Auf dem Whiteboard sind Karten mit Fragen platziert, darunter liegen noch einmal Karten mit den Antworten.

Die Trainerin startet den Online-Würfel und der erste Teilnehmende beantwortet die entsprechende Karte. Um die Reihenfolge leichter erkennbar zu gestalten, kann man neben jede Karte eine Zahl schreiben.

Um es noch anschaulicher zu machen, kann man entweder jedem Teilnehmenden einen Avatar zuordnen oder eine Spielfigur, die dann entsprechend zu der gewürfelten Karte rückt.

Trainer-Hinweis Je nach Anzahl der Karten reicht ein Würfel nicht aus, dann können Sie zwei Würfel auswählen. Im Video zeige ich, welche Miro-App Sie dazu brauchen und wie das geht.

URL

- Link zum Video: https://vimeo.com/807584895
- Zu dieser Seminarmethode gibt es eine Vorlage auf Miro, siehe Download-Hinweis auf Seite 8 und auf Seite 278.

Energizer

Sie möchten ...

- die Konzentration der Teilnehmenden erhalten oder wiederherstellen?
- das Aufnehmen und Lernen erleichtern?
- Auflockerung und Spaß im Seminar inszenieren?
- die Stimmung im Seminar hochhalten?
- eine positive Gruppendynamik fördern?
- das Kennenlernen von Kolleg:innen fördern?
- Bewegungselemente für die Kinästheten liefern?

Dann ist die gute Nachricht: Natürlich lassen sich auch mithilfe des Miro-Whiteboards Energizer organisieren. Ein paar tolle Übungen hierzu lernen Sie jetzt kennen.

Frösche hüpfen

Ziel/Seminarphase	Energizer zwischendurch
Medien	Online-Whiteboard Miro
TN-Aktivität	Strategisch denken
Sozialform	Einzelarbeit
Zeit	3-5 Minuten

Methode Diese Methode kannte ich als Online-Spiel (auf einer Excel-Tabelle!!) und als Präsenzmethode. Dann kam mir die Idee, auf Miro könnte man das doch vielleicht selbst basteln. Hier zeige ich zwei Varianten.

Verlauf Sie stellen sieben Felder her, in denen links drei Frösche sitzen, die nach rechts schauen und in den rechten Feldern auch drei Frösche (oder andere Tiere, wie bei mir die Känguruhs), die aber in die andere Richtung schauen. Das mittlere Feld ist leer.

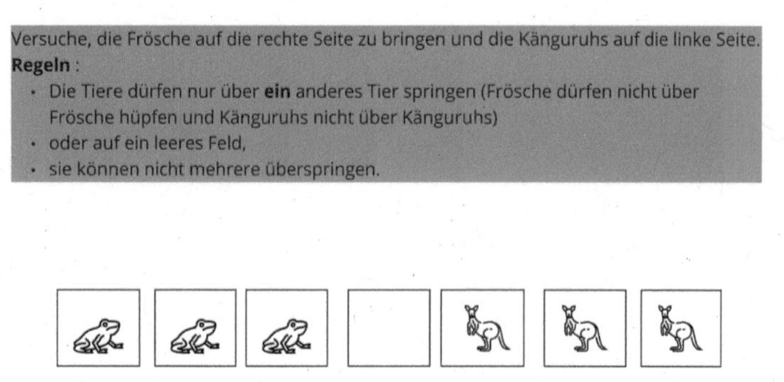

Abb.: Achtung, es darf nur regelkonform gehüpft werden

Das Spiel kann man alleine spielen, in der Präsenzvariante spielen zwei Gruppen gegeneinander. Welche Variante auch immer Sie wählen: Die Aufgabe besteht darin, die drei Frösche von links auf die rechte Seite zu bringen und die Känguruhs auf die linke Seite.

Dabei gibt es zwei Regeln:
- Die Tiere dürfen nur über ein anderes Tier springen.
- Oder sie dürfen auf ein leeres Feld hüpfen.

Das bedeutet:
- Sie dürfen nicht über mehrere Tiere springen.
- Frösche dürfen nicht über Frösche und Känguruhs nicht über Känguruhs hüpfen.

Variationen

Alleine spielen

Die Teilnehmenden können sich einzeln an dem Internet-Tool versuchen (siehe Link unten). Ich finde das Tool deshalb besonders reizend, weil die Frösche dermaßen blöd gucken, dass alleine das schon lustig ist. Den Quak-Ton kann man leise- oder abstellen. Den Link müssen Sie verteilen. Wahrscheinlich ist es von den Nutzungsrechten her nicht erlaubt, das Video bei Miro oder sonstwie einzubinden und dort die Teilnehmenden spielen zu lassen. Technisch wäre es möglich.

Zu zweit spielen

Auf die gleiche Art können auch zwei Teilnehmende mit- bzw. gegeneinander spielen.

In zwei Gruppen spielen

Aus jeder Gruppe bewegt eine Person die Frösche oder Känguruhs mit der Maus, die anderen geben Ratschläge und Tipps. Das Spiel in zwei Gruppen erfordert auf jeden Fall einen Austausch und eine Auswertung:

- Wie sind die Gruppen vorgegangen?
- Wer hatte das Sagen?
- Haben sie verschiedene Strategien ausprobiert?
- Wie sind sie mit dem Frust umgegangen, wenn es nicht klappt?

Trainer-Hinweis

Sie können den Teilnehmenden auch den Hinweis geben, dass auf keinen Fall zwei gleiche Tiere hintereinander sitzen dürfen. Dann geht es nicht mehr auf!

URL

- Link zum Spiel: https://data.bangtech.com/algorithm/switch_frogs_to_the_opposite_side.htm
- Zu dieser Seminarmethode gibt es eine Vorlage auf Miro, siehe Download-Hinweis auf Seite 8 und auf Seite 278.

Tic Tac Toe

Ziel/Seminarphase	Spiel; Energizer zwischendurch
Medien	Online-Whiteboard Miro
TN-Aktivität	Strategisch denken und Zeichen schieben
Sozialform	Paararbeit
Zeit	5 Minuten

Methode

Ein altes Spiel (laut Wikipedia aus dem 12. Jh. vor Christus!) und sehr bekannt. Es wird zu zweit gespielt.

Verlauf

Sie erstellen genügend Spielfelder auf dem Miro-Board, sodass jeweils zwei Teilnehmende miteinander spielen können. Neben die Spielfelder verteilen Sie Kreise und Kreuze.

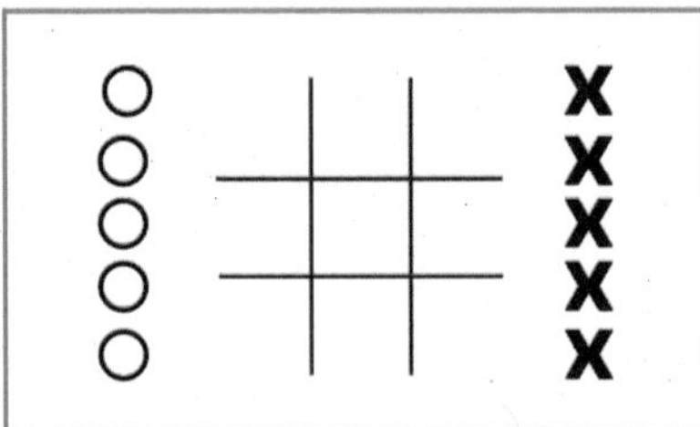

Abb.: Das vorbereitete Spielfeld

Die Spielenden entscheiden, wer Kreuz und wer Kreis nimmt. Wer beginnt, schiebt beispielsweise einen Kreis in ein Feld. Dann ist die andere Person dran und schiebt ihr Kreuz in ein Feld.

Das Ziel ist es, dass es ein Spielender schafft, die eigenen Zeichen in einer Linie – senkrecht, waagerecht oder diagonal – verteilen zu können. Die andere Person versucht das natürlich zu verhindern und sich gleichzeitig selbst eine Linie aufzubauen.

URL

- Zu dieser Seminarmethode gibt es eine Vorlage auf Miro, siehe Download-Hinweis auf Seite 8 und auf Seite 278.

Vier gewinnt

Ziel/Seminarphase	Spiel; Energizer zwischendurch
Medien	Online-Whiteboard Miro
TN-Aktivität	Strategisch denken und Steine schieben
Sozialform	Paararbeit
Zeit	10 Minuten

Methode

Dieses Spiel ist etwas anspruchsvoller als Tic Tac Toe, es wird ebenfalls zu zweit gespielt.

Verlauf

Sie bereiten ein Spielfeld vor mit zweimal 21 Kreisen in zwei verschiedenen Farben für die beiden Spielenden.

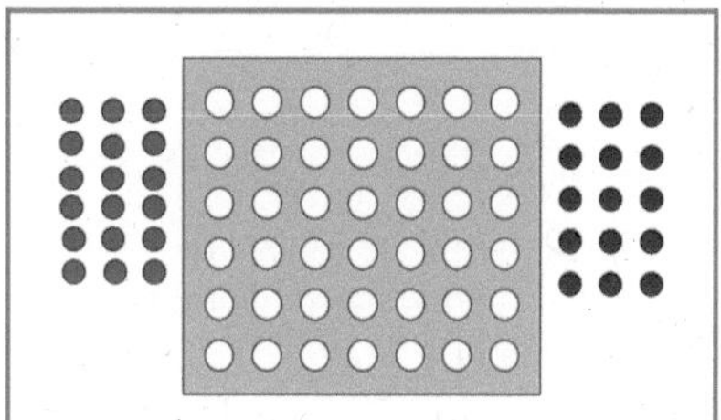

Abb.: Das vorbereitete Spielfeld

Die Aufgabe besteht darin, vier eigene Steine in eine Reihe zu bringen, waagerecht, senkrecht oder auch diagonal.

Dabei sollten die Spielregeln des Original-Spiels beachtet werden. Dort steht das Spiel ja senkrecht und die Steine werden von oben in den Schacht geworfen und fallen stets nach unten. Das bedeutet, dass auch in der digitalen Variante die Steine von unten nach oben aufgebaut werden müssen.

URL

- Zu dieser Seminarmethode gibt es eine Vorlage auf Miro, siehe Download-Hinweis auf Seite 8 und auf Seite 278.

Wörter suchen auf Miro

Ziel/Seminarphase	Konzentration; Energizer zwischendurch; Wiederholung
Medien	Online-Whiteboard Miro
TN-Aktivität	Verbindungslinien ziehen, Wörter notieren
Sozialform	Einzelarbeit, ggf. zu zweit
Zeit	5 Minuten

Methode

Eine Miro-Variante der Methode „Wörter suchen", die ich bereits in meinem Buch „150 kreative Webinar-Methoden" veröffentlicht hatte. Dort mussten die Teilnehmenden Buchstaben in einer Reihe markieren, die einen Fachbegriff zum Thema bildeten.

Hier geht es darum, möglichst viele Worte zu bilden. Sie können die Übung als Konzentrationsübung oder Energizer zwischendurch einsetzen.

Verlauf

Sie bereiten eine Folie mit Feldern und Buchstaben vor, mit denen sich möglichst viele Wörter bilden lassen. Sie können für die 1. Variante noch ein weiteres Feld einrichten, in das die Teilnehmenden ihre gefundenen Wörter schreiben können. Dann kopieren Sie das Wortfeld so oft, dass für jeden Teilnehmenden eines zur Verfügung steht.

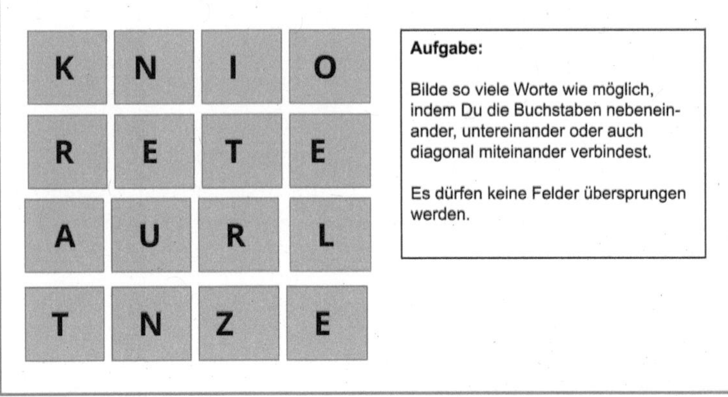

Abb.: Vorlage für die Wörtersuche

Die Teilnehmenden sollen nun so viele Wörter bilden, wie möglich. Jeder hat sein eigenes Feld dafür und verbindet die Buchstaben mit Linien. Die Buchstaben, die miteinander verbunden werden können, müssen neben- oder übereinander liegen. Sie können die Regel dabei erweitern, dass beispielsweise auch diagonale Linien gezogen werden dürfen. Aber es darf kein Buchstabe dazwischen liegen.

Variationen

1. Variante

Sie können als weitere Aufgabe formulieren, dass die Teilnehmenden die gefundenen Wörter auch noch daneben schreiben sollen.

2. Variante

Zwei Personen arbeiten gleichzeitig an einem Feld, sollten dann aber unterschiedliche Farben für die Verbindungslinien nehmen.

Trainer-Hinweise

- Wenn zwei gleichzeitig arbeiten, hat es eher einen richtigen Wettspiel-Charakter, weil es um Tempo geht. Das kann manche Teilnehmenden unter Stress setzen und andere wiederum beflügeln.
- Wenn Sie die Übung einzeln durchführen lassen, sollten die einzelnen Felder auf dem Whiteboard weit voneinander entfernt liegen, sodass die Teilnehmenden nicht voneinander abschauen können :)

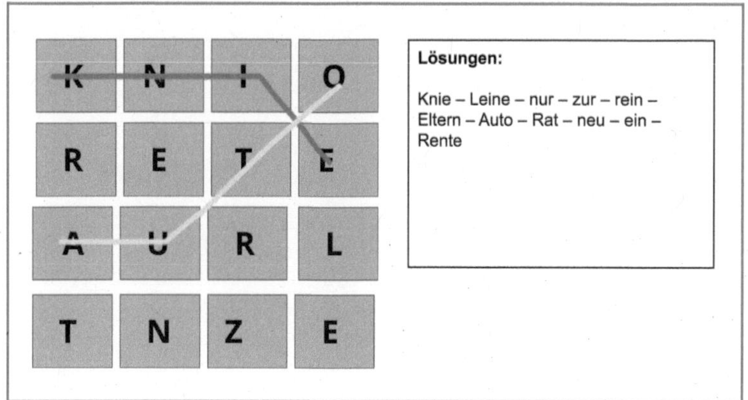

URL

- Zu dieser Seminarmethode gibt es eine Vorlage auf Miro, siehe Download-Hinweis auf Seite 8 und auf Seite 278.

Würfel Achtung 1

Ziel/Seminarphase	Spiel zwischendurch
Medien	Online-Whiteboard Miro, Würfel-App
TN-Aktivität	Würfeln und entscheiden
Sozialform	Zwei Gruppen gegeneinander
Zeit	10 Minuten

Methode Dies ist ein Wettspiel zwischen zwei Gruppen, das den Adrenalinspiegel steigen lässt.

Verlauf Sie legen ein Spielfeld für die beiden Gruppen an (siehe Bild) und laden die Würfel-App mit dem Namen „Dice" herunter. Dazu können Sie eine Tabelle gestalten, wo die Ergebnisse nach jeder Runde eingetragen werden.

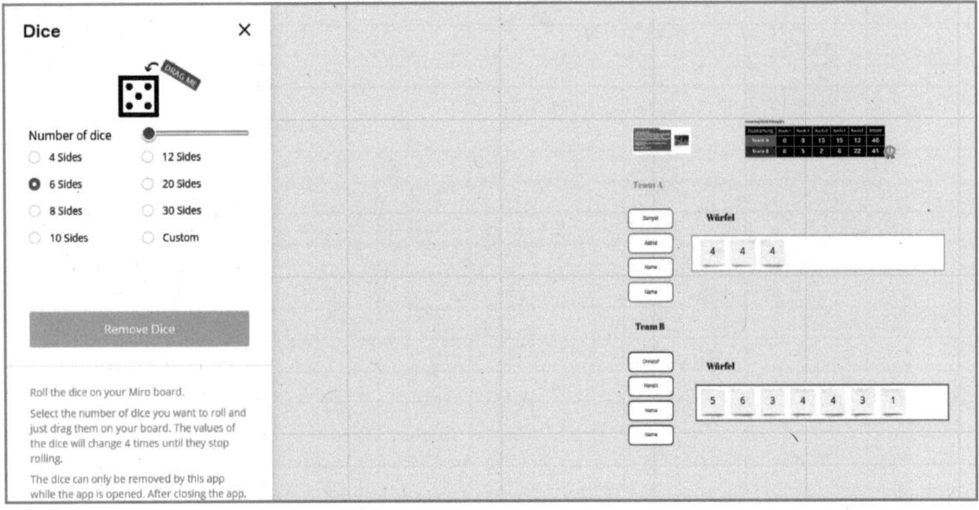

Sie erläutern kurz die Spielregeln. Die Gruppen würfeln abwechselnd. Dabei können sie mehrmals in einer Runde würfeln. Das Ziel ist es, bei fünf Runden eine möglichst hohe Punktzahl zu bekommen.

Sobald eine 1 gewürfelt wird, gibt es aber keinen Punkt. Daher muss die Gruppe vor jedem neuen Auswürfeln überlegen, ob sie eine weitere Würfelrunde wagen oder lieber mitteilen will, dass es genug ist. Dann wird die Gesamtzahl der Punkte aus dieser Runde in die Zeile der Gruppe notiert. Am Ende werden die Punkte jeder Gruppe zusammengezählt.

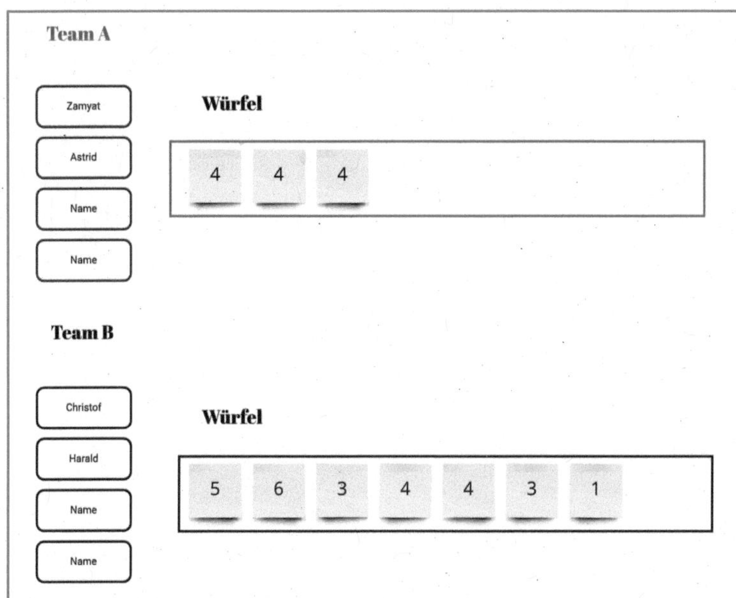

Auswertung	Runde 1	Runde 2	Runde 3	Runde 4	Runde 5	GESAMT
Team A	0	0	13	15	12	40
Team B	6	5	2	6	22	41

Abb.: Detailansicht des Spielfelds – Gruppenübersicht und Auswertung

Variation

Sie können sich wie immer beliebig eigene Regeln und Varianten überlegen. Ich persönlich finde es so schon aufregend genug.

Trainer-Hinweis

Den Würfel müssen Sie als Trainerin würfeln, die Gruppenteilnehmenden beraten und entscheiden nur. Sie notieren sich die Würfelergebnisse und addieren diese bei jeder Runde und tragen sie in die Tabelle ein.

URL

- Zu dieser Seminarmethode gibt es eine Vorlage auf Miro, siehe Download-Hinweis auf Seite 8 und auf Seite 278.

Trainer-Kolleginnen und -Kollegen

Ich bedanke mich bei allen Trainer-Kolleginnen und -Kollegen, von denen ich Methoden-Ideen aufgreifen und abwandeln durfte.

Allen voran:

- Wiebke Wimmer – https://www.wiebke-wimmer.de/
- Harald Karrer – https://www.visualsforbusiness.com/

Alphabetisch:

- Albert Glossner (Experten-Interview) – https://www.abb-seminare.de/
- Andrea Friese (Hochhaus) https://www.gripstraining.de/index.html
- Brigitte Schwitalla (Glaskugel) https://www.linkedin.com/in/brigitte-schwitalla-3011519
- Erich Ziegler (Reise nach Jerusalem) https://teamentwickler.eu/
- Janine Domnick (Menschen-Memory) https://www.janine-dieke.de/
- Jenison Thomkins (Umrandung) https://nlp-atelier.de/
- Kathleen Brandhofer-Bryan (Es macht Sinn) http://www.aoc-training.de
- Kirstin Berg (Au jaa) https://www.kirstinberg.de/
- Roswitha Sanders (Persönlichkeitskreis)
- Silvia Eichoff (Knallerlinge) https://malfreunde-fm.de/
- Tony Stockwell https://www.effect.li/de/